“十二五”国家重点图书出版规划项目

普通高等教育“十二五”创新型规划教材·电气工程及其自动化系列

嵌入式控制系统开发及应用实例

闫保中　许兆新　丁继成　黄　超　编著

哈爾濱工業大學出版社

内 容 简 介

本书以实战项目为例，紧跟嵌入式系统技术的发展前沿，从基本概念和工作原理出发，系统地讲解了嵌入式系统的设计思路、过程、方法和基于主流芯片 ARM，DSP 的嵌入式控制系统设计过程，重点以作者多年的实际工程项目——航行数据记录仪、汽车导航监控系统、机车监控系统、遥控靶船运动控制系统、图像数字化采集系统为例，详细阐述以 VxWorks 或 Linux 为平台的嵌入式系统从需求分析至软硬件实现的全过程及关键问题。

本书由浅入深，与实际工程紧密结合，既可用于普通高校嵌入式系统课程教学，又可为相关的工程技术人员提供参考。

图书在版编目(CIP)数据

嵌入式控制系统开发及应用实例/闫保中编著.
—哈尔滨：哈尔滨工业大学出版社，2012.8

ISBN 978-7-5603-3727-2
普通高等教育“十二五”创新型规划教材·电气工程及其自动化系列

Ⅰ.①嵌…　Ⅱ.①闫…　Ⅲ.①微型计算机-
系统设计　Ⅳ.①TP360.21

中国版本图书馆 CIP 数据核字(2012)第 167370 号

策划编辑　王桂芝　贾学斌
责任编辑　刘　瑶
出版发行　哈尔滨工业大学出版社
社　　址　哈尔滨市南岗区复华四道街 10 号　邮编 150006
传　　真　0451-86414749
网　　址　http://hitpress.hit.edu.cn
印　　刷　哈尔滨市石桥印务有限公司
开　　本　787mm×1092mm　1/16　印张 14.25　字数 356 千字
版　　次　2012 年 8 月第 1 版　2012 年 8 月第 1 次印刷
书　　号　ISBN 978-7-5603-3727-2
定　　价　32.00 元

序

随着产业国际竞争的加剧和电子信息科学技术的飞速发展，电气工程及其自动化领域的国际交流日益广泛，而对能够参与国际化工程项目的工程师的需求越来越迫切，这自然对高等学校电气工程及其自动化专业人才的培养提出了更高的要求。

根据《国家中长期教育改革和发展规划纲要(2010—2020)》及教育部“卓越工程师教育培养计划”文件精神，为适应当前课程教学改革与创新人才培养的需要，使“理论教学”与“实践能力培养”相结合，哈尔滨工业大学出版社邀请东北三省十几所高校电气工程及其自动化专业的优秀教师编写了《普通高等教育“十二五”创新型规划教材·电气工程及其自动化系列》。该系列教材具有以下特色：

1. 强调平台化完整的知识体系。系列教材涵盖电气工程及其自动化专业的主要技术理论基础课程与实践课程，以专业基础课程为平台，与专业应用课、实践课有机结合，构成了一个通识教育和专业教育的完整教学课程体系。

2. 突出实践思想。系列教材以“项目为牵引”，把科研、科技创新、工程实践成果纳入教材，以“问题、任务”为驱动，让学生带着问题主动学习，“在做中学”，进而将所学理论知识与实践统一起来，适应企业需要，适应社会需求。

3. 培养工程意识。系列教材结合企业需要，注重学生在校工程实践基础知识的学习和新工艺流程、标准规范方面的培训，以缩短学生由毕业生到工程技术人员转换的时间，尽快达到企业岗位目标需求。如从学校出发，为学生设置“专业课导论”之类的铺垫性课程；又如从企业工程实践出发，为学生设置“电气工程师导论”之类的引导性课程，帮助学生尽快熟悉工程知识，并与所学理论有机结合起来。同时注重仿真方法在教学中的作用，以解决教学实验设备因昂贵而不足、不全的问题，使学生容易理解实际工作过程。

本系列教材是哈尔滨工业大学等东北三省十几所高校多年从事电气工程及其自动化专业教学科研工作的多位教授、专家们集体智慧的结晶，也是他们长期教学经验、工作成果的总结与展示。

我深信：这套教材的出版，对于推动电气工程及其自动化专业的教学改革、提高人才培养质量，必将起到重要推动作用。

教育部高等学校电子信息与电气学科教学指导委员会委员
电气工程及其自动化专业教学指导分委员会副主任委员

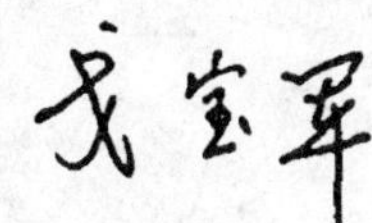

2011年7月

前　言

世界正在进入一个新的信息产业时代，嵌入式系统以计算机和信息技术的发展为基础，在计算机技术和产品对其他行业进行全面渗透的大趋势下，嵌入式行业得到了蓬勃发展，越来越多的智能设备系统趋于复杂，嵌入式技术日渐普及，在通信、网络、工控、医疗、电子等领域发挥着越来越重要的作用，当前业界非常缺乏的就是软、硬件技术兼具的人才。

同嵌入式技术的快速发展相比，我国高校中先进技术的教授和指导手段则相对滞后，一方面，有些计算机专业的学生毕业就面临失业；另一方面，一些嵌入式企业有项目却没有人做。造成这一现象的原因主要是：一些高校的计算机教育和产业发展相对脱节；目前国内的高校教育中不是偏向硬件，就是偏向软件，硬件设计人员通常缺乏比较系统、全面的整合设计，而软件开发人员则相对缺乏硬件观念。

这一现象的出现促使我们教育工作者反复思考，传统的计算机教育如何拓宽它的领域？如何能够让学生具有软、硬结合的综合能力？经过多年的教学与科研摸索，我们总结出对于嵌入式教学必须以实践为出发点。因此，我们整理出在科研工作中的一些典型实战项目，从实际项目开发的角度带领学生从零开始学习嵌入式。

本书共分7章：第1章介绍嵌入式系统的基础知识；第2章讲解基于ARM和DSP两种微处理器的系统设计；第3章以航行数据记录仪为例，首先从系统的需求分析入手，提炼出系统需要实现的功能，再从需要实现的功能过渡到硬件平台进行选型以及软件的概要设计，接着根据概要设计的输出进一步作详细设计，最后讲解该项目在实现阶段的细节；第4章以汽车导航监控系统为例，对项目从需求、设计到具体实施作了全面而细致的描述；第5章以机车监控系统为例，全面描述了该系统总体方案设计与实现方法；第6章以遥控靶船运动控制系统为例，对整个系统的设计方案、靶船运动数学模型进行了讲解，并介绍了软件部分的设计方案；第7章以图像数字化采集系统为例，对该系统的软、硬件设计方案作了详细介绍。其中第3~7章是本书的重点内容，结合工程项目实例为读者讲解基于各种常见的嵌入式处理器及嵌入式操作系统的实战设计。

本书由哈尔滨工程大学闫保中、许兆新、丁继成和黄超共同撰写。具体编写分工如下：许兆新撰写第1,2章；闫保中撰写第3,4章；丁继成撰写第5及第6章的第1,2节；黄超撰写绪论及第6章的第3,4节和第7章。李健利负责调试程序、绘制图例及最后审校。同时感谢朱玲、王博喜、张书伟、李晓宇、张波、徐志鹏、宫夏、蒋杰等人在本书的编写过程中给予的无私帮助,包括录入文稿、收集材料、核验信息等。

本书既可作为高等院校电子类、电气类、控制类等专业高年级本科生、研究生学习嵌入式ARM Linux和Vxworks的教材,也可供广大希望转入嵌入式领域的科研和工程技术人员参考使用。

由于时间仓促,加之水平有限,书中的不足之处在所难免,敬请读者批评指正。

作　者

2012年5月

目　录

第0章　绪　论

0.1　嵌入式系统的定义

嵌入式系统是以应用为中心,以计算机技术为基础,且软硬件可剪裁,适应于应用系统对功能、可靠性、成本、体积、功耗有严格要求的专用计算机系统。它一般由嵌入式微处理器、外围硬件设备、嵌入式操作系统、特定的应用程序等部分组成。

可以这样认为,嵌入式系统是一种专用的计算机系统,作为装置或设备的一部分,可以实现诸如实时控制、监视、管理、移动计算、数据处理等各种自动化处理任务。

最简单的嵌入式系统仅有执行单一功能的控制能力,在唯一的ROM(Read-Only Memory)中仅有实现单一功能的控制程序,无微型操作系统。复杂的嵌入式系统,如个人数字助理PDA(Personal Digital Assistant)、手持电脑HPC(High Performance Computing)等,具有与PC机几乎相同的功能。实质上它与PC机的区别仅仅是将微型操作系统与应用软件嵌入在ROM,RAM(Random-Access Memory)或Flash存储器中,而不是存储于磁盘等载体中。很多复杂的嵌入式系统是由若干个小型嵌入式系统组成的。

0.2　嵌入式系统的特点

嵌入式系统主要有以下几个特点:

(1)应用的特定性和广泛性;

(2)技术、知识、资金的密集性;

(3)较长的生命周期;

(4)高可靠性;

(5)软硬一体,软件为主。

区别于普通的PC机,嵌入式系统有多种类型的处理器和处理器体系结构,必须根据具体的应用任务,以功耗、成本、体积、可靠性、处理能力等为指标来选择,并且工作在极端的环境下。嵌入式系统的核心是系统软件和应用软件,由于存储空间有限,因而要求软件代码紧凑、可靠,大多对实时性有严格要求,并且需要采用专用的工具和方法进行嵌入开发设计。

目前,嵌入式系统设计一般采用软、硬件协同设计的方法,即使用统一的方法和工具对软件和硬件进行描述、综合和验证。经过需求分析,在系统目标要求的指导下,通过综合分析系统软、硬件功能及现有资源,协同设计软、硬件体系结构,以便最大限度挖掘系统软、硬件能力,避免由于独立设计软、硬件体系结构而带来的种种弊病,得到高性能低、代价的优化设计方案。

0.3 嵌入式处理器与操作系统

嵌入式处理器是嵌入式系统的核心，是控制、辅助系统运行的硬件单元，它的范围极其广泛，从最初的4位处理器、目前仍在大规模应用的8位单片机，到最新的受到广泛青睐的32位、64位嵌入式CPU。

嵌入式微处理器是由通用计算机中的CPU演变而来的，它的特征是具有32位以上的处理器，具有较高的性能。但与PC机处理器不同的是，在实际嵌入式应用中，只保留和嵌入式应用紧密相关的功能硬件，去除其他的冗余功能部分，这样就以最低的功耗和资源实现嵌入式应用的特殊要求。和工业控制计算机相比，嵌入式微处理器具有体积小、质量轻、成本低、可靠性高的优点。目前，主要的嵌入式处理器类型有Am186/88，386EX，SC-400，Power PC，68000，MIPS，ARM/Strong ARM系列等。

嵌入式操作系统是嵌入式应用软件的基础和开发平台，它的出现解决了嵌入式软件开发标准化的难题。嵌入式系统具有操作系统最基本的功能：①进程调度；②内存管理；③设备管理；④文件管理；⑤操作系统接口(API调用)。

嵌入式操作系统具有以下特点：①系统可裁减，可配置；②系统具备网络支持功能；③系统具有一定的实时性。

按照对实时系统的定义，嵌入式系统可分为实时嵌入式操作系统与非实时嵌入式操作系统。

实时嵌入式操作系统是能够对外部事件做出及时响应的系统，响应时间有保证。对外部事件的响应，包括事件发生时要识别出来，在给定时间约束内必须输出结果。实时嵌入式操作系统主要包括VxWorks，WinCE，QNX，Nucleus等；非实时嵌入式操作系统目前主要是指嵌入式Linux。实时嵌入式操作系统具备以下特点：①实时系统必然产生正确的结果；②实时系统的响应必须在预定的时间内完成；③实时系统具有确定性。在这些系统中，响应时间决定事件是有界的。一个确定的实时系统意味着系统的每个部件都必须具有确定的行为，这使得整个系统是确定性的。

简单介绍常见的几种实时嵌入式操作系统：

(1)VxWorks。美国WindRiver公司于1983年开发，具有可靠、实时、可裁减特性。

(2)Windows Embedded。支持具有丰富应用程序和服务的32位嵌入式系统。主要系列：Windows CE3.0，Windows NT Embedded 4.0和带有Server Appliance Kit的Windows 2000。

(3)嵌入式Linux。近两年来，Linux在嵌入式领域异军突起，它作为开发嵌入式产品的操作系统具备巨大的潜力。Linux具有一些独特的优势：①层次结构及内核完全开放；②强大的网络支持功能；③具备一整套工具链；④广泛的硬件支持特性。

0.4 学习嵌入式系统的意义

电子行业从单片机到嵌入式，特别是近几年嵌入式技术日渐普及，嵌入式系统无疑成为当前最热门、最有发展前途的IT应用领域之一。全球嵌入式系统相关工业产值已达1万亿美元，我国嵌入式软件占软件出口比重的2/3，嵌入式处理器已占分散处理器市场份额的94%。

嵌入式系统已经广泛渗透到了人们的工作、生活等各个领域,你接触的每一样东西几乎都将装有芯片和嵌入式软件。伴随着巨大的产业需求,我国嵌入式系统产业的人才需求量也一路高涨,目前国内外这方面的人才都很稀缺。一方面,因为这一领域入门的门槛较高,不但要懂较底层软件(如操作系统级、驱动程序级软件等),对软件专业水平要求较高(嵌入式系统对软件设计的时间和空间效率要求较高),而且必须懂得硬件的工作原理,所以非专业IT人员很难切入这一领域;另一方面,因为这一领域较新,目前发展太快,很多软硬件技术更新很快,掌握这些新技术的人较为稀缺。这些都使得嵌入式开发将成为未来几年最热门最受欢迎的职业之一。

0.5 编写本书的目的

嵌入式领域是一个高起点的技术领域,它需要开发者精通计算机体系结构、操作系统、主流芯片的原理结构、编程语言等知识,这也造成了国内嵌入式开发人才极其贫乏的局面。

很多希望学习嵌入式的人非常熟悉硬件开发,熟悉多重芯片原理结构,但对操作系统还处于零起点。还有的人已经具备了一定的编程基础,对基于PC的Windows下软件开发有比较全面的了解,但在硬件和嵌入式操作系统方面却处于零起点。目前,市面上的书大部分侧重嵌入式操作系统方面,缺乏一些实际项目实例,使得初学者很难对嵌入式开发有全面的认识。因此,我们从多年的实战项目中整理出几个经典的实例编写了此书,希望能帮助读者快速跨入嵌入式开发的门槛。

0.6 本书的主要内容

本书总共分为7个章节,第1章主要讲解嵌入式系统的基础知识。首先从嵌入式系统的基本设计方法开始,全面介绍嵌入式系统的设计依据、设计特点和设计原则;接着阐述嵌入式系统的组成与工作原理,包括系统硬件的组成和系统软件的组成,并简要分析嵌入式系统的工作原理;然后讲解嵌入式系统需求分析、硬件设计、软件设计方法,包括需求分析方法、软硬件选型等;最后对嵌入式系统实现步骤和方法进行介绍,包括系统开发流程、系统调试和系统优化。

第2章主要讲解基于ARM和DSP两种微处理器的系统设计,首先简要介绍ARM处理器的基础知识,包括ARM处理器的技术特点和应用领域,并详细介绍基于ARM的嵌入式系统的软硬件设计方法和调试方法;其后详细讲解基于DSP系统的软硬件设计方法和原则。

本书从第3章开始通过具体项目实例来详细讲解嵌入式系统的设计开发过程。

第3章以航行数据记录仪为例,首先从系统的需求分析入手,提炼出系统需要实现的功能,再从需要实现的功能过渡到硬件平台进行选型及软件的概要设计;接着根据概要设计的输出进一步作详细设计,细化到每一个功能模块的设计;最后讲解该项目在实现阶段的细节,包括针对X86硬件平台及VxWorks操作系统的Bootloader、操作系统内核的编译方法,项目工程创建、编译、调试方法。

第4章以汽车导航监控系统为例,对项目从需求、设计到具体实施作全面且细致的描述。该项目硬件采用ARM平台,软件采用Linux平台,并且使用VIVI作为Bootloader,使用

MiniGUI 作为图形界面开发工具。通过汽车导航监控系统还介绍串口、GPS、USB 接口等硬件设备在 Linux 平台的具体应用。

第 5 章以机车监控系统为例,全面描述该系统总体方案设计与实现方法。其中硬件方案包含基于嵌入式 ARM 处理器的 CAN 总线、以太网、GPRS 及 DSP 音视频采集等硬件设计,软件方案针对上述硬件采用 Linux 操作系统进行控制,详细介绍各模块的软件实现。

第 6 章以遥控靶船运动控制系统为例,首先对整个系统的设计方案、靶船运动数学模型进行讲解,接着介绍软件部分的设计方案,包括多线程、卡尔曼滤波算法、无线通信及定位测速模块的实现。

第 7 章以图像数字化采集系统为例,对该系统的软硬件设计方案作详细介绍。该项目主要包括图像采集和 LCD 显示两大部分,采用 ARM 处理器及 Linux 操作系统,重点讲解基于 I^2C 总线的图像采集实现和基于 ARM 芯片 LCD 控制器的显示控制实现。

第 3 章至第 7 章是本书的重点内容,结合工程项目实例为读者讲解基于各种常见的嵌入式处理器及嵌入式操作系统的实战设计。

第1章　嵌入式控制系统综合设计

1.1　嵌入式控制系统的设计目标

嵌入式系统是将一个计算机系统嵌入到对象系统中，以应用为中心，以计算机技术为基础，软、硬件可裁剪，针对性能、可靠性、成本、体积、功耗等的不同要求而设计的计算机系统。电子设备的信息化、数字化趋势使得嵌入式产品获得了新的发展契机，同时也对嵌入式控制系统的发展提出了新的挑战，考虑到“后PC机时代”的新特征及微电子技术的发展现状，嵌入式系统将呈现以下几方面的设计目标：

(1)注重开发环境，不断提高性能。

嵌入式系统是将先进的计算机技术、半导体技术及电子技术与各个行业的具体应用相结合的产物，属于一种技术密集、资金密集、高度分散、不断创新的知识集成系统。嵌入式开发是一项系统工程，因此在提供嵌入式软、硬件系统本身的基础上，还需提供相关的硬件开发工具和软件包支持。随着微电子技术的不断发展，集成度将不断提高，生产价格不断下降，嵌入式系统在适当的价格下可以获得的性能越来越高。一方面，核心处理芯片位数更高，处理器的位数被用来作为评估处理器性能的指标之一，随着处理器性能价格比的不断提高，以及对软件性能与开发效率的重视，嵌入式领域呈现出向高位数处理器迁移的趋势；另一方面，需要具有多种媒体处理能力，随着数字化程度的迅速发展和网络宽带的不断提高，要求在嵌入式产品中汇聚各种处理能力，整合多种功能，满足未来发展的需要。

(2)产品要有更高的可靠性和稳定性。

嵌入式系统面向具体应用。对于常规条件下使用的家电产品等，现在的芯片技术已使产品的可靠性和稳定性达到了比较令人满意的程度。但对保障人身安全等特殊环境下使用的产品的各方面性能要求，还有待于相关技术的进一步发展。应用于一些关键性产品、特殊要求产品等的嵌入式控制系统要求具有较高的可靠性和稳定性。一般来说，嵌入式控制系统对可靠性的要求要比通用计算机高得多。

(3)低功耗、小体积、精简系统内核。

由于微电子技术的不断发展，嵌入式系统的功耗不断降低；由于芯片的集成度不断提高，构成的嵌入式系统体积也在不断缩小。为了降低功耗和成本，需要设计者尽量精简系统内核，利用最少的资源实现最佳的性能。在未来的发展中，这两方面的需求将会得到极大的满足，并将继续追求更小、更省电的目标。

(4)提供支撑网络化、智能化的通信接口。

随着高性能芯片的采用，嵌入式产品可以提供更多的功能，对产品灵活性、网络化、智能化的要求越来越高。由于应用不断复杂化、智能化,相互密切协作的需求大大增加,在它们之间实现网络连接是必然之路。随着 Internet 作为“第四媒体”地位的确定,为了满足不同背景、不同场合对 Internet 的访问需求,需要能在不同环境下为不同知识背景的人提供 Internet 使用支持的新型设备。随着信息化建设的不断深入,嵌入式控制系统的网络互联成为必然趋势,需要与网络连接的嵌入式系统无处不在,未来的嵌入式设备为了适应网络发展的要求,必然要求硬件能提供各种网络通信接口。

(5)提供友好的多媒体人机界面。

人性化、方便、友好的用户界面是保障嵌入式设备得到用户青睐的关键,这方面的要求使得嵌入式软件设计者要在图形界面和多媒体技术上多下功夫。

(6)要求严格的实时性。

对于外部事件的发生系统能够及时响应也是用户对许多嵌入式设备的首要需求。实时性要求一般分为两类:时间敏感性约束和时间关键性约束。如果当前操作是受时间关键性约束的,则它必须在某个时间范围内完成,否则其控制功能就会失效。而时间敏感性操作则是以平和得多的方式处理由超时引起的后果。嵌入式设备设计要根据产品的用途和用户的需求满足实时性。

1.2 嵌入式控制系统的设计任务和基本原则

1.2.1 设计依据

嵌入式控制系统的设计首先需要明确目标系统的设计依据,主要包括如下因素:

(1)非重发性工程成本。设计系统所需支付的一次性费用。

(2)系统大小。系统所占用的空间,软件一般用字节数来衡量,硬件则用逻辑门或晶体管数来衡量。

(3)单位成本。生产单位数量产品所需支付的成本,不包含非重发性工程成本。

(4)系统性能。系统的执行时间等。

(5)系统智能度。系统智能度是系统能够完成的操作、功能种类的多少、解决问题的复杂程度及自我完善、更新、发展的能力。

(6)系统控制度。系统控制度是指一个系统控制过程的快速、准确和精细程度及操作控制作用的便捷性。

(7)功率消耗。功率消耗指系统所消耗的功率,它决定了电池的寿命或芯片等的散热需求。

(8)系统灵活性。系统灵活性指在不增加非重发性工程成本的前提下改变系统功能的能力,通常通过软件实现,系统往往很灵活。

(9)样机建立时间。样机建立时间指建立系统可运行版本所需要的时间,系统样机可以验证系统的用途和正确性,并可改良系统的功能。

(10)系统可维护性。系统可维护性指系统上市后进行修改的难易度,特别是当由非原始系统设计人员来修改时。

(11)系统正确性。系统正确性指正确地实现系统功能的概率。设计人员可以在整个设计过程中检查系统的功能,也可以插入测试电路以检查系统设计是否正确。

(12)系统安全性。系统安全性指系统不会给周围环境和使用人员造成伤害的概率。

1.2.2 设计任务

按照常规的工程设计方法,嵌入式系统的设计可以分成3个阶段:分析阶段、设计阶段和实现阶段。分析阶段是确定要解决的问题及需要完成的目标,也常常被称为需求阶段;设计阶段主要是解决如何在给定的约束条件下完成用户的要求;实现阶段主要是解决如何在所选择的硬件和软件基础上进行整个软、硬件系统的协调实现。嵌入式系统的设计包括硬件和软件两个部分。

(1)硬件与软件的划分。

从体系结构上看,嵌入式系统是软件和硬件的统一体。在进行嵌入式系统设计时首先要进行硬件与软件的分工,为完成产品性能和功能需求,要分别明确在硬件中解决和可通过软件实现的功能。

(2)硬件子系统的设计。

硬件子系统的设计一般采用自上而下的设计方法。在设计时首先将硬件系统模块化,同时画出一至多张硬件模块逻辑框图,表明该模块的结构构成和与外部的接口等,构成逻辑单元可以是芯片产品或需要制备的可编程阵列逻辑芯片等。对于复杂构成单元还可以继续进一步细化,一直到可被独立地设计和实现;在硬件设计中,硬件接口设计是非常重要的工作内容,良好的接口设计可以保证硬件简洁,软件易于编程,对接口的规定可给设计者提供一些使其不离正轨的具体依据,从而有助于推动设计工作的效率。具体需要明确的设计内容包括:

①I/O端口:列出硬件所有用到的端口、端口地址、端口的属性和能写入各端口的所有命令和命令序列的意义、定义端口状态所表示的意义。

②硬件寄存器:设计每个寄存器的地址、寄存器中的位地址,说明每个位表示的意义、如何对寄存器的读写以及使用寄存器的时序要求。

③共享内存或内存映象I/O的地址:说明可以进行每个可能的I/O操作的读写序列、地址分配。

④硬件中断:在使用硬件中断时,列出所使用的硬件中断号和分配到其上的硬件事件。

⑤系统存储器空间分配:系统中程序存储器和数据存储器占用的地址、空间大小;用于存放配置参数的EEPROM/NVRAM(电可擦可编程只读存储器/非易失性随机访问存储器)的存储空间、访问方式等。

⑥系统处理器的运行速度:由于在进行软件设计时,一些参数如UART(通用异步接收/发送装置)的波特率是由CPU的时钟分频得到的,设置UART时必须知道CPU的时钟,有时必须提供系统处理器的运行速度。

(3)软件子系统的设计。

软件设计也可采用自上而下的模块化设计方法,同样包括软件模块设计和模块接口设计。

在软件设计过程中,要依据软件工程的原理和有关的软件开发标准及规范要求,首先进行模块划分和接口设计,然后完成绘制软件子系统逻辑框图和信息处理流程图等工作,具体要注意以下几点:

①明晰软件模块的接口。如规定函数调用、数据结构以及各子系统接口用到的全局数据

等。

②规定系统的启动和关闭。对于启动,说明硬件和软件子系统初始化的细节以及初始化的顺序。对于关闭,说明每个子系统必须完成的动作,如保存文件等。

③建立出错处理策略。设计出错处理方案,尤其要保证对致命性错误的应对处理。

1.2.3 设计特点

嵌入式控制系统是面向应用的。与通用计算机不同,嵌入式系统的硬件和软件都必须进行高效率地设计。因此,开发人员必须在了解嵌入式系统设计的特点和基本原则的基础上,进行嵌入式系统的设计。

1. 转变观念,熟悉新的开发模式

嵌入式系统的应用不再是过去单一的单片机应用模式,而是越来越多样化,可为用户提供更多的不同层次的选择方案。嵌入式系统实现的最高形式是片上系统(System on Chip,SoC),而 SoC 的核心技术是重用和组合 IP(Intellectual Property)核构件。从单片机应用设计到片上系统设计及其中间的一系列的变化,从底层大包大揽的设计到利用 FPGA(Field Programmable Gate Array)和 IP 模块进行功能组合 PSoC/SoPC(Programmable System on Chip/System on Programmable Chip)设计,是一个观念的转变。学习和熟悉新的开发模式将会事半功倍地构建功能强大和性能卓越的嵌入式系统。

2. 进入的技术门槛提高,要学习全新的实时操作系统技术

现代高端嵌入式系统都是建立在实时操作系统基础上的。这对于未受过计算机专业训练的各专业领域的工程技术人员来说,需要学习全新的实时操作系统技术,深入了解实时操作系统的工作机制和系统的资源配置,掌握底层软件、系统软件和应用软件的设计和调试方式。

3. 选择适合的开发工具,熟悉新的开发环境

目前,从 8 位升级到 32 位及 64 位的一个最大障碍就是开发工具的投入。32 位开发工具要比 8 位开发工具复杂得多,使用的技术门槛要高得多,同时其投资也要高得多。进行 32 位系统开发的工程师不得不面对与 8 位系统很不相同的开发环境。如何正确选择处理器架构、评估嵌入式操作系统以及使用陌生的开发工具,都是一个新的挑战。

4. 熟悉硬、软件的协同设计以及验证、设计和管理技术

硬、软件并行设计是嵌入式系统设计的一项关键任务。在设计过程中的主要问题是软、硬件设计的同步与集成。这要求控制一致性与正确性,但随着技术细节不断增加,需要消耗大量时间。目前,业界已经开发 Polis,Cosyma 及 Chinook 等多种方法和工具来支持集成式软、硬件协同设计。目标是提供一种统一的软硬件开发方法,它支持设计空间探索,并使系统功能可以跨越硬件和软件平台复用。

团队开发的最大问题就是设计管理问题。现在有越来越多的公司开始重视技术管理,利用各种技术管理软件,如软件版本管理软件,对全过程进行监督管理。这对每一个参与开发的人来说,似乎增加了不少麻烦,但是对公司产品的上市、升级、维护以及战略利益都具有长远的效益。

5. SoC 设计技术的应用

SoC 已经开始成为新一代应用电子技术的核心,这已成为电子技术的革命标志。过去应用工程师面对的是各种 ASIC(Application Specific Integrated Circuit)电路,而现在更多情况下他们面对的是巨大的IP模块库,所有设计工作都是以IP模块为基础。SoC设计技术使嵌入式系统设计工程师变成了一个面向应用的电子器件设计工程师。随着SoC应用的日益普及,在测试程序生成、工程开发、硅片查错、量产等领域对SoC测试技术提出了越来越高的要求。掌握新的测试理念及新的测试流程、方法和技术,是对应用工程师提出的新要求。

1.2.4　设计原则

1. 功能与性能需求

从功能与性能上来讲,嵌入式系统设计应满足如下要求:

(1)可靠性。系统应保证长期、安全地运行。系统中的软、硬件及信息资源应满足可靠性设计要求。

(2)安全性。系统应具有必要的安全保护和保密措施。

(3)容错性。系统应具有较高的容错能力,有较强的抗干扰性。对各类用户的误操作应有提示或自动消除的能力。

(4)适应性。系统应对不断发展和完善的统计核算方法、调查方法和指标体系具有广泛的适应性。

(5)可扩充性。系统的软、硬件应具有扩充升级的余地,不能因软硬件扩充、升级或改型而使原有系统失去作用。

(6)实用性。注重采用成熟而实用的技术,使系统开发的投入产出比最高,能产生良好的社会效益和经济效益。

(7)先进性。在实用的前提下,应尽可能跟踪国内外最先进的计算机软、硬件技术、信息技术及网络通信技术,使系统具有较高的性能指标。

(8)易操作性。贯彻面向最终用户的原则,建立友好的用户界面,使用户操作简单直观,易于学习掌握。

2. 设计原则

基于功能和性能要求,嵌入式系统设计应遵循复用原则、模块化原则及标准化原则。

(1)复用原则。

设计者在设计嵌入式应用系统时,应尽量使当前的设计工作成果可用于未来的设计中,既可以缩短设计的时间,也可以减少设计中出现错误的可能性。通常,一种嵌入式系统的硬件核心设计只通过很少的改动,就可以应用于未来的产品中。

(2)模块化原则。

模块化原则体现在嵌入式系统的硬件设计的自上而下的设计思想。把整个硬件系统分成各个子系统,分别进行设计,在设计的每个阶段优化每个子模块的设计方案和设计思路,一方面便于检查设计的缺陷,另一方面也为设计工作的重复使用打下基础。

(3)标准化原则。

所谓标准化包括两方面含义:行业标准和自定义标准。在设计嵌入式系统的硬件电路时,把模块化的对外接口、网络标号等设计成标准化,会给未来的设计工作带来很大的方便,即使没有法定标准,产品研发小组也应该制定内部标准。

另一方面,在设计嵌入式系统易于移植的应用软件时,需要遵循层次化和模块化的软件设计原则,无论软件的大小、有无操作系统的支持,都需要有这方面的考虑。

①层次化。层次化是指嵌入式系统的软件设计的纵向结构，下层为上层提供服务，上层利用下层提供的服务。下层向上层提供的服务通过API(Application Programming Interface)的形式提供。层次化的嵌入式软件结构体现在不同层次的软件模块的相互依赖的关系上。现代嵌入式系统软件的实际需要遵循层次化的原则。

层次化的软件结构的每一个层次应该定义清晰的接口和功能，分层的数量要合适，既不能太多，否则会增加软件的复杂性和降低效率；又不能太少，否则会把多层的功能放在一层里实现，失去了分层的意义。

②模块化。模块化的概念既体现在整体软件的设计上，又体现在同一层的软件设计结构上。不同层的软件必然是模块化的，考虑到系统的复杂性和维护性，同一层内部设计成模块化，便于软件的日后维护和升级。一般来说，软件模块之间是独立的关系，而不是相互依赖的关系。一个模块的实现不依赖于其他模块的实现，模块之间的通信通常不使用全局变量，可以使用多任务操作系统提供的服务调用。

③层次化与模块化的结合。大的系统设计采用模块化和层次化相结合的方法，软件的上下层之间采用严格的层次化设计方法，同一层内部采用模块化的设计方法。层次化的最底层是硬件抽象层，为嵌入式操作系统提供可移植的环境。

④硬件抽象层。硬件抽象层完全把系统软件和硬件部分隔离开来，这样就使得系统的设备驱动程序与软件设备无关，从而大大提高了系统的可移植性。包含硬件抽象层的系统开发过程是：

a. 在进行系统需求分析并定义了软、硬件各自的设计要求之后，就需要花费一定的时间来定义硬件抽象层的接口，以确保硬件设计和测试与软件设计和测试工作能够在相同的接口上进行，从而有利于最终的软、硬件集成与测试。

b. 在基于硬件抽象层的系统开发过程中，软、硬件的设计和调试具有无关性，并可完全并行地进行。硬件设计的错误不会影响到系统软件的调试，同样，软件设计的错误也不会影响硬件的调试工作，这样就可大大缩短系统的测试周期，提高系统的可靠性。

1.3 嵌入式控制系统的组成及工作原理

1.3.1 影响系统结构的若干因素

影响嵌入式系统基本结构的因素有很多，概括如下：

(1)系统资源。

嵌入式控制系统一般应用于小型电子装置上，系统资源相对有限，因此决定了嵌入式系统的内核较传统的操作系统要小得多。

(2)应用需求。

具体的应用需求决定着嵌入式处理器的性能选型和整个系统的设计。嵌入式系统通常是面向特定应用的，是“专用”的计算机系统。嵌入式系统微处理器大多非常适合于工作在为特定用户群所设计的系统中，称为“专用微处理器”，它专用于某个特定的任务，或者很少的几个任务。

(3)环境、性能和成本。

嵌入式系统“嵌入”到对象的体系中,对对象、环境和嵌入式系统自身具有严格的要求。许多嵌入式系统往往工作时间比较长,但是又无法像通用计算机那样有充足的电供应,低功耗成为嵌入式系统解决这对矛盾的有效途径。为了最大限度地降低应用成本,嵌入式系统的硬件和软件都必须有高效率的设计,在保证稳定、安全、可靠的基础上量体裁衣,去除冗余,力争用较少的软硬件资源实现较高的性能。

(4)标准化。

嵌入式软件开发走向标准化,既节约了成本,也提高了复用性,同时又决定了嵌入式系统必须使用多任务的操作系统。

(5)可靠性和稳定性。

应用于关键性产品的嵌入式系统要求具有较高的可靠性和稳定性,相对来说,嵌入式系统对可靠性和稳定性的要求要比通用计算机高得多。

(6)实时性。

嵌入式系统使用的操作系统一般都是实时操作系统(Real - Time Operating System, RTOS),系统有比较严格的实时性要求。

(7)生命周期。

嵌入式系统是和实际具体应用有机结合的产物,它的升级换代也是和具体产品同步进行的。因此,嵌入式系统一旦定型进入市场,一般就有较长的生命周期。

(8)专用调试电路。

目前常用的嵌入式微处理器较过去相比,最大的区别是芯片上都包含了专用调试电路。

1.3.2　系统模型的建立

嵌入式系统采用“量体裁衣”的方式把所需的功能嵌入各种应用系统中。随着应用形式的不同,嵌入式系统可有 IP 级、芯片级和模块级 3 级不同模型。

IP 级的模型也就是系统级芯片 SoC 的形式,把不同的 IP 单元,根据应用的要求集成在一块芯片上,各种嵌入式软件也可以以 IP 的方式集成在芯片中。

芯片级模型可根据各种 IT 产品的要求选用相应的处理器 MCU(Micro Control Unit),DSP(Digital Signal Processing),RISC(Reduced Instruction Set Computer)及 MPU(Micro Processor Unit)等芯片,RAM,ROM(EPROM/EEPROM/FLASH)及 I/O 接口芯片等组成相应的嵌入式系统;相应的系统软件、应用软件也以固件形式固化在 ROM 中。

模块级模型是以 X86 处理器构成的计算机系统模块嵌入到应用系统中,这样可充分利用目前常用 PC 机的通用性和便利性。此种方式不仅要缩小体积、增加可靠性,而且还要把操作系统改造成为嵌入式操作系统,把应用软件固化在固态盘中。

1.3.3　系统硬件的组成

从组成上看,嵌入式系统可分为嵌入式硬件系统和嵌入式软件系统两大部分。嵌入式系统的硬件是以嵌入式处理器为核心,主要由嵌入式处理器、存储器、输入/输出接口和外围设备组成。嵌入式系统的软件包括嵌入式操作系统和应用软件两部分,如图 1.1 所示。

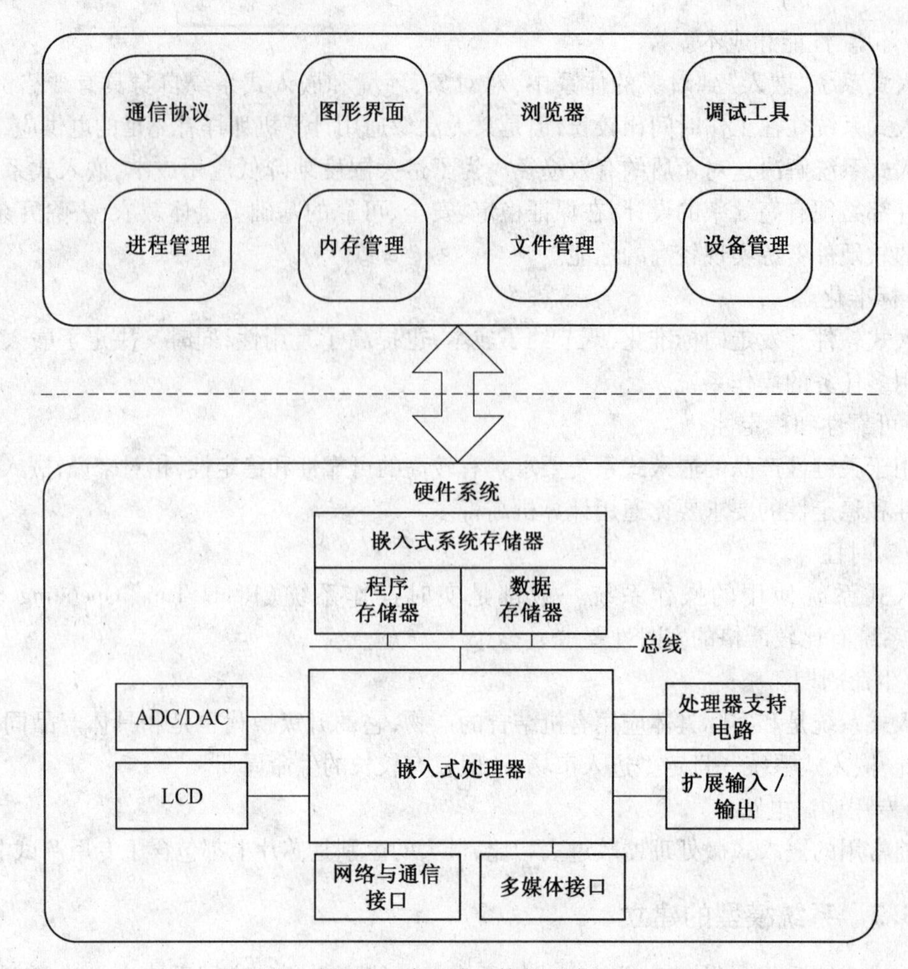

图 1.1　嵌入式系统的组成

1. 嵌入式处理器

嵌入式系统的核心部件是各种类型的嵌入式处理器，目前据不完全统计，全世界嵌入式处理器的品种总量已经超过 1 000 多种，流行体系结构约有 30 个系列，其中 8051 体系占有多半。生产 8051 单片机的半导体厂家有 20 多个，共 350 多种衍生产品，仅 Philips 就有近 100 种。现在几乎每个半导体制造商都生产嵌入式处理器，越来越多的公司有自己的处理器设计部门。嵌入式处理器的寻址空间一般从 64 kB 到 16 MB，处理速度从 0.1 MIPS 到 2 000 MIPS，常用封装从 8 个引脚到 144 个引脚。

(1) 嵌入式处理器的特点。

嵌入式处理器的种类非常多，完全不同的体系结构就有几十种，其相关的品种数量几经超过千种。无论哪种嵌入式处理器，归纳起来，一般具有以下几个特点：

①对实时多任务有很强的支持能力，能完成多任务并且有较短的中断响应时间，从而使内部的代码和实时内核的执行时间减少到最低限度。

②具有功能很强的存储区保护功能。这是由于嵌入式系统的软件结构已模块化，而为了避免在软件模块之间出现错误的交叉作用，需要设计强大的存储区保护功能，同时也有利于软件诊断。

③可扩展的处理器结构,以便迅速地开发出满足最高性能的嵌入式微处理器的应用。

④嵌入式微处理器必须功耗很低,尤其对用于便携式的无线及移动的计算和通信设备中靠电池供电的嵌入式系统更是如此,如需要功耗可达到毫瓦甚至微瓦级。

(2)嵌入式处理器的分类。

一般可以将嵌入式处理器分为4类,即嵌入式微控制器、嵌入式微处理器、嵌入式DSP(数字信号处理)处理器和嵌入式片上系统。

①嵌入式微控制器(Microcontroller Unit, MCU)。微控制器的最大特点是单片化,体积大大减小,从而使功耗和成本下降,可靠性提高。

嵌入式微控制器的典型代表是单片机。微控制器是目前嵌入式系统工业的主流。单片机芯片内部集成ROM/EPROM、RAM、总线、总线逻辑、定时/计数器、看门狗、I/O、串行口、脉宽调制输出、A/D、D/A、Flash RAM、EEPROM等各种必要功能和外设,因此,微控制器的片上外设资源一般比较丰富,适合于控制,因此称为微控制器。

微控制器是目前嵌入式系统工业的主流。由于MCU低廉的价格及优良的功能,因此嵌入式微控制器目前的品种和数量最多,比较有代表性的通用系列包括8051,P51XA,MCS-251,MCS-96/196/296,C166/167,MC68HC05/11/12/16,68300等。另外还有许多半通用系列,如支持USB接口的MCU 8XC930/931,C540,C541;支持I^2C,CAN-Bus,LCD及众多专用MCU和兼容系列。目前,MCU占嵌入式系统约70%的市场份额。特别值得注意的是,近年来提供X86微处理器的厂商AMD公司,将Am186CC/CH/CU等嵌入式处理器称之为Microcontroller,MOTOROLA公司把以Power PC为基础的PPC505和PPC555也列入单片机行列。TI公司亦将其TMS320C2XXX系列DSP作为MCU进行推广。近年来,Atmel出产的AVR单片机由于集成了FPGA等器件,所以具有很高的性价比,势必推动单片机获得更快的发展。

为适应不同应用的需求,一般一个系列的单片机具有多种衍生产品,每种衍生产品的处理器内核都是一样的,不同的是存储器和外设的配置及封装。这样可以使单片机最大限度地和应用需求相匹配,功能不多不少,从而减少功耗和成本。

②嵌入式微处理器(Micro Processor Unit,MPU)。嵌入式微处理器由通用计算机中的CPU演变而来。为了满足嵌入式应用的特殊要求,嵌入式微处理器虽然在功能上和标准微处理器基本是一样的,但在工作温度、抗电磁干扰、可靠性等方面一般都有所增强。和工业控制计算机相比,嵌入式微处理器具有体积小、质量轻、成本低、可靠性高的优点,但是在电路板上必须包括ROM、RAM、总线接口、各种外设等器件,从而降低系统的可靠性,技术保密性也较差。它的特征是具有32位以上的处理器,但与计算机处理器不同的是,在实际嵌入式应用中,只保留和嵌入式应用紧密相关的功能硬件,去除其他的冗余功能部分,这样就以最低的功耗和资源实现嵌入式应用的特殊要求。目前,主要的嵌入式微处理器类型有Am186/88,386EX,SC-400,Power PC,68000,MIPS,ARM/StrongARM系列等。其中,ARM/StrongARM是专为手持设备开发的嵌入式微处理器,属于中档价位;ARM面向低端消费类市场,价格便宜、配套IP完备、集成使用方便、低功耗;PowerPC面向的是中高端市场,性能较高,其芯片主要用于交换机、网络处理器及Sony的游戏机等应用上,这类的应用场合对处理器的性能要求非常强烈,ARM难以胜任。ARM跟MIPS有相同的定位,因此在消费领域存在着竞争,MIPS阵营的产品在功耗和面积上具有优势,MIPS的主要立足点是性能,很多SoC的核都是MIPS的,比如大多无线AP的SoC就是用MIPS的,但MIPS提供的开发工具不如ARM便捷。单纯从处理器体系结构的

角度来讲,ARM 跟 MIPS 只有设计理念的差别,没有好坏的区别。

③嵌入式 DSP 处理器(Embedded Digital Signal Processor, EDSP)。DSP 处理器是专门用于信号处理方面的处理器,其在系统结构和指令算法方面进行了特殊设计,具有很高的编译效率和指令的执行速度。在数字滤波、FFT、谱分析等各种仪器上,DSP 获得了大规模的应用。

嵌入式 DSP 处理器的另一个需求因素是嵌入式系统的智能化,例如,各种带有智能逻辑的消费类产品、生物信息识别终端、带有加解密算法的键盘、ADSL 接入、实时语音压解系统、虚拟现实显示等。这类智能化算法的运算量一般都较大,特别是向量运算、指针线性寻址等较多,而这些正是 DSP 处理器的长处所在。DSP 的理论算法在 20 世纪 70 年代就已经出现,但是由于专门的 DSP 处理器还未出现,所以这种理论算法只能通过 MPU 等由分立元件实现。MPU 较低的处理速度无法满足 DSP 的算法要求,其应用领域仅仅局限于一些尖端的高科技领域。随着大规模集成电路技术的发展,1982 年诞生了首枚 DSP 芯片,其运算速度比 MPU 快了几十倍,在语音合成和编码解码器中得到了广泛应用。直至 20 世纪 80 年代中期,随着 CMOS 技术的进步与发展,第二代基于 CMOS 工艺的 DSP 芯片应运而生,其存储容量和运算速度都得到成倍提高,成为语音处理、图像硬件处理技术的基础。到 20 世纪 80 年代后期,DSP 的运算速度进一步提高,应用领域也从上述范围扩大到了通信和计算机方面。20 世纪 90 年代后,DSP 发展到了第五代产品,集成度更高,使用范围也更加广阔。

嵌入式 DSP 处理器有两个发展来源:一是 DSP 处理器经过单片化、EMC 改造、增加片上外设成为嵌入式 DSP 处理器,IT 的 TMS320C2000/C5000 等属于此范畴;二是在通用单片机或 SoC 中增加 DSP 协处理器,如 Intel 的 MCS-296 和 Simens 的 TriCore。

嵌入式 DSP 处理器比较有代表性的产品是 Texas Instruments 的 TMS320 系列和 Motorola 的 DSP56000 系列。TMS320 系列处理器包括用于控制的 C2000 系列,移动通信的 C5000 系列,以及性能更高的 C6000 和 C8000 系列。DSP56000 目前已经发展成为 DSP56000, DSP56100,DSP56200 和 DSP56300 等几个不同系列的处理器。

④嵌入式片上系统 SoC。随着 EDI 的推广和 VLSI 设计的普及化,以及半导体工艺的迅速发展,在一个硅片上实现一个更为复杂的系统的时代已来临,这就是 SoC。SoC 追求产品系统最大包容的集成器件,SoC 最大的特点是成功实现了软硬件无缝结合,直接在处理器片内嵌入操作系统的代码模块。而且 SoC 具有极高的综合性,在一个硅片内部运用 VHDL 等硬件描述语言,即可实现一个复杂的系统。例如,通用串行端口(USB)、TCP/IP 通信单元、GPRS 通信接口、GSM 通信接口、IEEE1394、蓝牙模块接口等,这些单元以往都是依照各单元的功能做成一个个独立的处理芯片。用户不需要再像传统的系统设计一样,绘制庞大复杂的电路板,一点点地连接焊制,只需要使用精确的语言,定义出其整个应用系统,综合时序设计直接在器件库中调用各种通用处理器的标准,然后通过仿真后就可以直接交付芯片厂商进行生产。由于绝大部分系统构件都是在系统内部,整个系统就特别简洁,不仅减小了系统的体积和功耗,而且提高了系统的可靠性及设计生产效率。除个别无法集成的器件以外,整个嵌入式系统大部分均可集成到一块或几块芯片中去,应用系统电路板将变得很简洁,对于减小体积和功耗、提高可靠性非常有利。

SoC 可以分为通用和专用两类。通用系列包括 Simens 的 TriCore, Motorola 的 M-Core,某些 ARM 系列器件,Echelon 和 Motorola 联合研制的 Neuron 芯片等。专用 SoC 一般专用于某个或某类系统中,不为一般用户所知。一个有代表性的产品是 Philips 的 Smart XA,它将 XA 单片机内核和支持超过2 048位复杂RSA算法的CCU单元制作在一块硅片上,形成一个可加载JAVA或C语言的专用的SoC,可用于公众互联网如Internet安全方面。

预计不久的将来,一些大的芯片公司将通过推出成熟的、能占领多数市场的SoC芯片,一举击退竞争者。SoC芯片也将在声音、图像、影视、网络及系统逻辑等应用领域中发挥重要作用。

2. 存储器

嵌入式系统的存储器包括主存和外存。大多数嵌入式系统的代码和数据都存储在处理器可直接访问的存储空间即主存中,系统上电后在主存中的代码直接运行。主存储器的特点是速度快,一般采用ROM,EPROM,Nor Flash,SRAM,DRAM等存储器件。

目前有些嵌入式系统除了主存外,还有外存。外存是处理器不能直接访问的存储器,用来存放各种信息,相对主存而言具有速度慢、价格低、容量大的特点。在嵌入式系统中一般不采用硬盘而采用电子盘作为外存,电子盘的主要种类有DoC(Disk on Chip),NandFlash,CompactFlash,SmartMedia,Memory Stick,MultiMediaCard,SD(Secure Digital)卡等。

电子硬盘,简单说就是用固态电子存储芯片阵列制成的硬盘。由于电子硬盘没有普通硬盘的旋转介质,因而抗震性极佳。其工作温度很宽,扩展温度的电子硬盘可工作在-40 ~ +85 ℃。

在嵌入式系统中,处理器对存储器进行读写操作,首先要由地址总线给出地址信号,然后发出相应的读写信号,最后才能在数据总线上进行信息交流。因此,存储器与处理器的连接主要指地址线的连接、数据线的连接和控制线的连接。

3. 输入/输出接口和设备

嵌入式系统是面向应用的,不同的应用所需的接口和外设不同,在嵌入式系统中,通常把大多数接口和部分外设集成到嵌入式处理器上。输入/输出接口主要有中断控制器、DMA、串行和并行接口等,设备主要有定时器(Timers)、计数器(Counters)、看门狗(Watchdog Timers)、RTC、UARTs、PWM(Pulse Width Modulator)、A/D、D/A、显示器、键盘和网络等。

输入输出接口电路的基本组成:数据寄存器、控制寄存器、状态寄存器和I/O控制逻辑部件。I/O接口的基本功能包括以下几点:

(1)数据缓冲功能;

(2)接受和执行CPU命令的功能;

(3)信号电平转换的功能;

(4)数据格式变换功能,如串行与并行的转换;

(5)设备选择功能;

(6)中断管理功能。

1.3.4 系统软件的组成

1. 嵌入式操作系统EOS

嵌入式操作系统是一种支持嵌入式系统应用的操作系统软件,它是嵌入式系统极为重要的组成部分,通常包括与硬件相关的底层驱动软件、系统内核、设备驱动接口、通信协议、图形界面、标准化浏览器等。

(1)嵌入式操作系统的特点。

应用到嵌入式系统的嵌入式操作系统,除具备一般操作系统最基本的功能,如任务调度、同步机制、中断处理、文件功能等外,还有如下一些特有的特点:

①可装卸性。具有开放性、可伸缩性的体系结构。

②强实时性。往往可用于各种设备控制当中。

③统一的接口。提供各种设备驱动接入。

④操作方便、简单,提供友好的图形界面(GUI),追求易学易用。

⑤提供强大的网络功能,支持TCP/IP协议及其他协议,提供TCP/UDP/IP/PPP协议支持及统一的MAC访问层接口,为各种移动计算设备预留接口。

⑥强稳定性,弱交互性。嵌入式系统一旦开始运行就不需要用户过多地干预,这就要负责系统管理的EOS具有较强的稳定性。嵌入式操作系统的用户接口一般不提供操作命令,它通过系统调用命令向用户程序提供服务。

⑦固化代码。在嵌入式系统中,嵌入式操作系统和应用软件被固化在嵌入式计算机系统的ROM中。辅助存储器在嵌入式系统中很少使用,因此嵌入式操作系统的文件管理功能应该能够很容易地拆卸,取而代之的是各种内存文件系统。

⑧更好的硬件适应性,也就是良好的移植性。嵌入式操作系统在知识体系和技术本质上与通用操作系统没有太大区别,一般用于比较复杂的嵌入式系统软件开发中。

(2)嵌入式操作系统的分类。

一般情况下,嵌入式操作系统可以分为两类:一类是面向控制、通信等领域的实时操作系统,如WindRiver公司的VxWorks,QNX系统软件公司的QNX,ATI的Nucleus等;另一类是面向消费电子产品的非实时操作系统,这类产品包括个人数字助理(PDA)、移动电话、机顶盒、电子书、WebPhone等。

①实时操作系统。实时系统是指能在确定的时间内执行其功能并对外部的异步事件做出响应的计算机系统。其操作的正确性不仅依赖于逻辑设计的正确程度,而且与这些操作进行的时间有关。“在确定的时间内”是该定义的核心。也就是说,实时系统是对响应时间有严格要求的。

实时系统对逻辑和时序的要求非常严格,如果逻辑和时序出现偏差则会引起严重后果。实时系统有两种类型:软实时系统和硬实时系统。软实时系统仅要求事件响应是实时的,并不要求限定某一任务必须在多长时间内完成;而在硬实时系统中,不仅要求任务响应要实时,而且要求在规定的时间内完成事件的处理。通常,大多数实时系统是两者的结合。实时应用软件的设计一般比非实时应用软件的设计困难。实时系统的技术关键是如何保证系统的实时性。

实时多任务操作系统是指具有实时性、能支持实时控制系统工作的操作系统。其首要任务是调度一切可利用的资源完成实时控制任务,其次才着眼于提高计算机系统的使用效率,重要特点是要满足对时间的限制和要求。实时操作系统具有如下功能:任务管理(多任务和基于优先级的任务调度)、任务间同步和通信(信号量和邮箱等)、存储器优化管理(含ROM的管理)、实时时钟服务及中断管理服务。实时操作系统具有如下特点:规模小;中断被屏蔽的时间很短;中断处理时间短;任务切换很快。

实时操作系统分为可抢占型和不可抢占型两类。对于基于优先级的系统而言,可抢占型实时操作系统是指内核可以抢占正在运行任务的CPU使用权并将使用权,交给进入就绪态的优先级更高的任务,是内核抢了CPU让别的任务运行。不可抢占型实时操作系统使用某种算法并决定让某个任务运行后,就把CPU的控制权完全交给了该任务,直到它主动将CPU控制权还回来。中断由中断服务程序来处理,可以激活一个休眠态的任务,使之进入就绪态;而这个进入就绪态的任务还不能运行,一直要等到当前运行的任务主动交出CPU的控制权。使用这种实时操作系统的实时性比不使用实时操作系统的系统性能好,其实时性取决于最长任务的执行时间。不可抢占型实时操作系统的缺点也恰恰是这一点,如果最长任务的执行时间不能确定,系统的实时性就不能确定。

可抢占型实时操作系统的实时性好,优先级高的任务只要具备运行的条件,或者说进入就绪态,就可以立即运行。也就是说,除了优先级最高的任务,其他任务在运行过程中都可能随时被比它优先级高的任务中断,让后者运行。通过这种方式的任务调度保证了系统的实时性,但是,如果任务之间抢占CPU控制权处理不好,就会产生系统崩溃、死机等严重后果。

②非实时操作系统。早期的嵌入式系统中没有操作系统的概念,程序员编写嵌入式程序通常直接面对裸机及裸设备。在这种情况下,通常把嵌入式程序分成两部分,即前台程序和后台程序。前台程序通过中段来处理事件,其结构一般为无限循环;后台程序则掌管整个嵌入式系统软、硬件资源的分配、管理以及任务的调度,是一个系统管理调度程序。这就是通常所说的前后台系统。在一般情况下,后台程序也称为任务级程序,前台程序也称为事件处理级程序。在程序运行时,后台程序检查每个任务是否具备运行条件,通过一定的调度算法来完成相应的操作。对于实时性要求特别严格的操作通常由中断来完成,仅在中断服务程序中标记事件的发生,不再做任何工作就退出中断,经过后台程序的调度,转由前台程序完成事件的处理,这样就不会造成在中断服务程序中处理费时的事件而影响后续和其他中断。

实际上,前后台系统的实时性比预计的要差。这是因为前后台系统认为所有的任务具有相同的优先级别,即是平等的,而且任务的执行又是通过FIFO队列排队,因而对那些实时性要求高的任务不可能立刻得到处理。另外,由于前台程序是一个无限循环的结构,一旦在这个循环体中正在处理的任务崩溃,使得整个任务队列中的其他任务没有机会被处理,从而造成整个系统的崩溃。由于这类系统结构简单,几乎不需要RAM/ROM的额外开销,因而被广泛使用。

(3)嵌入式操作系统的特点。

①紧凑性。嵌入式系统大多使用闪存作为存储介质,这就要求嵌入式操作系统只能在有限的内存中运行,不能使用虚拟内存,中断的使用也受到限制。

②可裁减性,较强的可靠性和稳定性。一个具体的嵌入式系统可能只需嵌入式操作系统的某几个功能模块,因此需要嵌入式操作系统能够通过卸载某些模块来达到系统所要求的功能;嵌入式系统一旦开始运行就可能长期无人干涉,因此需要操作系统有较强的可靠性和稳定性。

③可移植性和固化代码。与通用计算机不同,嵌入式系统是面向具体应用的,不同的嵌入式系统使用的硬件是不同的,因此要求嵌入式操作系统具有较好的硬件适应性;在嵌入式系统中,嵌入式操作系统和应用软件都被固化在嵌入式系统的ROM中。

④嵌入式操作系统具有通用操作系统的基本特点,如能够有效管理越来越复杂的系统资源;能够把硬件虚拟化,使开发人员从繁忙的驱动程序移植和维护中解脱出来;能够提供库函

数、驱动程序、工具集及应用程序。

(4)嵌入式操作系统的应用。

嵌入式操作系统是一种用途广泛的系统软件,过去它主要应用于工业控制和国防系统领域。操作系统负责嵌入系统的全部软、硬件资源的分配、任务调度,控制、协调并发活动。它必须体现其所在系统的特征,能够通过装卸某些模块来达到系统所要求的功能。随着 Internet 技术的发展、信息家电的普及应用及操作系统的微型化和专业化,操作系统开始从单一的弱功能向高专业化的强功能方向发展。嵌入式操作系统在系统实时高效性、硬件的相关依赖性、软件固化及应用的专用性等方面具有较为突出的特点。

2. 嵌入式应用软件

嵌入式应用软件是基于嵌入式系统设计的软件,通常存储于非易失性存储器中,用于实现对嵌入式系统硬件设备的驱动、控制与操作接口的处理等功能。嵌入式应用软件是嵌入式系统的重要组成部分。

(1)嵌入式应用软件的组成。

①初始化引导代码;

②用户应用程序;

③中断服务程序;

④库函数模块;

⑤子程序或函数。

(2)嵌入式应用软件的特点。

①规模小,开发难度大。

②快速启动,直接运行。嵌入式应用软件要求快速启动,直接运行。

③高实时性和可靠性要求。大多数嵌入式系统都是实时系统,有实时性和可靠性的要求,这对嵌入式系统的硬件和软件都提出了要求。

④程序一体化。

⑤嵌入式软件的开发平台和运行平台各不相同。嵌入式软件的开发环境运行在宿主机上,开发完成后,嵌入式软件将运行在嵌入式目标机中。

⑥嵌入式应用软件要具有可移植性。移植嵌入式系统的应用软件指的是把应用软件从一个嵌入式操作系统平台上移植到另一个嵌入式操作系统平台上。

1.3.5 系统的工作原理

嵌入式系统的硬件是以嵌入式处理器为核心,配置必要的外围接口部件,如 I/O 设备、通信模块等。嵌入式硬件是信息处理的基础和支撑,嵌入式硬件的结构与经典的冯·诺依曼结构(Von Neumann Architecture)类似,如图 1.2 所示,由运算器、控制器、存储器、输入设备、输出设备 5 部分组成,它们往往嵌入在产品中,主要完成对外部的输入信号和数据进行分析处理,根据给定的规则,通过一定的执行、显示部件作出适当的反应。

1. 嵌入式处理器的工作原理

把运算器、控制器或者部分存储器集成在一起,称为微处理器。微处理器的工作过程就是执行程序的过程,而程序由指令系列组成。因此,执行程序的过程就是执行指令序列的过程,即逐条地执行指令。处理器执行一组机器指令,这组指令可向处理器告知应执行哪些操作。

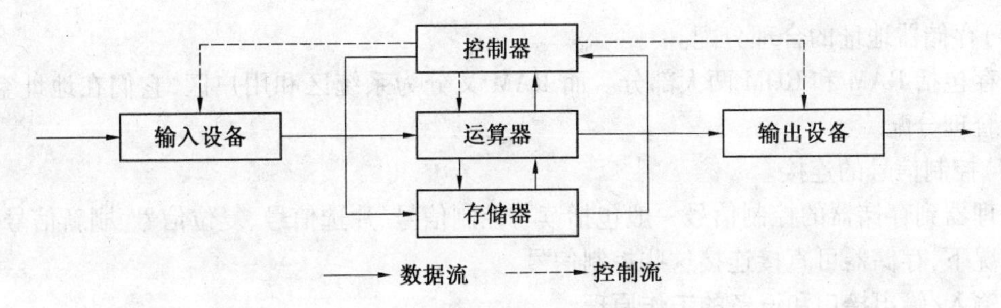

图 1.2　嵌入式硬件系统的结构

处理器就会根据指令执行 3 种基本工作:

①通过使用 ALU(算术/逻辑单元)执行数学计算。例如,加法、减法、乘法和除法。现代的处理器包含完整的浮点处理器,它可以对很大的浮点数执行非常复杂的浮点运算。

②处理器可以将数据从一个内存位置移动到另一个位置。

③处理器可以作出决定,并根据这些决定跳转到一组新指令。

处理器能够执行许多非常复杂的工作,但是所有工作都属于这 3 种基本操作的范畴。

处理器执行一项工作简要过程如下:

(1)取指令。

①程序计数器 PC 将指令地址经地址缓冲器送到处理器外部地址总线,然后送到存储器进行地址译码。

②访问存储器某一单元,同时处理器向存储器发"存储器读"控制信号。

③外部数据总线上出现指令的第 1 个字节,即操作码,它经由处理器内部数据缓冲器到内部总线,再到指令寄存器。

④对于多字节指令,控制部件还会发出再去存储器取指令第 2 或第 3 个字节的信号,每取 1 个字节,计数器加 1。

(2)指令译码。

(3)取操作数。

如果需要取操作数,CPU 则给出操作数地址,再次访问存储器。

(4)执行指令。

(5)存放运算结果。

处理器就是不断重复(1)~(5)的过程来逐条执行程序,完成工作。

2. 存储器的工作原理

(1)处理器总线的负载能力。

在一般情况下,处理器总线的直流负载能力可带动一个标准的 TTL 门。当系统较小时,存储器可通过总线直接与处理器相连。当系统规模较大时,就必须对总线增加总线驱动器来提高总线的负载能力。

(2)处理器的时序与存储器的存取速度之间的配合。

存储器在取指令和进行读、写操作时,都是在固定的时序控制下进行的。

(3)存储器的电平信号与处理器的电平匹配。

处理器的信号电平多为 TTL 标准电平。当选用的存储器电平不相匹配时,它不能直接与处理器相连,必须经过电平转换后才可以与处理器相连接。

(4)存储器地址的合理分配。

内存包括 RAM 和 ROM 两大部分。而 RAM 又分为系统区和用户区,它们在地址空间中要进行合理分配。

(5)控制信号的连接。

处理器到存储器的控制信号一般包括读写控制信号、片选信号、复位信号、刷新信号等,在一般情况下,存储器可直接连接这些控制信号。

3. 输入/输出接口和设备的工作原理

输入/输出接口电路的编址方式有统一编址和独立编址两种。统一编址是从存储器空间中划出一部分空间留给 I/O 端口;独立编址是端口地址与存储器的编址完全分开。

输入输出接口电路的数据传送方式分为程序查询方式、程序中断方式和直接内存访问方式 3 种。采用程序查询方式进行数据传送时,处理器首先要测试外设的状态,只有在状态信息满足条件时,才能进行数据传送;采用中断传送方式进行数据传送时,如果处理器不主动去查询外设的状态,而是让外设在准备好之后通知处理器,那么处理器在没接到外设通知前,只管做好自己的事情,只有在接到通知后才执行与外设的数据传送;采用直接内存访问方式进行数据传送时,在外设和内存之间开辟直接的数据交换通道而不通过处理器,即处理器不干预传送过程,该传送过程由硬件完成而不需要软件介入。

1.4 嵌入式控制系统需求分析

1.4.1 系统需求分析及目标

系统需求是指用户对目标系统在功能、行为、性能、设计约束等方面的期望。通过对应用问题及其环境的理解与分析,为问题涉及的信息、功能及系统行为建立模型,将用户需求精确化、完全化,最终形成需求规格说明,这一系列的活动即构成嵌入式系统需求分析阶段。

需求分析是进行嵌入式系统设计的第一个阶段,也是整个系统开发的基石。需求分析一般由用户提出,由系统分析员和开发人员与用户反复讨论、协商,充分交流后达成一致的理解,建立相应的需求文档,必要时,对一些复杂系统的主要功能、接口、人机界面等还要进行模拟或建造系统原型,以便向用户和开发者展示系统的主要特性。由于嵌入式系统的用户一般不会是专业嵌入式系统的设计人员,甚至也不是最终产品的设计人员,他们对嵌入式系统的理解建立在理想的基础上,对系统提出的需求有时是模糊的、不专业的,甚至是不切实际的,因此需要系统开发人员不断与用户研讨,最后确定正式的、规范的说明文件。

当然,需求分析除了要满足用户对嵌入式系统的功能、尺寸、质量、功耗等要求外,还要考虑开发者自己的开发成本及所有的技术,尽量将成本最小化、功能完善化、系统稳定、质量一流。

嵌入式系统需求分析的主要实现目标:

(1)对用户所需产品的功能作全面的描述,帮助用户判断实现功能的正确性、一致性和完整性,促使用户在系统设计启动之前周密地、全面地思考此嵌入式系统需求。

(2)了解和描述系统实现所需的全部信息,为系统设计、确认和验证提供一个基准。

(3)为系统管理人员进行系统成本计价和系统设计开发计划书提供依据。

1.4.2 系统需求分析的具体内容

需求分析的具体内容可以归纳为6个方面:控制系统的功能需求,软、硬件与其他外部系统接口,控制系统的非功能性需求,控制系统的反向需求,控制系统设计和实现上的限制。

1. 控制系统的功能需求

控制系统的功能需求就是系统设计完成后,能按照用户的要求采集或者处理相应的信息,完成特定的功能。描述系统的功能时应注意以下几点:

(1)功能需求的完整性和一致性。

对功能的描述应包含与功能相关的信息,并应具有内在的一致性(即各种描述之间不矛盾、不冲突)。应注意以下几点:

①给出触发功能的各种条件,如控制流、运行状态、运行模式等。

②定义各种可能性条件下的所有可能的输入,包括合法的输入空间和非法的输入空间。

③给出各种功能间可能的相互关系,如各个功能间的控制流、数据流、信息流;功能运行关系:顺序、重复、选择、并发、同步。

④给出功能性的主要级别,如基本功能、可由设计者选择逐步实现的功能、可由设计者改变实现的功能等。

⑤尽可能不使用"待定"这样的词。所有含有待定内容的需求都不是完整的文件,如果出现待定的部分,必须进行待定部分内容说明,落实负责人员及实施日期。

(2)功能需求描述的无歧义性、可追踪性和规范化。

①功能描述必须清晰地描述出哪一个输入到哪一个输出,并且输入、输出描述应对应数据流描述、控制流描述图,这些描述必须与其他地方的描述一致。

②可以用语言、方程式、决策表、矩阵或图等描述功能。如果选用语言描述,就必须使用结构化的语言,描述前必须说明该步骤或子功能的执行是顺序、选择、重复还是并发,然后说明逻辑步骤。整个描述必须单入单出。

③描述时,每一个功能名称和参照编号必须唯一,且不要将多个功能混在一起进行描述,这样便于功能的追踪和修改。

④功能描述应注意需求说明和系统设计的区别。需求说明仅仅是系统的功能设计,它给出系统运行的外部功能描述,以及为了实现这一外部功能必须做哪些工作;采用何种数据结构、定义多少个模块以及模块间的接口等是设计阶段的工作,功能描述不应涉及这些细节问题,以避免给系统设计带来不必要的约束。

2. 软、硬件与其他外部系统接口

软、硬件与其他外部系统接口包括下述内容:

(1)人机接口:说明输入、输出的内容、屏幕安排、格式等要求。

(2)硬件接口:说明端口号、指令集、输入输出信号的内容与数据类型、初始化信号源、传输通道号和信号处理方式。

(3)软件接口:说明软件的名称、助记符、规格说明、版本号和来源。

(4)通信接口:指定通信接口和通信协议等描述。

3. 控制系统的非功能需求

用户只提供功能需求是远远不够的,还必须提出以下非功能需求:

(1)性能。

在一般情况下,将系统的处理速度称为性能,通常它是决定系统实用性与最终成本的主要因素。尤其对实时操作系统,如果在时间上不能满足要求,那么这个系统基本上是失败的。

(2)价格。

产品的最终成本或者销售价格也是一个设计者必须考虑的因素之一。例如,洗衣机内置的嵌入式系统,虽然性能高,但是它的价格会非常昂贵,这样的洗衣机会没有市场,那么开发出来的这个系统也没有多大意义。

(3)尺寸和质量。

最终产品的物理特性会因为使用的领域不同而大小不同。例如,一台控制装配线的工业控制系统通常装配在一个标准尺寸的柜子里,它对质量没有什么要求,但手持设备对系统的尺寸和质量会有严格的限制。

(4)功耗。

利用嵌入式系统开发出来的产品有时不是以一个个体单独使用,而是嵌入到其他设备中,这就对系统的功耗有一定要求,比如,有些手持设备是靠电池供电的,这就要考虑到所设计的嵌入式系统的电源问题。

4. 控制系统的反向需求

控制系统的反向需求要在需求中明确指出系统在什么情况下不能做什么,如果没有明确控制系统的反向需求,可能会给本控制系统造成破坏,或者给此控制系统所在的外在系统造成故障。

5. 控制系统设计和实现上的限制

控制系统设计和实现上的限制是指用户对系统运行的硬件环境及软件环境的特殊要求,比如,有些要求用 ARM 系列的产品,搭配 Linux 操作系统,有些则要求搭配 VxWorks 操作系统,以便于与用户所在公司的其他系统共享、兼容等。当然,有些用户对这些是没有要求的,设计者要根据功能等需求择优选择。

1.4.3 系统可靠性与安全性分析

嵌入式软件应用场合、硬件平台及操作系统的多样性,使嵌入式软件在各种不同条件下可能出现未知、不可预测的状况,即其潜在风险往往比通用 PC 机的软件要高。由于嵌入式软件应用场合特殊,往往在无人值守的情况下运行,高可靠性和安全性自然成为嵌入式系统的重要指标。

嵌入式控制系统的不可靠性是指由于某些随机的因素引起的数据错误、状态混乱及性能不稳。一般来说,引起系统性能不稳定的因素有 5 种:①由系统某种设计缺陷造成的;②由电源系统的干扰引起的;③由数据通道的干扰引起的;④由电磁辐射的干扰引起的;⑤由温度、湿度等因素引起的。第①种属于功能设计中的问题,其他则属于系统的可靠性设计问题。

提高系统可靠性应该从两方面着手考虑:①提高系统自身的性能,包括采用高档次的元器件,从软件和硬件设计上采取各种保护措施,提高系统的抗干扰性能等;②为系统提供一个良好的工作小环境,使系统在电源、温度、湿度及抗振动等诸多方面具有一个较好的工作条件与工作环境。在设计初期排查各种可能的风险,投入较低并可获得高回报,最终的产品质量也可以得到很好的控制。

在做系统可靠性分析时，首先要清楚可靠性的指标及这些指标之间的相互关系。系统故障的出现是随机的，必须用统计的方法进行描述。当系统维修时，由于故障的复杂程度不同，所用的维修时间也有长短，这就需要用统计的方法描述维修时间。因此，在定量表示可靠性时，必须按照故障发生的分布规律和与之对应的维修时间的分布规律，导出可靠性的一些量化的描述。

1. 可靠度

可靠度就是在规定时间内和规定的条件下产品（或部件、设备、元器件、系统）完成规定功能的成功概率。有 N_0 个同样的系统（也可以是某种产品、某种部件、某种设备或某个元器件），使它们同时工作在同样的规定条件下，从它们运行到 t 时刻的时间内，有 $N_f(t)$ 个系统发生故障，有 $N_s(t)$ 个系统完好，则该系统 t 时间的可靠度可表示为

$$R(t)=\frac{N_s(t)}{N_s(t)+N_f(t)}=\frac{N_s(t)}{N_0(t)} \tag{1.1}$$

2. 失效率

一个产品（或部件、设备、元器件、系统）的故障和失效在概念上有微小的差异，通常不加以区别。就定性而言，有的失效突然发生而引起故障，而这种情况有可能造成严重后果。另一种情况是由于元器件参数慢慢退化而引起的故障，属于退化失效。无论哪种原因引起的故障，对整个系统的影响是不一样的。有的可能引起很轻微的影响，有的可能会造成局部的影响，但是严重的会造成灾难性的影响。

失效率是工作到某时刻尚未失效的产品在该时刻后单位时间内发生失效的概率。失效率一般记为 λ，它也是时间 t 的函数，故也记为 $\lambda(t)$，称为失效率函数，有时也称为故障率函数或风险函数。按上述定义，失效率是在时刻 t 尚未失效的产品在 $t+\Delta t$ 的单位时间内发生失效的条件概率，即

$$\lambda(t)=\lim_{\Delta t\to 0}\frac{1}{\Delta t}P\quad(t<T\leqslant t+\Delta t \mid T>t) \tag{1.2}$$

$\lambda(t)$ 反映 t 时刻失效的速率，也称为瞬时失效率。

失效率的观测值是在某时刻后单位时间内失效的产品数与工作到该时刻尚未失效的产品数之比，即

$$\hat{\lambda}(t)=\frac{\Delta N_f(t)}{N_s(t)\Delta t} \tag{1.3}$$

用失效率（或故障率）曲线反映产品总体寿命期失效率的情况，如图1.3所示，该曲线有时又形象地被称为浴盆曲线。失效率随时间变化可分为以下3个时期：

(1) 早期失效期。其失效率曲线为递减型。产品投入使用的早期，失效率较高且下降很快。这主要由于设计、制造、储存、运输等形成的缺陷，以及调试、启动不当等人为因素所造成的。当这些所谓先天不良的失效得到修正后运转逐渐正常，则失效率就趋于稳定，到 t_0 时失效率曲线已开始变平，因此 t_0 以前称为早期失效期。针对早期失效期的失效原因，应该尽量设法避免，争取失效率低且 t_0 短。

(2) 偶然失效期。其失效率曲线为恒定型，即 t_0 到 t_1 之间的失效率近似为常数。失效主要由非预期的过载、误操作、意外的天灾以及一些尚不清楚的偶然因素所造成。由于失效原因多属于偶然，故称为偶然失效期。偶然失效期在有效工作的时期内，这段时间称为有效寿命。

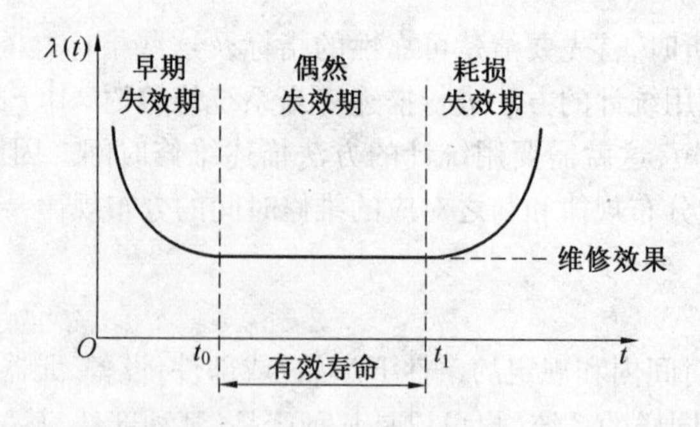

图 1.3　失效率曲线

为降低偶然失效期的失效率而增长有效寿命，应注意提高产品的质量，精心使用维护。

(3) 耗损失效期。其失效率是递增型。在 t_1 以后失效率上升较快，这是由于产品已经老化、疲劳、磨损、蠕变、腐蚀等所谓有耗损的原因所引起的，故称为耗损失效期。针对耗损失效的原因，应该注意检查、监控、预测耗损开始的时间，提前维修，使失效率延迟上升，如图 1.3 中虚线所示。当然，修复若需花很多费用而延长寿命不多，则不如报废更为经济。

3. 平均故障间隔时间

描述可靠性的另一个重要指标为平均故障间隔时间(*MTBF*)，或平均无故障时间(也称为平均故障前时间(*MTTF*))。前者用于描述可修复的产品，而后者用于描述不可修复的产品。平均故障时间的计算公式为

$$MTBF = \int_0^{\infty} R(t)\,\mathrm{d}t = \int_0^{\infty} \mathrm{e}^{-\lambda t}\mathrm{d}t = \frac{1}{\lambda} \tag{1.4}$$

可见，只要知道了失效率 λ，就很容易求得 *MTBF*。

4. 平均修复时间

平均修复时间(*MTTR*)是从维修角度来来描述系统(或设备、部件)的可靠性。对嵌入式系统来说，它若出现故障，则可以进行维修。对于可维修系统而言，对其高可靠性的要求不仅表现在要求它尽可能少出现故障，而且还要求在出现故障后能尽快找出故障的原因，在最短的时间内修复，使系统重新投入运行。它是一个统计值，可用下式计算，即

$$MTTR = \frac{1}{N}\sum_{i=1}^{N} \Delta t_i \tag{1.5}$$

式中，N 为维修次数；Δt_i 为第 i 次维修所用的时间。

很显然，如果每次维修所用的时间越少，则系统的平均维修时间也就越少，系统的正常工作时间就会越长。因此，在嵌入式系统设计时，要认真考虑系统的可维护性，使之在故障发生后能迅速发现并排除故障，这也是提高系统可靠性的一个方面。

5. 利用率

系统的可用性通常用利用率 A 来表示。利用率就是指系统在长时间的工作中正常工作的概率，也就是系统的使用效率。利用率 A 可用下式来表示

$$A = \frac{MTBF}{MTBF + MTTR} \tag{1.6}$$

从式(1.6)中可以看到，减少平均维修时间 *MTTR*，可以增加利用率。也就是说，如果能使所设计的嵌入式系统尽可能少出故障，并且在出现故障时能很快修好，即当平均维修时间远小

于平均故障时间,系统的利用率就接近 1(100%),也可说明系统的可靠性是高的。

1.4.4 详细说明

详细说明是对需求分析的进一步细化,如果说需求分析主要是给用户看的,那么详细说明主要就是给开发人员看的。通过详细说明可以架起系统设计人员和用户之间的桥梁,促进开发方案的制定。

详细说明需要对需求分析中涉及的问题进行进一步的细化,例如,在 MP3 的设计中,需求分析只是确定了 LCD 屏幕要显示什么信息,但并没有说怎么显示、何时显示,在详细说明中则对这些要有详细的规定,进一步可以给出更加技术化的功能指标,如显示屏 96×32 点阵、彩色背光等。

详细说明可以使设计者花费最少的精力来创建一个嵌入式控制系统。对于设计者来说,可能在工作刚开始时并没有形成一个构造系统的清晰思路,因而在工作过程的早期会使用不完整的假设,而在得到一个实际的工作系统之前这种假设是不可能完全明确的,显然这会影响设计结果。对于这一问题,唯一的解决方案是把机器拆开,抛开其中某些部件,然后再重新开始,不过这样不仅需要花费更多的时间,而且得到的系统也是粗糙且有缺陷的。因此完善的详细说明,会使开发过程少走很多弯路。

1.5 嵌入式控制系统硬件设计

1.5.1 嵌入式处理器的选择

在分析阶段结束后,开发者通常面临的一个棘手问题就是硬件平台和软件平台的选择,因为它的好坏直接影响着实现阶段任务的完成。很多好的产品之所以成功,很大一部分功劳就是它成功的选型,这方面是一个不断积累的过程。

通常,硬件和软件的选择包括处理器、硬件各部件、操作系统、编程语言、软件开发工具、硬件调试工具、软件组件等。在上述选择中,处理器往往是最重要的,操作系统和编程语言也是非常关键的。处理器的选择常常会限制操作系统的选择,操作系统的选择又会限制开发工具的选择。所以,在做设计时,一定要全盘考虑清楚。

嵌入式产品的生产商总是期待能使自己的产品成本更低、更快地走向市场。高性价比、高集成度、高度灵活的微处理器能帮助终端产品在性能、价格竞争日益激烈的市场环境中脱颖而出。新技术的广泛应用和网络的普及,对嵌入式系统提出了新的要求。由于采用市场上现成的硬件和软件所带来的低成本、灵活性及开发周期短等优势显而易见,这将促使开发人员放弃专有的或非标准的嵌入组件。优秀的微处理器解决方案在其中扮演着重要的角色。

设计者在选择处理器时应考虑以下主要因素:

1. 处理性能

一个处理器的性能取决于多个方面的因素,如时钟频率、内部寄存器的大小、指令是否对等处理所有的寄存器等。对于许多需用处理器的嵌入式系统设计来说,目标不是在于挑选速度最快的处理器,而是在于选取能够完成作业的处理器和 I/O 子系统。如果是面向高性能的应用设计,那么建议考虑某些新的处理器,其价格相对低廉,如 IBM 和 Motorola Power PC。

2. 兼容性

使用相同的外设和开发工具能够实现最终的移植灵活性。多种器件之间引脚对引脚的兼容性保证了微处理器之间可以在不需重新设计电路板的条件下实现互换，工程师无须再将宝贵的资源耗费在重新设计上，系统所要求的一些硬件无需过多地胶合逻辑(Glue Logic,GL)就可以连接到处理器上。其次是考虑该处理器的一些支持芯片，如DMA控制器、内存管理器、中断控制器、串行设备、时钟等的配套。外设的兼容性也使得在产品转移的过程中可以重复使用软件，降低整个系统的开发费用。

3. 功耗

微处理器由于本身耗电，又控制着系统中其他组件的功耗，所以在实现低功耗设计的过程中扮演着重要的角色。另外，嵌入式微处理器最大并且增长最快的市场是手持设备、电子记事本、PDA、手机、GPS导航器、智能家电等消费类电子产品，这些产品中选用微处理器最典型的特点是要求高性能、低功耗。

4. 集成度

高集成度不仅意味着有更丰富的功能、更小的封装尺寸，还能有效地降低系统功耗，简化工程师的设计，如对于寻求灵活的USB连接的开发人员，集成的USB控制器大大简化了设计复杂度。随着对集成度更高的要求，微处理器片上不但要集成高性能内核、大容量内存、大量灵活的I/O和外设接口，还可能要有加密、定时和系统保护等高级功能模块。例如，看门狗电路能够让器件识别跑飞代码并复位处理器，从而避免锁死状态；加密码增速单元(Crypto Ancillary Unit,CAU)可支持DES,AES,MD5和SHA-1等加密算法。

5. 软件支持

强大的软件和开发工具支持将带给设计人员极大的自由度和更多样的技术手段。充分利用编译器、汇编器、链接器、调试器、代码转换器、仿真器和评估测试工具的支持，不但能有效缩短产品的设计周期，使其更快速地进入市场，还能够使最终产品更有特色。因此，在选择处理器时也要充分考虑到软件和开发工具的支持。

6. 内置调试工具

处理器如果内置调试工具可以大大缩小调试周期，降低调试的难度；供应商是否提供评估板等工具也应作为考虑因素，可用评估板来验证理论是否正确，决策是否得当。

除了对以上这些需求外，对于成本敏感的应用，价格也是最关键的因素之一，满足上述需求的微处理器能帮助终端产品在性能、价格竞争日益激烈的市场环境中脱颖而出。

1.5.2 对硬件系统整体的技术要求

嵌入式控制系统对硬件系统整体的技术要求无非就是针对尺寸、功耗、性能、功能等方面提出的。首先，硬件系统的设计必须满足用户所需求的功能，用尽可能简单的电路实现所需功能；其次嵌入式硬件系统的设计必须满足客户需求的尺寸大小，过大或过小的电路板的设计都是不成功的；再就是功耗，理论上功耗越小越好，但是这与实际其他功能、性能方面的设计是相矛盾的，这就要两者对比折中，取经济适用的方法；还有就是稳定性与安全性，不稳定的系统是没有意义的，所以，稳定是前提，安全性也越来越重要，如要求对一些病毒有一些免疫能力，防止系统崩溃、用户信息泄露等。

除了上述技术要求，还要与软件系统配合设计。有些功能用软件实现起来比较方便，那么在硬件电路的设计中就可以减少这方面的工作量。但是有些功能用软件实现会使系统的性能降低,运行速度下降,这就要求硬件电路对这个电路作补充。总之,要考虑到系统的成本、性能等多方面的要求,才能设计出尽可能好的硬件系统。

1.5.3　硬件系统对外部环境的技术要求

嵌入式系统通常运行在一定的环境下,外部环境是嵌入式系统不可缺少的组成部分。例如,实时系统必须在规定的时间内对外部请求作出反应,而外部物理环境往往是被控子系统,两者互相作用构成完整的实时系统。如果实时嵌入式系统在规定的时间内已对所收到信号作出了反应,但是外部控制系统并不能在此工作频率内响应嵌入式系统,则有可能造成系统的瘫痪,这对于实时嵌入式系统来说也是没有意义的。

1. 系统硬件对外部环境的要求

(1)元器件的选择决定了使用的工作温度和可靠性。

(2)硬件的处理速度决定了是否能响应外部环境的变化。

2. 实时操作系统对外部环境的要求

(1)多任务类型。

在实时系统中,不但包括周期任务、偶发任务、非周期任务,还包括非实时任务。实时任务要求要满足时限,而非实时任务也要求使其响应时间尽可能短。

(2)约束的复杂性。

任务的约束包括时间约束、资源约束、执行顺序约束和性能约束。时间约束是任何实时系统都固有的约束。资源约束是指当多个实时任务共享有限的资源时,必须按照一定的资源访问控制协议进行同步,以避免死锁和高优先级任务被低优先级任务堵塞的时间(即优先级倒置时间)不可预测。执行顺序约束是指各任务的启动和执行必须满足一定的时间和顺序约束。例如,在分布式端到端(End-to-end)实时系统中,同一任务的各子任务之间存在前驱/后驱约束关系,需要执行同步协议来管理子任务的启动和控制子任务的执行,使它们满足时间约束和系统可调度要求。性能约束是指必须满足如可靠性、可用性、可预测性、服务质量(Quality of Service,QoS)等性能指标。

(3)具有短暂超载的特点。

在实时系统中,即使一个功能设计合理、资源充足的系统也可能由于以下原因超载:

①系统元件出现老化,外围设备错误或系统发生故障。随着系统运行时间的增长,系统元件出现老化,系统部件可能发生故障,导致系统可用资源降低,不能满足实时任务的时间约束要求。

②环境的动态变化。由于不能对未来的环境、系统状态进行正确、有效的预测,因此不能从整体角度上对任务进行调度,可能导致系统超载。

③应用规模的扩大。原先满足实时任务时限要求的系统,随着应用规模的增大,可能出现不能满足任务时限要求的情况,而重新设计、重建系统在时间和经济上又不允许。

1.5.4　设计硬件电路板的步骤和主要内容

设计硬件电路板最基本的过程可以分为3大步骤:

1. 设计电路原理图

电路原理图的设计通常可用设计工具 Protel 来完成，主要的设计工作是利用 Protel 的原理图设计系统（Advanced Schematic）来绘制一张电路原理图。在这一过程中，要充分利用 Protel 所提供的各种绘图工具及编辑功能。电路图的设计具体过程如下：

（1）建立原理图。首先必须新建原理图，只有进入原理图编辑器，才能进行电路图设计。

（2）设置图纸信息。设计原理图之前，必须根据电路的复杂程度设置图纸的大小，以及设置图纸的方向、网格大小和标题栏等信息。

（3）载入元件。在设计过程中，根据实际电路的需要从元件库中调入所需的元件。这时可以通过加载元件库的方法来实现元件的载入。

（4）放置元件。在加载的元件库中取出所需的元件，并将元件放入工作面板中。根据元件之间的走线，在工作面板上需对元件进行位置的调整、属性的设置等。

（5）进行原理图布线。利用 Protel 提供的各种工具和指令进行布线，使用具有电气意义的导线、网络标号、端口标号和电器连接点将工作面板上的元件连接起来，构成一个完整的电路原理图。

（6）调整布线。经过原理图布线后，通过进一步的布线调整，对原理图进行修改，使原理图更加正确和美观。该过程包括元件位置的重新调整，导线位置的删除、移动，更改元件属性和排列等。

（7）注解和修饰。在原理图上增加一定的注解，使原理图更易懂，更具有可读性。

（8）检查和修改。利用 Protel 提供的各种校验工具，对原理图进行检查，并对原理图进行进一步的调整和修改，确保原理图的准确无误。

2. 产生网络表

网络表是电路原理图设计（SCH）与印制电路板设计（Printed Circuit Board，PCB）之间的一座桥梁，它是印刷电路板设计中自动布线的基础和灵魂。网络表可以由电路原理图生成，也可从已有的印制电路板文件中提取出来。

3. 设计印制电路板

印制电路板的设计主要是针对 Protel 的另外一个重要的部分 PCB 而言的，在这个过程中，可以借助 Protel 提供的强大的 PCB 功能来实现电路板的版面设计工作，根据网络表完成自动布线工作。

最后，打印输出即可。除此之外，用户在设计过程中还要完成一些其他工作，如创建自己的元件库、编辑新元件生成报表等。设计出一块满足技术要求、功能完善、布局合理且可靠、实用、美观的电路板不是一朝之功。

1.6 嵌入式软件系统的设计

1.6.1 软件需求分析描述的框架

依据嵌入式系统本身的特点和很多嵌入式设备对软件可靠性、安全性要求较高的实际情况，嵌入式软件需求描述的内容可分为如下 6 个方面：功能、性能（含可靠性和安全性）、接口、数据、运行环境和设计约束。

1. 功能

一般来说,嵌入式软件的功能描述与普通软件并无区别,需求描述的要素均为输入、处理过程和输出。但由于一些嵌入式软件实时要求高,与外部系统之间耦合密切,相互影响,因此在对软件功能进行描述时常常需要说明功能的执行条件。

2. 性能

除了空间余量、计算精度和适应性等一般要求外,一些嵌入式软件由于具有实时性强的特点,应该突出对时间上的要求。在软件需求中,必须明确软件在运行时的时间约束,时间约束包括程序处理时间、中断响应时间、恢复时间、功能执行时序等要求。

由于嵌入式软件的专业化特点,一般对可靠性有较高要求,特别是应用于航天、航空、兵器、核工业等领域的系统关键软件,除了高可靠性的要求外,还有安全性要求。所以在需求描述中,应该提出可靠性、安全性指标要求或保证可靠性、安全性的措施要求。

3. 接口

(1)硬件接口。硬件接口是描述系统中软件和硬件每一接口的特征。这种描述可能包括支持的硬件类型、软硬件之间交流的数据和控制信息的性质以及所使用的通信协议。

(2)软件接口。软件接口是描述该产品与其他外部软件的连接,包括数据库、操作系统、工具、库和集成的其他组件;明确并描述在软件组件之间交换数据或消息的目的;描述所需要的服务以及内部组件通信的性质;确定将在组件之间共享的数据。

(3)人机接口和用户界面(有的嵌入式系统有)。人机接口和用户界面是描述所需要的用户界面的软件组件;描述每个用户界面的逻辑特征。通常一些嵌入式软件并没有人机接口或者用户界面。

4. 数据

与普通软件相同,定义参数数据的结构、来源、量纲、值域、更新频度、输出频度等,对于需要进行实时数据采集的实时嵌入式软件,则应当对那些需要实时采集的数据详细说明具体时间要求。

需要补充的是,一般在作接口描述时,会将软件的外部交互数据同时描述清楚,这是接口描述和数据描述相重叠的地方。

5. 运行环境

需求中需要非常明确地说明软件运行所需硬件环境各个部件的详细规格、参数以及硬件所能支持的特性。在通常情况下,可以将处理器、内存、总线、集成电路等用户手册或使用手册作为需求的参考性附件。

对于软件支持环境,如嵌入式操作系统、硬件驱动程序以及其他有交互的嵌入式软件,在需求描述时必须明确嵌入式软件的运行环境情况。

6. 设计约束

设计约束包括编程语言、开发标准要求、保密要求、可维护性、易用性、可继承性等要求,在需求描述中也应当写明。

1.6.2　常用的嵌入式操作系统

国际上用于信息电器的嵌入式操作系统有 40 种左右。现在,市场上非常流行的 EOS 产品,包括 3Com 公司下属子公司的 Palm OS,占全球市场份额的 50%;Microsoft 公司的 Windows

CE，也不过29%。在美国市场，Palm OS 更以 80%的占有率远超 Windows CE。开放源代码的 Linux 很适合做信息家电的开发，比如，中科红旗软件技术有限公司开发的红旗嵌入式 Linux 和美商网虎公司开发的基于 Xlinux 的嵌入式操作系统“夸克”。“夸克”是目前全世界最小的 Linux，它有两个很突出的特点，就是体积小和使用 GCS 编码。常用的嵌入式操作系统有：Linux，uClinux，Windows CE，PalmOS，Symbian，eCos，uCOS-II，VxWorks，pSOS，Nucleus，ThreadX，Rtems，QNX，INTEGRITY，OSE，C Executive 等。下面对几个常用的嵌入式系统进行介绍：

1. Linux

Linux 是一个类似于 Unix 的操作系统。它起源于芬兰一个名为 Linus Torvalds 的业余爱好者，但是现在已经是最为流行的一款开放源代码的操作系统。Linux 从 1991 年问世到现在，已发展成为一个功能强大、设计完善的操作系统，伴随网络技术进步而发展起来的 Linux OS 已成为 Microsoft 公司的 DOS 和 Windows 95/98 的强劲对手。Linux 系统不仅能够运行于 PC 平台，还在嵌入式系统方面大放光芒，在各种嵌入式 Linux OS 迅速发展的状况下，Linux OS 逐渐形成了可与 Windows CE 等 EOS 抗衡的局面。

目前正在开发的嵌入式系统中，49%的项目选择 Linux 作为嵌入式操作系统。Linux 现已成为嵌入式操作的理想选择。中科红旗软件技术有限公司开发的红旗嵌入式 Linux 正在成为许多嵌入式设备厂商的首选。在不到一年的时间内，红旗公司先后推出了 PDA、机顶盒、瘦客户机、交换机用的嵌入式 Linux 系统，并且投入了实际应用。现以红旗嵌入式 Linux 为例来讲解嵌入式 Linux OS 的特点：

(1)精简的内核，性能高、稳定，多任务。

(2)适用于不同的 CPU，支持多种体系结构，如 X86，ARM，MIPS，ALPHA，SPARC 等。

(3)能够提供完善的嵌入式 GUI 以及嵌入式 X-Windows。

(4)提供嵌入式浏览器、邮件程序、MP3 播放器、MPEG 播放器、记事本等应用程序。

(5)提供完整的开发工具和 SDK，同时提供 PC 上的开发版本。

(6)用户可定制，可提供图形化的定制和配置工具。

(7)常用嵌入式芯片的驱动集，支持大量的周边硬件设备，驱动丰富。

(8)针对嵌入式的存储方案，提供实时版本和完善的嵌入式解决方案。

(9)完善的中文支持，强大的技术支持，完整的文档。

(10)开放源码，丰富的软件资源，广泛的软件开发者的支持，价格低廉，结构灵活，适用面广。

2. Palm OS

Palm OS 是 3Com 公司的产品，其操作系统为 Palm OS。Palm OS 是一种 32 位的嵌入式操作系统。Palm 提供了串行通信接口和红外线传输接口，利用它可以方便地与其他外部设备通信、传输数据；拥有开放的 OS 应用程序接口，开发商可根据需要自行开发所需的应用程序。Palm OS 是一套具有极强开放性的系统，现在大约有数千种专为 Palm OS 编写的应用程序，从程序内容上看，小到个人管理、游戏，大到行业解决方案，Palm OS 无所不含。在丰富的软件支持下，基于 Palm OS 的掌上电脑功能得以不断扩展。Palm OS 是一套专门为掌上电脑开发的 OS。在编写程序时，Palm OS 充分考虑了掌上电脑内存相对较小的情况，因此它只占有非常小的内存。

由于基于 Palm OS 编写的应用程序占用的空间也非常小(通常只有几十 KB)，所以，基于

Palm OS 的掌上电脑(虽然只有几 MB 的 RAM)可以运行众多应用程序。由于 Palm 产品的最大特点是使用简便、机体轻巧,因此决定了 Palm OS 应具有以下特点。

①操作系统的节能功能。由于掌上电脑要求使用电源尽可能小,因此在 Palm OS 的应用程序中,如果没有事件运行,系统设备则进入半休眠(Doze)状态;如果应用程序停止活动一段时间,系统则自动进入休眠(Sleep)状态。

②合理的内存管理。Palm 的存储器全部是可读写的快速 RAM,动态 RAM(Dynamic RAM)类似于 PC 机上的 RAM,它为全局变量和其他不需永久保存的数据提供临时的存储空间。存储 RAM(Storage RAM)类似于 PC 机上的硬盘,可以永久保存应用程序和数据。

③Palm OS 的数据是以数据库(Database)的格式来存储的。数据库由一组记录(Records)和一些数据库头信息组成。为保证程序处理速度和存储器空间,在处理数据时,Palm OS 不是把数据从存储堆(Storage Heap)拷贝到动态堆(Dynamic Heap)后再进行处理,而是在存储堆中直接处理。为避免错误地调用存储器地址,Palm OS 规定,这一切都必须调用其内存管理器里的 API 来实现。Palm OS 与同步软件(HotSync)结合可以使掌上电脑与 PC 机上的信息实现同步,把台式机的功能扩展到掌上电脑。

Palm 应用范围相当广泛,如联络及工作表管理、电子邮件及互联网通信、销售人员及组别自动化等。Palm 外围硬件也十分丰富,有数码相机、GPS 接收器、调制解调器、GSM 无线电话、数码音频播放设备、便携键盘、语音记录器、条码扫描、无线寻呼接收器、探测仪等。其中 Palm 与 GPS(Global Positioning System)结合的应用,不但可以作导航定位,还可以结合 GPS 作气候监测、地名调查等。

3. Windows CE

Windows CE 是微软开发的一个开放的、可升级的 32 位嵌入式操作系统,是基于掌上型电脑类的电子设备操作。它是精简的 Windows 95/98。Windows CE 的图形用户界面相当出色。其中,CE 中的 C 代表袖珍(Compact)、消费(Consumer)、通信能力(Connectivity)和伴侣(Companion);E 代表电子产品(Electronics)。与 Windows 95/98、Windows NT 不同的是,Windows CE 是所有源代码全部由微软自行开发的嵌入式操作系统,其操作界面虽来源于 Windows 95/98,但 Windows CE 是基于 Win32 API 重新开发的新型的信息设备平台。Windows CE 具有模块化、结构化和基于 Win32 应用程序接口以及与处理器无关等特点。Windows CE 不仅继承了传统的 Windows 图形界面,并且在 Windows CE 平台上可以使用 Windows 95/98 上的编程工具(如 Visual Basic, Visual C++等)、使用同样的函数、使用同样的界面风格,使绝大多数的应用软件只需简单地修改和移植就可以在 Windows CE 平台上继续使用。Windows CE 的设计目标是:模块化及可伸缩性、实时性能好,通信能力强大,支持多种 CPU。它的设计可以满足多种设备的需要,这些设备包括工业控制器、通信集线器以及销售终端之类的企业设备,还有像照相机、电话和家用娱乐器材之类的消费产品。一个典型的基于 Windows CE 的嵌入系统通常为某个特定用途而设计,并在不联机的情况下工作。它要求所使用的操作系统体积较小,内建有对中断的响应功能。Windows CE 的特点如下:

(1)具有灵活的电源管理功能,包括休眠/唤醒模式。

(2)使用了对象存储(Object Store)技术,包括文件系统、注册表及数据库。它还具有很多高性能、高效率的操作系统特性,包括按需换页、共享存储、交叉处理同步、支持大容量堆(Heap)等。

(3)拥有良好的通信能力。广泛支持各种通信硬件,也支持直接的局域连接以及拨号连接,并提供与PC、内部网以及Internet的连接,还提供与Windows 9x/NT的最佳集成和通信。

(4)支持嵌套中断。允许更高优先级别的中断首先得到响应,而不是等待低级别的ISR完成。这使得该操作系统具有嵌入式操作系统所要求的实时性。

(5)更好的线程响应能力。对高级别IST(中断服务线程)的响应时间上限的要求更加严格,在线程响应能力方面的改进帮助开发人员掌握线程转换的具体时间,并通过增强的监控能力和对硬件的控制能力帮助他们创建新的嵌入式应用程序。

(6)256个优先级别。可以使开发人员在控制嵌入式系统的时序安排方面有更大的灵活性。

(7)Windows CE的API是Win32 API的一个子集,支持近1 500个Win32 API。有了这些API,足可以编写任何复杂的应用程序。当然,Windows CE系统所提供的API也可以随具体应用的需求而定。在掌上型电脑中,Windows CE包含如下一些重要组件:Pocket Outlook及其组件、语音录音机、移动频道、远程拨号访问、世界时钟、计算器、多种输入法、GBK字符集、中文TTF字库、英汉双向词典、袖珍浏览器、电子邮件、Pocket Office、系统设置、Windows CE Services软件。

4. VxWorks

VxWorks操作系统是美国WindRiver公司于1983年设计开发的一种嵌入式实时操作系统。它支持多种工业标准,包括POSIX,ANSI C和TCP/IP网络协议。VxWorks运行系统的核心是一个高效率的微内核,该微内核支持各种实时功能,包括快速多任务处理、中断支持、抢占式和轮转式调度。微内核设计减轻了系统负载并可快速响应外部事件。在美国宇航局的"极地登陆者"号、"深空二"号和火星气候轨道器等登陆火星探测器上,就采用了VxWorks,负责火星探测器全部飞行控制,包括飞行纠正、载体自旋和降落时的高度控制等,而且还负责数据收集和与地球的通信工作。目前,在全世界装有VxWorks系统的智能设备数以百万计,其应用范围遍及互联网、电信和数据通信、数字影像、网络、医学、计算机外设、汽车、火控、导航与制导、航空、指挥、控制、通信和情报、声呐与雷达、空间与导弹系统、模拟和测试等众多领域。VxWorks的核心功能主要有以下几个:微内核wind、任务间通信机制、网络支持、文件系统和I/O管理、POSIX标准实时扩展、C++以及其他标准支持。

5. QNT

QNT也是一款实时操作系统,由加拿大QNT软件系统有限公司开发。它广泛应用于自动化、控制、机器人科学、电信、数据通信、航空航天、计算机网络系统、医疗仪器设备、交通运输、安全防卫系统、POS机、零售机等任务关键型应用领域。20世纪90年代后期,QNT系统在高速增长的因特网终端设备、信息家电及掌上电脑等领域也得到了广泛应用。

QNT的体系结构决定了它具有非常好的伸缩性,用户可以把应用程序代码和QNT内核直接编译在一起,使之为简单的嵌入式应用生成一个单一的多线程映象。它也是世界上第一个遵循POSIX1003.1标准从零设计的微内核,因此具有非常好的可移植性。

1.6.3 若干经典操作系统的比较

1. Linux OS与Windows CE的比较

(1)嵌入式Linux OS与Windows CE相比的优点。

①Linux是开放源代码的,不存在黑箱技术,遍布全球的众多Linux爱好者都是Linux开发

者的强大技术支持者;而 Windows CE 是非开放性 OS,使第三方很难实现产品定制。

②Linux 的源代码随处可得,注释丰富,文档齐全,易于解决各种问题。

③Linux 的内核小、效率高;而 Windows CE 在这方面是笨拙的,占用过多的 RAM,应用程序庞大。

④Linux 是开放源代码的 OS,在价格上极具竞争力,适合中国国情;Windows CE 的版权费用是厂家不得不考虑的因素。

⑤Linux 不仅支持 x86 芯片,还是一个跨平台的系统。到目前为止,它可以支持 20 ~ 30 种 CPU,很多 CPU(包括家电业的芯片)厂商都开始做 Linux 的平台移植工作,而且移植的速度远远超过 Java 的开发环境。如果今天采用 Linux 环境开发产品,那么将来更换 CPU 时就不会遇到更换平台的困扰。

⑥Linux 内核的结构在网络方面是非常完整的,它提供了对包括十兆位、百兆位及千兆位的以太网络,还有无线网络、Token ring(令牌环)和光纤甚至卫星的支持。

⑦Linux 在内核结构的设计中考虑适应系统的可裁减性的要求;Windows CE 在内核结构的设计中并未考虑适应系统的高度可裁减性的要求。

(2)嵌入式 Linux OS 与 Windows CE 相比的弱点。

①开发难度较高,需要很高的技术实力。

②核心调试工具不全,调试不太方便,尚没有很好的用户图形界面。

③与某些商业 OS 一样,嵌入式 Linux 占用较大的内存,当然,人们可以去掉部分无用的功能来减小使用的内存,但是如果不仔细,将引起新的问题。

④有些 Linux 的应用程序需要虚拟内存,而嵌入式系统中并没有或不需要虚拟内存,所以并非所有的 Linux 应用程序都可以在嵌入式系统中运行。

2. Palm OS 与 Windows CE 的比较

3Com 公司的 Palm OS 是掌上电脑市场中较为优秀的嵌入式操作系统,是针对这一市场专门设计的系统。它有开放的操作系统应用程序接口(API),支持开发商根据需要自行开发所需的应用程序,具有十分丰富的应用程序。Palm OS 在掌上电脑市场上独占霸主地位已久。从技术层面上讲,Palm OS 是一套专门为掌上电脑开发的操作系统,具有许多 Windows CE 无法比拟的优势;Windows CE 过于臃肿,不适合应用在廉价的掌上电脑中。

Palm OS 是一套具有极强开放性的系统。开发者向用户免费提供 Palm OS 的开发工具,允许用户利用该工具在 Palm OS 基础上方便地编写、修改相关软件。与之相比,Windows CE 的开发工具就显得复杂多了,这使得一般用户很难掌握,这也是 Palm OS 与 Windows CE 的另一个主要区别;另外,Palm OS 核心占 500 KB 的 ROM 和 250 KB 的 RAM,整个 Windows CE 操作系统,包括硬件抽象层(Hardware Abstraction Layer,HAL),Windosw CE Kernel,User,GDI,文件系统和数据库,大约共 1.5 MB。

Windows CE 是为新一代非传统的 PC 设备而设计的,这些设备包括掌上电脑、手持电脑以及用于车载电脑等。

Linux 取决于 Linux 的内核结构及功能特点,它比 Palm Os 和 Windows OE 更小、更稳定,特别适于进行信息家电的开发,而且 Linux 是开放 OS,在价格上极具竞争力。如今整个市场尚未成型,嵌入式操作系统也未形成统一的国际标准,且 Linux 的一系列特征又为我们开发国产的嵌入式操作系统提供了方便,因此我们有机会在这个未成熟的市场上占有一席之地。

1.6.4 嵌入式操作系统的选择

嵌入式软件的开发流程,主要涉及代码编程、交叉编译、交叉链接、下载到目标板和调试等几个步骤,因此软件平台的选择是前期设计过程的一项重要工作,其中包括操作系统、编程语言和集成开发环境的选择。而嵌入式操作系统的选择是关键,这将影响到工程后期的发布以及软件的维护。

1. 选择操作系统应该考虑的因素

(1)操作系统提供的开发工具。有些实时操作系统只支持该系统供应商的开发工具,因此还必须向操作系统供应商获取编译器、调试器等;而有些操作系统使用广泛,且有第三方工具可用,因此选择的余地比较大。

(2)操作系统向硬件接口移植的难度。操作系统到硬件的移植是一个重要的问题,是关系到整个系统能否按期完工的一个关键因素。因此,要选择那些可移植性程度高的操作系统,避免操作系统难以向硬件移植而带来的种种困难,加速系统的开发进度。

(3)操作系统的内存要求。均衡考虑是否需要额外花钱去购买 RAM 或 EEPROM 来迎合操作系统对内存的较大要求。

(4)开发人员是否熟悉此操作系统及其提供的 API。

(5)操作系统是否提供硬件的驱动程序,如网卡等。

(6)操作系统的可剪裁性。有些操作系统具有较强的可剪裁性,如嵌入式 Linux,Tornado/VxWorks 等。

(7)操作系统的实时性能。

2. 集成开发环境应考虑的因素

(1)系统调试器的功能。系统调试特别是远程调试是一个重要的功能。

(2)支持库函数。许多开发系统提供大量可使用的库函数和模板代码,如 C++编译器就带有标准的模板库。它提供了一套用于定义各种有用的集装、存储、搜寻、排序对象。与选择硬件和操作系统的原则一样:除非必要,尽量采用标准的 C 运行库。

(3)编译器开发商是否持续升级编译器。

(4)链接程序是否支持所有的文件格式和符号格式。

开发语言的选择既要考虑支撑集成开发环境和操作系统的性能,又要保证产品的性能要求,所以没必要求新,可选择成熟的、开发者相对易于学习和掌握的开发语言。

1.6.5 开发环境的选择

1. 开发环境的选择

嵌入式系统通常是一个受限的系统,直接在嵌入式系统的硬件平台上编写软件非常困难,有时甚至是不可能的。因此,我们一般是首先在通用计算机上编写程序,然后通过交叉编译生成目标平台上可以运行的二进制代码格式,最后下载到目标平台特定的位置上运行。这种开发方式就称为交叉开发。交叉开发环境提供调试工具对目标机上运行的程序进行调试。交叉开发一般都由宿主机和目标机两部分组成。宿主机通常是我们所说的 PC 机,它的软硬件都非常丰富,不但包括功能强大的操作系统,而且还有各种优秀的开发工具(如 WindRiver 的 Tornado、Microsoft 的 Embedded Visual C++等),能够大大提高嵌入式应用软件的开发速度和效率。目标机一般在嵌入式应用软件开发期间使用,它可以使用嵌入式应用软件的实际运行环境,也可以使用能够替代实际运行环境的仿真系统。

嵌入式系统的交叉开发环境一般包括交叉编译器、交叉调试器和系统仿真器,其中交叉编译器用于在宿主机上生成能在目标机上运行的代码,而交叉调试器和系统仿真器则用于在宿主机与目标机间完成嵌入式软件的调试。

交叉开发的过程:首先利用宿主机上丰富的资源和良好的开发环境开发和仿真调试目标机上的软件,然后通过串口或者以太网连接将交叉编译生成的目标代码传输并装载到目标机上,并在监控程序或者操作系统的支持下利用交叉调试器进行分析和调试,最后目标机在特定环境下脱离宿主机单独进行。

交叉开发环境一般为一个集成编辑、编译、汇编链接、调试、工程管理及函数库等功能模块的集成开发环境(Intergrated Development Environment,IDE)。做完软件的需求分析后,完成硬件设备及操作系统的定制与选择,就可以选择开发环境和其他设备。

在选择开发环境时,重点考虑是否容易上手、是否持续更新、编译调试器功能是否强大等。交叉调试工具主要有:

(1)实时在线仿真器(In-Circuit Emulator,ICE)。ICE是通过一根短电缆连接到目标系统上的。该电缆的一端有一个插件,插到处理器的插座上,而处理器则插到这个插件上。ICE支持常规的调试操作,如单步运行、断点、反汇编、内存检查、源程序级的调试等。ICE是仿照目标机上的CPU而专门设计的硬件,可以完全仿真处理器芯片的行为,并且提供丰富的调试功能。ICE有3个主要功能:一是可以实时查看所有需要的数据;二是在应用系统中的仿真处理器的实时执行、发现和排除由于硬件干扰等引起的异常执行行为;三是带有完善的跟踪功能,可以将应用系统的实际状态变化、微控制器对状态变化的反应以及应用系统对控制的响应连续记录下来,以供分析,在分析中优化控制过程。常见的ICE有单片机仿真器、ARM的JTAG在线仿真器等。由于ICE的价格比较昂贵,所以又出现了ICE的简化调试工具ICD。ICD没有ICE强大,但是通过处理器的内部调试功能,使用ICD可以获得与ICE类似的调试效果,当然,使用ICD的一个前提条件就是调试的处理器内部必须具有调试功能和相应接口。

(2)逻辑分析仪。逻辑分析仪最常用于硬件调试,但也可用于软件调试。它是一种无源器件,主要用于监视系统总线的事件。

(3)ROM仿真器。ROM仿真器用于插入目标上的ROM插座中的器件,也可用于仿真ROM芯片。可以将程序下载到ROM仿真器中,然后调试目标上的程序,就好像程序烧结在PROM中一样,从而避免每次修改程序后直接烧结的麻烦。

(4)在线调试OCD或在线仿真(On-chip Emulator)。

2. 软件模拟环境

在开发的时候,我们有时候并不能等到嵌入式硬件全部完成之后再进行嵌入式系统的软件开发,这样会延长开发时间。软件模拟环境就解决了这个问题,它能在宿主机上模拟目标机的环境,使得开发好的软件直接在这个环境下运行,从而达到硬件和软件开发同时开发的目的。软件模拟环境是建立在交叉开发环境的基础上,是对交叉开发环境的补充。软件模拟环境非常复杂,尽管能模拟目标机的环境与宿主机调试,但是跟真正的目标机还是有一定差距的,它只能作为软件开发的初步调试,包括检查语法、程序结构等简单错误,开发者必须到真实的硬件环境中实际运行调试,才能完成整个应用的开发。

3. 开发板

对于初学的开发者,为了能尽快地熟悉开发环境,降低开发难度,减少自行设计开发的工作量,可以先用开发板学习完成应用目标板出来之前的软件测试和硬件调试。在开发的过程中,开发板并不是必须的,对于熟练的工程师,完全可以自行独立设计自己的应用电路板及根据开发需要设计实验板。

4. 其他硬件选择要考虑的因素

首先需要考虑的是生产规模。如果生产规模比较大,可以自己设计和制备硬件,这样可以降低成本。反之,最好从第三方购买主板和 I/O 板卡。

其次需要考虑开发的市场目标。如果想使产品尽快发售,以获得竞争力,就要尽可能购买成熟的硬件。反之,可以自己设计硬件,降低成本。

另外,软件对硬件的依赖性,即软件是否可以在硬件没有到位的时候并行设计或先行开发也是硬件选择的一个考虑因素。

最后,只要可能,尽量选择使用普通的硬件。在 CPU 及架构的选择上,一个原则是:只要有可替代的方案,尽量不要选择 Linux 尚不支持的硬件平台。

5. 设计工具(原理图和 PCB)

Protel 容易上手,建议使用。Cadence 功能强大,也可以考虑。其他还可考虑 PowerPCB 等。

1.7 嵌入式控制系统总体设计与实现

1.7.1 系统开发计划

做好任何一件事情,都需要一个计划,一个步骤,我们设计出来的系统可能要规模生产,也可能在日后的设计过程中引用相同的方法,所以必需有个规范的步骤及统一的标准。当然,根据这个步骤来安排各个环节需要的人员以及每个人员的具体分工,还可以实现协同工作,提高效率。

嵌入式系统开发有其自身的特点,整个嵌入式控制系统开发计划如图 1.4 所示。一般先进行硬件部分的开发,主要包括形成裸机平台,根据需要移植实时操作系统,开发底层的硬件驱动程序等。硬件平台测试通过后,再进行软件的开发调试,软件的开发调试应该是基于该硬件平台进行的,这同时也是对硬件平台的一个测试。但也不尽然,对那些不依赖于硬件的软件功能模块或可通过其他调式环境调试的软件模块,也可与硬件开发的同时即需求分析完成后立刻开始。软件开发完成后,要按照软件工程的要求,先由开发人员进行单元测试,再由负责测试的人员进行软件系统的集成测试,包括黑盒测试及白盒测试等,最后还应下载到目标机,与硬件系统一起进行系统集成测试。测试后根据测试结果可返回编程、设计甚至需求分析过程阶段进行修改,重复前面过程。

1.7.2 系统调试

调试是开发过程中必不可少的重要环节,桌面操作系统与嵌入式操作系统的调试环境存在明显差异。在通常的桌面操作系统中,调试器与被调试的程序常常位于同一台计算机上,操作系统也相同。调试器进程通过操作系统提供的调用接口来控制被调试的进程。而在嵌入式操作系统中,采用远程模式,即调试器程序运行于桌面操作系统,而被调试的程序运行于嵌入式操作系统之上。这就引出了如下问题:即位于不同操作系统之上的调试器与被调试程序之间如何通信?被调试程序倘若出现异常现象将如何告知调试器?调试器又如何控制以及访问被调试程序等。目前有两种常用的调试方法可解决上述问题:插桩与片上调试。

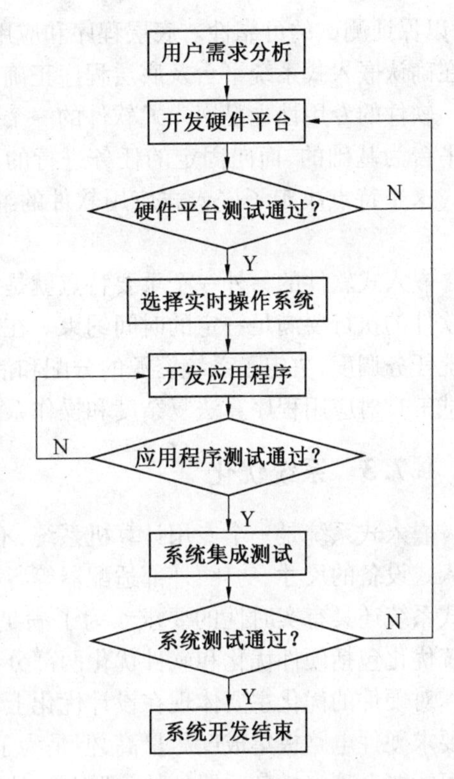

图1.4　嵌入式控制系统开发计划

插桩,即在目标操作系统与调试器内分别添加一些功能模块,两者相互通信来实现调试功能。调试器与目标操作系统通过指定的通信端口并依据远程调试协议来实现通信。目标操作系统的所有异常处理最终都必须转向通信模块,通知调试器此时的异常信号,调试器再依据该异常信号向用户显示被调试程序发生了哪一类型的异常现象。调试器控制及访问被调试程序的请求都将被转换为对调试程序的地址空间或目标平台的某些寄存器的访问,目标操作系统接收到此类请求时可直接进行处理。采用插桩方法,目标操作系统必须提供支持远程调试协议的通信模块和多任务调试接口,此外还需改写异常处理的有关部分。目标操作系统需要定义一个设置断点的函数。目标操作系统添加的这些模块统称为"插桩",如图1.5所示。

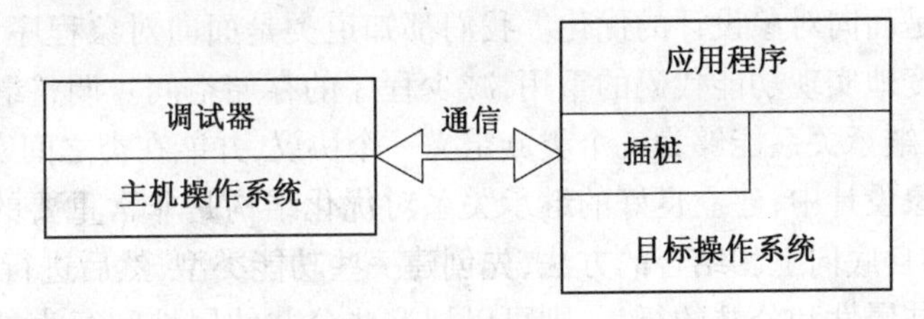

图1.5　插桩调试过程

片上调试是在处理器内部嵌入额外的控制模块,当满足了特定的触发条件时进入某种特殊状态。在该状态下,被调试程序停止运行,主机的调试器可以通过处理器外部特设的通信接口来访问系统资源并执行命令。主机通信端口与目标板调试通信接口通过一块简单的信号转换电路板连接。内嵌的控制模块以监控器或纯硬件资源的形式存在,包括一些提供给用户的接口。

总之,嵌入式系统的开发过程是一个软、硬件互相协调、互相反馈和互相测试的过程。一般来说,在嵌入式系统软件中,底层驱动程序、操作系统和应用程序的界线是不清晰的,根据需要甚至混编在一起。这主要是由于嵌入式系统中软件对硬件的依赖性过强造成的。

嵌入式软件对硬件的依赖性要求软件测试时必须最大限度地模拟被测软件的实际运行环

境,以保证测试的可靠性。底层程序和应用程序界限的不清晰增加了测试时的难度,测试时只有在确认嵌入式系统平台及底层程序正确的情况下才能进行应用程序的测试。

软件的专用性也是嵌入式软件的一个重要特点。由于嵌入式软件设计是以一定的目标硬件平台为基础的、面向固定的任务进行的,因此,一旦被加载到目标系统上,功能必须完全确定。这个特点决定了嵌入式应用软件的继承性较差,延长了系统的测试时间,增加了测试费用。

嵌入式软件的另外一个重要特点就是实时性。这是基于软件的执行角度,也就是说,嵌入式软件的执行要满足一定的时间约束。在嵌入式系统中,应用软件自身算法的复杂度和操作系统任务调度,决定了系统资源的分配和消耗,因此对系统实时性进行测试时,要借助一定的测试工具对应用程序算法复杂度和操作系统任务调度进行分析测试。

1.7.3 系统优化

嵌入式系统是一个专用计算机系统,不但嵌入式系统在执行时有非常明确的预定义,而且嵌入式设备的尺寸、功耗、外部适配器等各种特征必须满足应用的要求和限制。另外,一些嵌入式系统还具有实时性的要求。为了满足这些特殊的要求,通常要对嵌入式系统进行优化。系统优化包括硬件优化和软件优化两部分。

对硬件的优化主要体现在设计优化上,在设计电路板的时候,首先为了满足尺寸要求,我们要求硬件电路板集成度尽量高,但是为了系统稳定,避免不必要的电源干扰、电磁干扰等,我们可能要合理安排各元器件的位置。当然对于有些优化,有时采用硬件优化可能会比较复杂或者难以实现,我们可以用软件优化来实现。

软件优化除了完成特定的功能对硬件优化进行补充外,主要体现在程序的优化上,程序优化主要从以下两个方面入手:

1. 设计优化

设计优化主要是面向对象设计的优化。我们都知道类是面向对象程序设计的基础,通过类继承可以最大限度地实现功能代码的重用,减少程序的存储空间。调整继承关系是优化设计的一个重要方面,继承关系能够为一个类族定义一个协议,并能在类之间实现代码共享以减少冗余。在面向对象设计中,建立良好的继承关系对优化结构是非常重要的。在设计类继承时,使用自上向下和自底向上相结合的方法,先创建一些功能类型,然后进行归纳,如果在一组相似的类中存在公共属性和公共的行为,则可以把这些公共的属性和行为抽取出来重新定义一个类作为基础类。

2. 代码优化

代码优化即是采用更简洁的程序代码来实现同样的功能,使编译后的程序运行效率更高。具体的优化技术和技巧有:①尽量定义轻量级的构造方法,即尽量采用简单的构造方法,因为在程序执行中,除了建立显式定义的对象,还要创建很多临时对象,如果对象的构造很复杂,就会降低程序运行的效率。②尽量定义局部变量,减少类成员变量的个数。全局变量是放在数据存储器中的,太多的全局变量,会导致编译器无足够的内存分配,而局部变量则大多数定位于内部的寄存器中,使用起来操作速度也比较快,指令也更灵活,有利于生成质量更高的代码。③代码替换,如尽量减少除法运算而用别的运算代替。④开关语句和循环语句的优化,比如,case 语句中把最有可能的放在第一个,最不可能的放在最后一个来提高执行速度。⑤查表代替计算,在程序中尽量不进行非常复杂的运算,如浮点数的开方,对这些特别耗时间和资源的计算,可以采用空间换取时间的方法,预先将函数值计算出来,置于程序存储区中,以后程序运行时可直接查表即可,减少程序执行过程中的重复计算。

小　结

本章为读者展示了嵌入式系统设计的整体脉络和关键点。

目前,计算机技术、半导体技术及电子技术的发展对嵌入式系统提出了更高的要求,按照目标导向和范围明晰项目管理的思想,本章首先阐述了嵌入式系统的设计目标和任务,要完成基本的嵌入式系统软、硬件设计任务,我们必须转变观念,熟悉新的开发模式;学习全新的实时操作系统技术;熟悉新的开发环境;熟悉硬、软件的协同设计、验证、设计和管理技术;熟练使用SoC设计技术。

嵌入式系统模型可根据需要通过IP级、芯片级和模块级等不同的模型实现。基本的嵌入式系统硬件以嵌入式处理器为核心,并包含存储器、输入/输出接口和外围设备,这些器件嵌入在产品中,完成对外部输入信号和数据的分析处理,并根据给定的规则,通过执行、显示部件作出适当的反应;软件则以嵌入式操作系统为平台,通过应用软件的开发满足不同的功能需求。遵循工程项目开发的基本过程,本章详细论述了嵌入式系统设计过程中的需求分析、硬件设计、软件设计以及嵌入式系统的总体设计、调试和系统优化等关键环节。

思考题

1. 常用的嵌入式系统由哪几部分组成?简述各部分的功能和工作原理。
2. 设计一个嵌入式系统应从哪些指标入手?应遵从哪些设计原则?
3. 简述嵌入式处理器的分类及各自的特点。
4. 简述嵌入式操作系统的分类,说明嵌入式操作系统与嵌入式应用系统的区别与联系。
5. 简述可抢占实时操作系统与非抢占实时操作系统的区别及各自特点。
6. 在嵌入式硬件设计过程中对处理器的选择应遵循哪些原则?
7. 以Protel工具为例,简述嵌入式硬件设计的过程。
8. 目前常用的嵌入式操作系统有哪些?
9. 简述Linux操作系统的特点。

第2章 ARM的嵌入式系统和DSP系统概述

2.1 ARM 微处理器概述

ARM(Advanced RISC Machines)既可以是一个公司的名称,也可以是一类精简指令集处理器的统称,还可以是一种嵌入式技术的名字。1990 年,ARM 公司成立于英国剑桥,主要出售芯片设计技术的授权。目前,采用 ARM 技术知识产权(IP)核的微处理器,即我们通常所说的 ARM CPU,已遍及工业控制、消费类电子产品、通信系统、网络系统、无线系统等各类产品市场,基于 ARM 技术的微处理器应用约占据了 32 位 RISC(Reduced Instruction Set Computer)微处理器 75%以上的市场份额,ARM 技术正在逐步渗入我们生活的各个方面。

ARM 公司是专门从事基于 RISC 技术进行芯片设计开发的公司,作为知识产权供应商,本身不直接从事芯片生产,靠转让设计许可由合作公司生产各具特色的芯片。世界各大半导体生产商、软件和 OEM 厂商从 ARM 公司购买其设计的 ARM 微处理器核,根据各自不同的应用领域,加入适当的外围电路,从而形成自己的 ARM 微处理器芯片进入市场。目前,全世界有几十家大的半导体公司,包括 Inter,IBM,LG,NEC,SONY 等都使用 ARM 公司的授权,因此,既让 ARM 技术获得更多的第三方工具、制造、软件的支持,又使整个系统成本降低,使产品更容易进入市场被消费者所接受,更具有竞争力。

2.1.1 ARM 微处理器的技术特点与体系结构

1. ARM 微处理器的技术特点

ARM 架构是面向低预算市场设计的第一款 RISC 微处理器,基本是 32 位单片机的行业标准,是一种可扩展、可移植、可集成的处理器。它提供一系列内核、体系扩展、微处理器和系统芯片方案,4 个功能模块可供生产厂商根据不同用户的要求来配置生产。

RISC 是一种执行较少类型计算机指令的微处理器,它能够以更快的速度执行操作(每秒可执行百万条指令)。基于 RISC 的这种简化和开放的思路使得 ARM 处理器采用了很简单的结构来处理。IBM 研究中心证明:指令集越小,执行速度越快,同时也使代码和测试更容易。

ARM 微处理器除了具有 RISC 结构的典型特点外,还增强了基本 RISC 的体系结构特征:

(1)采用存储器映象 I/O 的方式,把 I/O 端口地址作为特殊的存储器地址;

(2)支持 Thumb(16 位)/ARM(32 位)双指令集,能很好地兼容 8 位/16 位器件;

(3)大量使用寄存器,采用单周期指令,指令执行速度更快,便于流水线的操作;

(4)指令长度固定;

(5)体积小、低功耗、低成本、高性能;

(6)自动增减地址,在循环处理中,可以优化程序,提高运行效率;

(7)几乎所有的 ARM 指令均可包含一个可选的条件码,所有带条件码的指令只有在满足指定条件时才能执行,从而提高指令的执行效率,增大执行的吞吐量。

这些增强的体系结构可以使 ARM 处理器在性能、体积、功耗、可靠性方面得到优化。

2. ARM 体系结构

(1)RISC 体系结构。

ARM 微处理器的体系结构如图 2.1 所示,其中 RISC 包含 32 位的算术逻辑单元(Arithmetic Logic Unit,ALU),31×32 位的通用寄存器以及 6 个状态寄存器,32×8 位乘法器,32×32 位桶形移位寄存器,指令译码及逻辑控制,指令流水线和数据/地址寄存器(读数据寄存器、Thumb 指令寄存器、写数据寄存器等)等。

①ALU。ARM 体系中的 ALU 与通常的 ALU 逻辑结构和功能基本类似,都是由两个操作数寄存器、加法器、逻辑功能、结果及零检测逻辑构成。ALU 的最小数据通路周期包含寄存器读时间、移位器延时、寄存器与建立时间、双相时钟间非重叠时间等几部分。

②桶形移位寄存器。ARM 采用了 32×32 位桶形移位寄存器,左移右移 n 位、环移 n 位和算术右移 n 位等都是可以一次完成的,这样可以有效地减少位移的延迟时间。桶形移位寄存器的输入可以是 B 总线或乘法器的数据。桶形移位寄存器的输出连接到 ALU,其输入端通过交叉开关与所有输出端连接。交叉开关采用 NMOS 晶体管来实现。

③高速乘法器单元。ARM 为了提高运算速度,采用 32×8 位高速乘法器,完成 32×2 位的乘法也只是需要 5 个时钟周期。

④浮点部件。在 ARM 体系结构中,浮点部件可根据需要选用。FPA10 浮点加速器以协助处理器的方式与 ARM 相连,并通过协处理器指令的方式来执行。

⑤控制器。ARM 的控制器采用可编程逻辑控制器 PLA,分别控制乘法器、协处理器、地址寄存器以及 ALU 和移位器等。

⑥寄存器。ARM 内部包含 37 个寄存器,其中包括 31 个通用寄存器和 6 个状态寄存器。

(2)ARM 处理器的工作状态。

从编程角度看,ARM 微处理器的工作状态一般有如下两种,并可在两种状态之间切换:

① ARM 状态。此时处理器执行 32 位字对齐的 ARM 指令。

② Thumb 状态。此时处理器执行 16 位半字对齐的 Thumb 指令。

当 ARM 微处理器执行 32 位的 ARM 指令集时,工作在 ARM 状态;当 ARM 微处理器执行 16 位的 Thumb 指令集时,工作在 Thumb 状态。在程序的执行过程中,微处理器可以随时在两种工作状态之间切换,并且处理器工作状态的转变并不影响处理器的工作模式和相应寄存器中的内容。

ARM 指令集和 Thumb 指令集均有切换处理器状态的指令,并可在两种工作状态之间切换,但 ARM 微处理器在开始执行代码时,应该处于 ARM 状态。

①进入 Thumb 状态。当操作数寄存器的状态位(位 0)为 1 时,可以采用执行 BX 指令的方法,使微处理器从 ARM 状态切换到 Thumb 状态。此外,当微处理器处于 Thumb 状态时发生异常(如 IRQ,FIQ,Undef,Abort,SWI 等),则异常处理返回时,自动切换到 Thumb 状态。

②进入 ARM 状态。当操作数寄存器的状态位为 0 时,执行 BX 指令时可以使微处理器从 Thumb 状态切换到 ARM 状态。此外,在处理器进行异常处理时,把 PC 指针放入异常模式链

接寄存器中,并从异常向量地址开始执行程序,也可以使处理器切换到 ARM 状态。

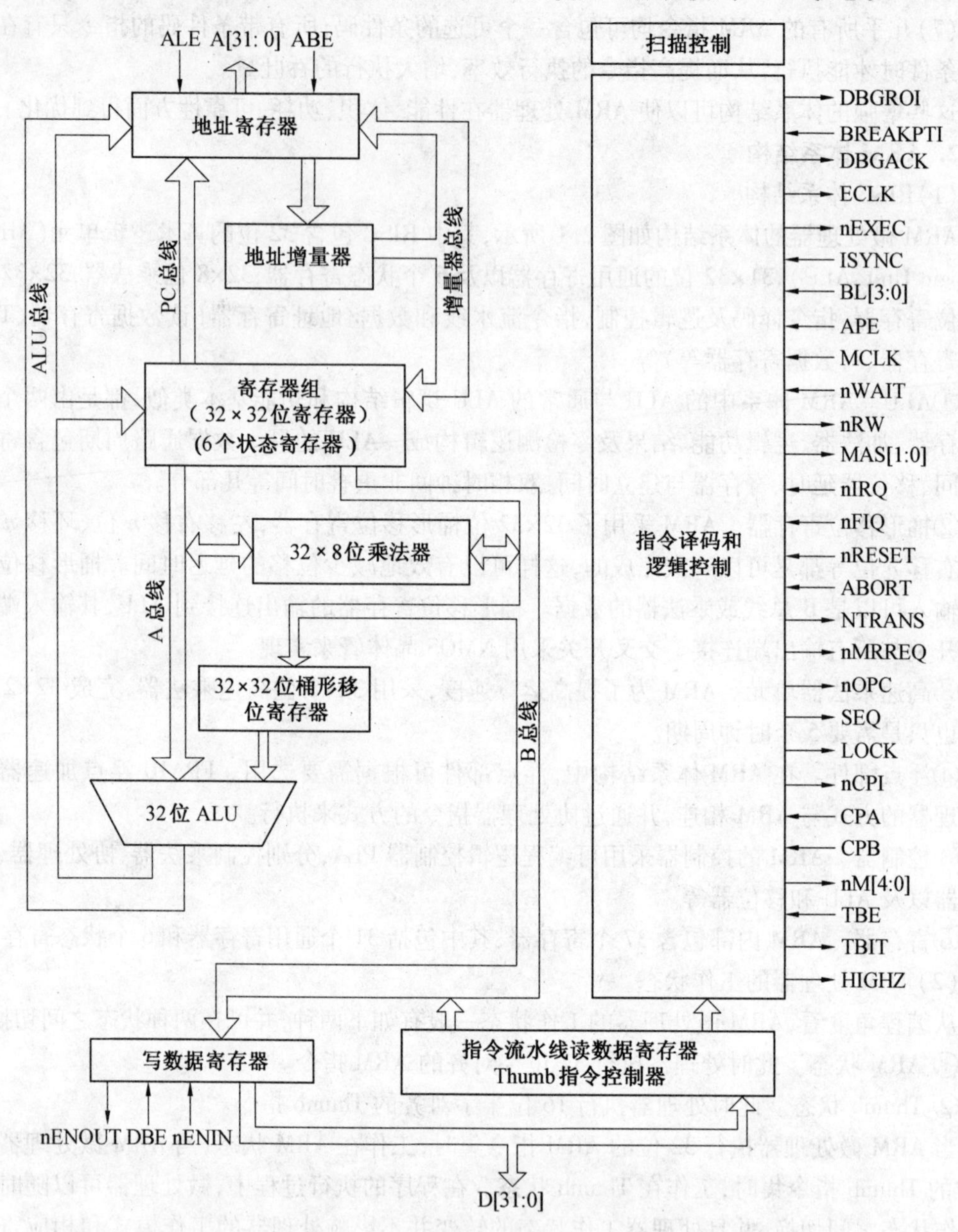

图 2.1　ARM 微处理器的体系结构

(3)ARM 微处理器系列。

ARM 微处理器目前包括:ARM7 微处理器系列、ARMP 微处理器系列、ARM9E 微处理器系列、ARM10E 微处理器系列、Secur Core 微处理器系列、Strong ARM 微处理器系列和 Xscade 微处理器。它们均为其他厂商基于 ARM 体系结构开发的微处理器,除了具有 ARM 体系结构的共同特点以外,每一个系列的 ARM 微处理器都有各自的特点和应用领域。其中,ARM7,ARM9,ARM9E 和 ARM10 为 4 个通用处理器系列,每一个系列提供一套相对独特的性能来满足不同应用领域的需求。SecurCore 系列专门为安全要求较高的应用而设计。

①ARM7微处理器系列。ARM7系列微处理器为低功耗的32位RISC处理器，最适合用于对价位和功耗要求较高的消费类应用。ARM7微处理器系列具有如下特点：

a.具有嵌入式ICE-RT逻辑，调试开发方便；

b.极低的功耗，适合对功耗要求较高的应用，如便携式产品；

c.能够提供0.9 MIPS/MHz的3级流水线结构；

d.代码密度高，并兼容16位的Thumb指令集；

e.对操作系统的支持广泛，包括Windows CE，Linux，Palm OS等；

f.指令系统与ARM9系列、ARM9E系列和ARM10E系列兼容，便于用户的产品升级换代；

g.主频最高可达130 MIPS，高速的运算处理能力能胜任绝大多数的复杂应用。

ARM7系列微处理器的主要应用领域为：工业控制、Internet设备、网络和调制解调器设备、移动电话等多种多媒体和嵌入式应用。

ARM7系列微处理器包括如下几种类型的核：ARM7TDMI，ARM7TDMI-S，ARM720T，ARM7EJ。其中，ARM7TMDI是目前使用最广泛的32位嵌入式RISC处理器，属低端ARM处理器核。TDMI的基本含义为：T，支持16位压缩指令集Thumb；D，支持片上Debug；M，内嵌硬件乘法器（Multiplier）；I，嵌入式ICE，支持片上断点和调试点。

②ARM9微处理器系列。ARM9系列微处理器在高性能和低功耗特性方面提供最佳的性能。具有以下特点：

a.5级整数流水线，指令执行效率更高；

b.提供1.1 MIPS/MHz的哈佛结构；

c.支持32位ARM指令集和16位Thumb指令集；

d.支持32位的高速AMBA总线接口；

e.全性能的MMU，支持Windows CE，Linux，Palm OS等多种主流嵌入式操作系统；

f.MPU支持实时操作系统；

g.支持数据Cache和指令Cache，具有更高的指令和数据处理能力。

ARM9系列微处理器主要应用于无线设备、仪器仪表、安全系统、机顶盒、高端打印机、数字照相机和数字摄像机等。

ARM9系列微处理器包含ARM920T，ARM922T和ARM940T 3种类型，以适用于不同的应用场合。

③ARM9E微处理器系列。ARM9E系列微处理器为可综合处理器，为单一的处理器内核提供了微控制器、DSP、Java应用系统的解决方案，极大地减少了芯片的面积和系统的复杂程度。ARM9E系列微处理器提供了增强的DSP处理能力，很适用于那些需要同时使用DSP和微控制器的场合。ARM9E系列微处理器的主要特点如下：

a.支持DSP指令集，适用于需要高速数字信号处理的场合；

b.5级整数流水线，指令执行效率更高；

c.支持32位ARM指令集和16位Thumb指令集；

d.支持32位的高速AMBA总线接口；

e.支持VFP 9浮点处理协处理器；

f.全性能的MMU，支持Windows CE，Linux，Palm OS等多种主流嵌入式操作系统；

g.MPU支持实时操作系统；

h. 支持数据 Cache 和指令 Cache,具有更高的指令和数据处理能力;

i. 主频最高可达 300 MIPS。

ARM9E 系列微处理器主要应用于下一代无线设备、数字消费品、成像设备、工业控制、存储设备和网络设备等领域。

ARM9E 系列微处理器包含 ARM926EJ-S,ARM946E-S 和 ARM966E-S 3 种类型,以适用于不同的应用场合。

④ARM10E 微处理器系列。ARM10E 系列微处理器具有高性能、低功耗的特点,由于采用了新的体系结构,与同等的 ARM9 器件相比较,在同样的时钟频率下,性能提高了近 50%,同时,ARM10E 系列微处理器采用了两种先进的节能方式,使其功耗极低。

ARM10E 系列微处理器的主要特点如下:

a. 支持 DSP 指令集,适合于需要高速数字信号处理的场合;

b. 6 级整数流水线,指令执行效率更高;

c. 支持 32 位 ARM 指令集和 16 位 Thumb 指令集;

d. 支持 32 位的高速 AMBA 总线接口;

e. 支持 VFP10 浮点处理协处理器;

f. 全性能的 MMU,支持 Windows CE,Linux,Palm OS 等多种主流嵌入式操作系统;

g. 支持数据 Cache 和指令 Cache,具有更高的指令和数据处理能力;

h. 主频最高可达 400 MIPS;

i. 内嵌并行读/写操作部件。

ARM10E 系列微处理器主要应用于下一代无线设备、数字消费品、成像设备、工业控制、通信和信息系统等领域。

ARM10E 系列微处理器包含 ARM1020E,ARM1022E 和 ARM1026EJ-S 3 种类型,以适用于不同的场合。

⑤SecurCore 微处理器系列。SecurCore 系列微处理器专为安全需要而设计的,它提供了完善的 32 位 RISC 技术的安全解决方案,因此 SecurCore 系列微处理器除了具有 ARM 体系结构的低功耗、高性能的特点外,还具有其独特的优势,即提供了对安全解决方案的支持。

SecurCore 系列微处理器除了具有 ARM 体系结构各种主要特点外,还在系统安全方面具有如下的特点:

a. 带有灵活的保护单元,以确保操作系统和应用数据的安全;

b. 采用软内核技术,防止外部对其进行扫描探测;

c. 可集成用户自己的安全特性和其他协处理器。

SecurCore 系列微处理器主要应用于一些对安全性要求较高的应用产品及应用系统,如电子商务、电子政务、电子银行业务、网络和认证系统等领域。

SecurCore 系列微处理器包含 SecurCore SC100,SecurCore SC110,SecurCore SC200 和 SecurCore SC210 4 种类型,以适用于不同的场合。

⑥StrongARM 微处理器系列。Intel StrongARM SA-1100 处理器是采用 ARM 体系结构高度集成的 32 位 RISC 微处理器。它融合了 Intel 公司的设计和处理技术以及 ARM 体系结构的电源效率,采用在软件上兼容 ARMv4 体系结构,同时采用具有 Intel 技术优点的体系结构。

Intel StrongARM 处理器是便携式通信产品和消费类电子产品的理想选择,已成功应用于多家公司的掌上电脑系列产品。

⑦Xscale微处理器系列。Xscale微处理器系列是基于ARMv5TE体系结构的解决方案，是一款全性能、高性价比、低功耗的处理器。它支持16位的Thumb指令和DSP指令集，已使用在数字移动电话、个人数字助理和网络产品等场合。Xscale微处理器系列是Intel目前主要推广的一款ARM微处理器。

(4)ARM微处理器的寄存器结构。ARM微处理器共有37个寄存器，被分为若干个组(BANK)，这些寄存器包括：

①31个通用寄存器，包括程序计数器(PC指针)，均为32位寄存器。

②6个状态寄存器，用以标识CPU的工作状态及程序的运行状态，均为32位，目前只使用了其中的一部分。

此外，ARM微处理器又有7种不同的处理器模式，在每一种处理器模式下均有一组相应的寄存器与之对应。即在任意一种处理器模式下，可访问的寄存器包括15个通用寄存器(R0～R14)、1～2个状态寄存器和程序计数器。在所有的寄存器中，有些是在7种处理器模式下共用的同一个物理寄存器，有些寄存器则是在不同的处理器模式下有不同的物理寄存器。

2.1.2　ARM微处理器的选型与应用

1. ARM微处理器的应用领域

随着国内外嵌入式应用领域的不断发展，ARM微处理器也获得了越来越广泛的发展和应用。到目前为止，ARM微处理器及技术的应用几乎已经深入到各个领域。

(1)工业控制领域。

作为32的RISC架构，基于ARM核的微控制器芯片不但占据了高端微控制器市场的大部分市场份额，同时也逐渐向低端微控制器应用领域扩展。ARM微控制器的低功耗、高性价比，向传统的8位/16位微控制器提出了挑战。

ARM微处理器的嵌入式控制可应用在汽车、电子设备、保安设备、大容量存储器、调制解调器、打印机等领域中。一个典型的嵌入式ARM工业控制系统的功能模块如图2.2所示。

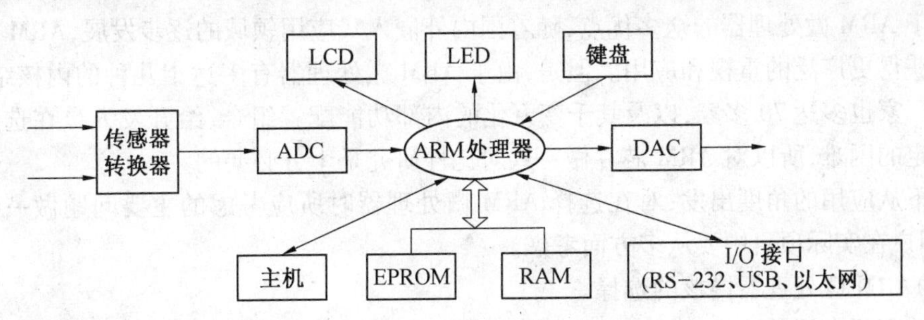

图2.2　典型的嵌入式ARM工业控制系统的功能模块

(2)无线通信领域。

无线通信领域的应用包括手机、PDA、掌上电脑等各种移动设备。中国拥有世界上最大的手机用户群，而PDA由于易于使用、携带方便、价格便宜等原因，未来几年将得到快速发展，PDA与手机已呈现融合趋势。目前，已有超过85%的无线通信设备采用了ARM技术，ARM以其高性能和低成本的优势，使其在该领域的地位日益巩固。新的手持设备将使无线互联访问成为更加普遍的现象,这将会使移动设备市场创立更辉煌的业绩。

(3)网络应用。

网络应用包括路由器、交换机、Web 服务器、网络接入盒等各种网络设备。基于 Linux 的网络设备价格低廉,将为企业提供更为低廉的网络方案。美国贝尔实验室预测:从未来的发展来看,将会产生比 PC 时代多成百上千倍的瘦服务器和超级嵌入式瘦服务器,这些瘦服务器将与我们这个世界任何物理信息、生物信息相连接,通过 Internet 自动、实时、方便、简单地提供给需要这些信息的对象。随着宽带技术的推广,采用 ARM 技术的 ADSL 芯片正逐步获得竞争优势。此外,ARM 在语音及视频处理上进行了优化,并获得广泛支持,也对 DSP 的应用领域提出了挑战。设计和制造嵌入式瘦服务器、嵌入式网关和嵌入式 Internet 路由器已成为嵌入式 Internet 时代的核心技术。

(4)消费类电子产品。

消费类电子产品如网络浏览、视频点播、文字处理、电子邮件、个人事务管理等,能提供信息服务或通过网络系统交互信息。在后 PC 时代,计算机将无处不在,家用电器将向数字化和网络化发展,电视机、电冰箱、微波炉、电话等都将嵌入计算机,并通过家庭控制中心与 Internet 连接,转变为智能网络家电,还可以实现远程医疗、远程教育等。目前,智能小区的发展为机顶盒打开了市场,机顶盒将成为网络终端,它不仅可以使模拟电视接收数字电视节目,而且可以上网、炒股、点播电影、实现交互式电视,并依靠网络服务器提供各种服务。ARM 技术在目前流行的数字音频播放器、数字机顶盒和游戏机中已得到了广泛应用。

(5)成像和安全产品。

现在流行的数码相机和打印机,绝大部分采用 ARM 技术,如基于嵌入式技术的监控系统,把摄像机输出的模拟视频信号通过嵌入式视频编码器直接转换成 IP 数字信号,嵌入式视频编码器具备视频编码处理、网络通信、自动控制等强大功能,直接支持网络视频传输和网络管理,使监控范围达到前所未有的广度。除了编码器外,还有嵌入式解码器、控制器、录像服务器等独立的硬件模块,它们可以单独安装,不同厂家设备可实现互连。

2. ARM 微处理器的应用选型

鉴于 ARM 微处理器的众多优点,随着国内外嵌入式应用领域的逐步发展,ARM 微处理器必然会获得更广泛的重视和应用。但是,由于 ARM 微处理器有多达十几种的内核结构,其芯片生产厂家也多达 70 多家,以及其千变万化的内部功能配置组合,给开发人员在选择方案时带来一定的困难,所以对 ARM 芯片做一些对比性研究是十分必要的。

以下从应用的角度出发,对在选择 ARM 微处理器时所应考虑的主要问题做一些简要的说明,用户在实际项目中要从多方面考虑。

(1)ARM 微处理器内核的选择。

从前面所介绍的内容可知,ARM 微处理器包含一系列的内核结构,以适应不同的应用领域。而每个内核对操作系统的支持程度是不一样的。用户如果希望使用 WinCE 或标准 Linux 等操作系统以减少软件开发时间,就需要选择 ARM720T 以上带有 MMU(Memory Management Unit)功能的 ARM 芯片,如 ARM720T,ARM920T,ARM922T,ARM946T,Strong-ARM 都带有 MMU 功能。而 ARM7TDMI 则没有 MMU,不支持 Windows CE 和标准 Linux,但目前有 uCLinux 等不需要 MMU 支持的操作系统可运行于 ARM7TDMI 硬件平台之上。事实上,uCLinux 已经成功移植到多种不带 MMU 的微处理器平台上,并在稳定性和其他方面都有上佳表现。

另外,有些ARM微处理器带有DSP功能,如TI公司的TMS320DSC2X就夹带了自己公司的C5000的DSP内核,这增强了系统的数学运算功能和多媒体处理功能。这些内核广泛地应用在高级数码相机、数字图像处理等多方面。

(2)系统的工作频率。

我们在选择计算机的时候关注CPU的主频,在选择ARM微处理器时,也必须关注系统的工作频率。系统的工作频率在很大程度上决定了ARM微处理器的处理能力。ARM7系列微处理器的典型处理速度为0.9 MIPS/MHz,常见的ARM7芯片系统主时钟为20 ~133 MHz, ARM9系列微处理器的典型处理速度为1.1 MIPS/MHz,常见的ARM9的系统主时钟频率为100~233 MHz,ARM10最高可以达到700 MHz。不同芯片对时钟的处理不同,有的芯片只需要一个主时钟频率,有的芯片内部时钟控制器可以分别为ARM核和USB、UART、DSP、音频等功能部件提供不同频率的时钟。

(3)芯片内存储器的容量。

大多数的ARM微处理器片内存储器的容量都不太大,需要用户在设计系统时外扩存储器,但也有部分芯片具有相对较大的片内存储空间,如ATMEL的AT91F40162就具有高达2 MB的片内程序存储空间,用户在设计时可考虑选用这种类型,以简化系统的设计。

(4)片内外围电路的选择。

除ARM微处理器核以外,几乎所有的ARM芯片均可根据各自不同的应用领域,扩展相关功能模块,并集成在芯片之中,我们称之为片内外围电路,如USB接口、IIS接口、LCD控制器、键盘接口、RTC、ADC、DAC、DSP协处理器等,设计者应分析系统的需求,尽可能采用片内外围电路完成所需的功能,这样既可简化系统的设计,同时也可提高系统的可靠性。

2.2 基于ARM的嵌入式系统开发

2.2.1 ARM的嵌入式系统的规划与设计原则

嵌入式系统开发是一个软、硬件协同设计开发的过程,ARM嵌入式开发是以ARM CPU为基本的硬件平台,以ADS或相关软件为集成开发环境,以ARM-Linux嵌入式操作系统及各种中间件、驱动程序为软件平台构建的ARM嵌入式系统的过程。

1. ARM的嵌入式系统规划

基于ARM的嵌入式系统的开发分为硬件开发和软件开发。首先是硬件设计,包括系统主控芯片最小系统设计和外围设备设计两个部分。ARM的嵌入式系统的硬件体系结构采用核心主板加扩展主板的设计方式,基于ARM微处理器芯片的核心主板能将ARM所有的I/O全部引出,在核心主板上面只提供最基本的接口;而对于一些特殊用途的USB接口、以太网接口、LCD接口等,则以扩展板形式提供。这种硬件体系结构灵活、接口丰富。核心包括嵌入式ARM CPU及必需的SDRAM和Flash等器件,通过表贴封装的双排插针将各信号线及控制线引出,这样,只需要设计不同的扩展板即可实现不同的系统功能。

ARM的嵌入式系统的软件开发包括ARM芯片各个功能部件的驱动程序的编写和在驱动程序的基础上开发相应的应用程序,这些驱动程序和应用程序通常会在操作系统的管理下相互调用。

2. ARM 的嵌入式系统的设计原则

嵌入式系统是一个复杂而专用的系统,在进行系统开发之前,必须明确定义系统的外部功能和内部软、硬件结构,然后再进行系统的设计分割。ARM 的嵌入式系统的设计要分别实现硬件规划与设计、操作系统的裁减、应用软件规划与设计。在操作系统裁剪和应用软件编程完成后,通常还要将它们先在开发环境中进行软调试,然后再移植到同系统结构的 CPU 的硬件平台上进行调试,并进行功能模拟,待调试通过后才将操作系统的应用软件移植到自己开发的专用硬件平台上,完成系统的集成。

(1)ARM 硬件的设计原则。

ARM 硬件一般是在最小系统上按需求定制扩展其功能,设计的核心是面向产品需求定制的最优化系统。在通常的应用中,这种最优化体现在成本最小化上。在早期的嵌入式系统中,硬件设备的成本占主要部分,为了达到这种最小化,人们都为专门的应用来设计硬件体系,然后开发相应的软件。由于嵌入式软件开发和调试都是在此基础上在主机 Host 和目标板 Target 之间互相合作完成的,因此 ARM 的硬件结构应具有如下设计特点和原则:

①采用新型的和适合应用场合的 ARM 可极大地提高系统的程序执行效率,缩短系统反应时间,满足实时性的要求。

②采用低功耗器件和贴片封装元器件,可以有效地降低功耗,提高电路本身的抗干扰性能,从而提高系统的稳定性和可靠性。

③采用通用型硬件电路设计平台,可以根据需要增删部分而生产不同型号的产品,这样的设计思路可以大大减少开发成本和开发周期,如果推向市场,将会极大地提高产品的市场竞争力。

④在硬件电路设计中将富余的端口做成插座形式的接口电路,这样有利于产品功能的扩展和改进,另外,在产品升级和系统维护调试时也将极大地方便开发人员和维护人员。

⑤通过在高度集成的 ARM 上简单地增加所需内存和外设,即可完成一个小功率系统的解决方案,所有必需的逻辑接口均集成在片内。另外,所设计的硬件在调试的过程中可能会遇到各种各样的问题,为了调试方便,可以在硬件板上设计一些 LED。

总之,在硬件设计时应充分考虑未来产品的设计改进和需求的不断发展变化带来的影响,力求将功能的完善和硬件部分开发成本的降低相结合,这样才能实现低成本高性能。

(2)ARM 软件的设计原则。

ARM 嵌入式系统在硬件选型和电路板设计完成后,就可以根据硬件和应用的需求开始软件系统的功能和结构设计了。一般而言,嵌入式系统的软件可以采用两种:一种是缺少操作系统的嵌入式控制系统软件;另一种是在具备嵌入式操作系统情况下的嵌入式软件。

例如,有些系统的 ARM 芯片上运行 Linux 等操作系统;而另外一些 ARM 芯片上使用的却是不带操作系统的软件,如使用 ADS 开发的 ARM Evaluator,其程序的运行通过板载程序配合下载程序实现。不过,嵌入式操作系统在嵌入式系统中的作用日益重要,它可以为嵌入式系统开发人员提供一个基本的软件开发和运行的支撑平台,从而大大减少复杂嵌入式系统的开发难度和开发周期,同时增强系统的稳定性,降低开发和维护成本。

2.2.2 基于 ARM 的嵌入式系统的硬件结构设计

嵌入式系统硬件平台结构主要分为两大部分:一部分为系统主板,为基于 ARM 的最小系统,包括ARM CPU、Flash、SDRAM、串口及键盘等最基本部分;另一部分为系统扩展板,提供了用于完成各个不同硬件的功能模块。

常用的嵌入式外围设备包括存储设备、通信设备和显示设备3类。相关支撑硬件包括显示卡、存储介质(如ROM和RAM等)、通信设备、IC卡或信用卡的读取设备等。嵌入式系统有别于一般的计算机处理系统,它不适于硬盘那样大容量的存储介质,而大多使用闪存(Flash Memory)作为存储介质。整个系统硬件结构如图2.3所示,主要组成部分见表2.1。

表2.1 系统硬件的主要组成部分及其功能描述

组成	功能描述
电源电路	输入电压5 V,经过DC-DC变换分别为嵌入式微处理器提供1.8 V和3.3 V的电压
晶振电路	10 MHz有源晶振经过倍频分别为ARM核/系统提供166/133 MHz的时钟频率
微处理器	ARM-CPU,系统的工作和控制中心
Flash	存放嵌入式操作系统、用户应用程序或其他在系统掉电后需要保存的数据
SDRAM	系统代码的运行场所
网络端口	两个10/100 Mbit/s速率的RJ45接口,为系统提供以太网接入的物理通道
串口	系统与其他应用系统的短距离双向串行通信
JTAG接口	通过该接口可对系统进行调试、编程等

另外,系统总线扩展引出数据总线、地址总线和必要的控制总线,便于用户根据自身的特定要求,扩展外围电路。在选择嵌入式系统的硬件时,最重要的是要先选择ARM微处理器类型,因为ARM微处理器不仅决定整个系统的性能,而且影响其他硬件的选用及操作系统和软件代码设置。

具体说来,嵌入式外围接口电路和设备包括以下内容:

(1)存储器:静态易失性存储器(RAM,SDRAM)、动态存储器(DROM)、非易失性存储器(MASKROM,EPROM,EEPROM,Flash)、硬盘、软盘、CDROM等。

(2)通信接口:RS-232、USB、IrDA、SPI(串行外围设备接口)、I^2C、CAN总线、蓝牙、以太网、IEEE1394和通用可编程接口等。

(3)I/O设备:LCD、CRT、键盘、鼠标等。

(4)电源及辅助设备等。

下面对主要模块的设计进行分析。

1. SDRAM模块设计

SDRAM具有高速、大容量等优点,是一种具有同步接口的高速动态随机存储器。它的同步接口和内部流水线结构允许存储外部高速数据,数据传输速度可以和ARM的时钟频率同步,在ARM的嵌入式系统中主要用做程序的运行空间、数据及堆栈区。

SDRAM可以分为两个单元块,数据可以在两个单元块之间交叉存取。即当一个比特的数据在一个单元块中被存取的时候,另一个比特的数据可以在另外一个单元块中做好准备。所以SDRAM的数据传输速度可达1 GB/s。

ARM内部有一个可编程的16位或者32位宽的SDRAM接口,允许连接两组容量512 Mbit的SDRAM。有了SDRAM控制器,只要选取标准的SDRAM芯片,按照接口电路连接起来就可

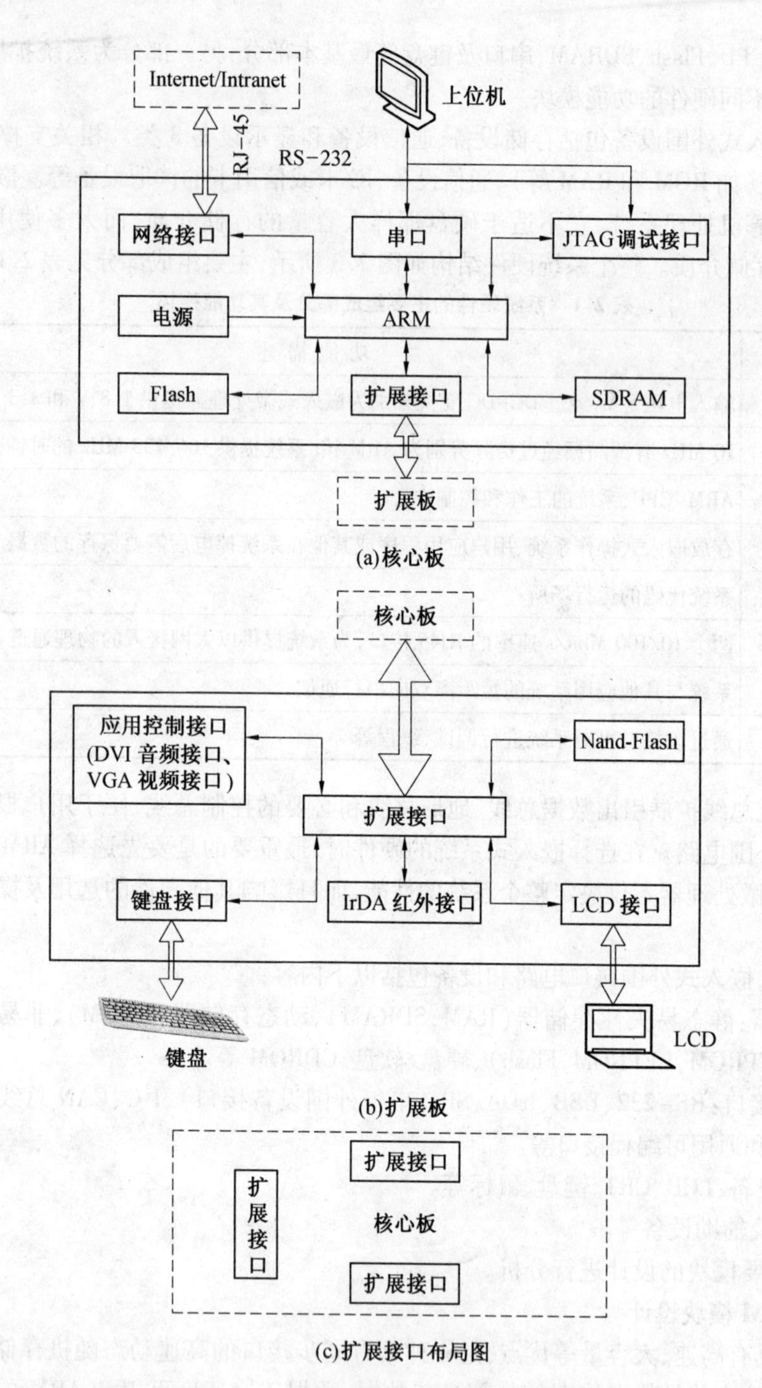

图 2.3 ARM 的嵌入式系统的硬件结构

以了。

这里选择的是 Hynix 公司的 HY57V281620HC。它的容量是 16 MB(4 BANKS×2 M×16 bits)。单片数据宽度是 16 位,为了增大数据的吞吐能力,所以选取了两片 SDRAM 构成 32 位地址宽度。SDRAM 模块原理图如图 2.4 所示。

SDRAM 的存储单元可以理解为一个电容,总是倾向于放电,为避免数据丢失,必须定时刷

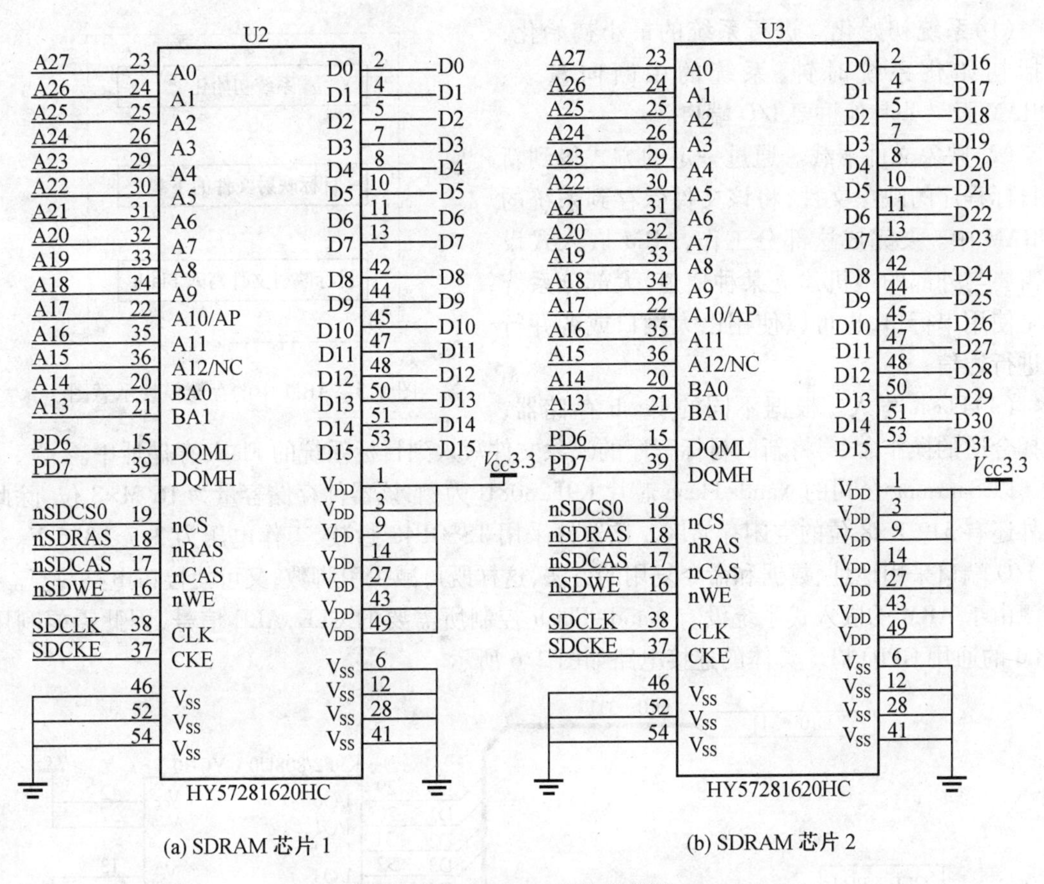

(a) SDRAM 芯片 1　　(b) SDRAM 芯片 2

图 2.4　SDRAM 模块原理图

新(充电)。因此,要在系统中使用 SDRAM,就要求微处理器具有刷新控制逻辑,或在系统中另外加入刷新控制逻辑电路。一些 ARM 芯片在片内具有独立的 SDRAM 刷新控制逻辑,可方便地与 SDRAM 接口。但某些 ARM 芯片则没有 SDRAM 刷新控制逻辑,不能直接与 SDRAM 接口,在进行系统硬件设计时应注意这一点。

SDRAM 芯片选用的封装是 32 引脚的 TSSOP1,引脚密度较大,在焊接时要注意静电等因素的影响,在焊接好并且仔细检查无误后就可以进行测试了。

2. Nand-Flash 存储模块设计

随着嵌入式系统的应用越来越广泛,嵌入式系统中的数据存储和数据管理已经成为一个重要的研究课题。Flash 存储器具有速度快、成本低等很多优点,因此在嵌入式系统中的应用也越来越多。为了合理地管理存储数据,进行数据共享,Flash 的设计在 ARM 嵌入式系统中对数据存储和数据管理尤为重要。

在嵌入式设备中,有两种程序运行方式:一种是将程序加载到 SDRAM 中运行;另一种是程序直接在其所在的 ROM/Flash 存储器中运行。一种比较常用的运行程序的方法是将该 Flash 存储器作为一个硬盘使用,当程序需要运行时,首先将其加载到 SDRAM 存储器中,在 SDRAM 中运行。通常相对于 ROM 而言,SDRAM 访问速度较快,数据总线较宽,程序在 SDRAM 中的运行速度比在 Flash 中的运行速度要快。ARM 中的存储模块示意图如图 2.5 所示,其中各模块的功能如下:

(1)系统初始化。进行系统的最小初始化,包括初始化系统时钟、系统的中断向量表、SDRAM 及一些其他重要 I/O 端口。

(2)映象文件下载。通过一定的方式得到新的目标程序的映象文件,将该文件保存到系统的 SDRAM 中。要完成这部分工作,ARM 嵌入式设备需要与外部的主机建立某种通道,大部分系统都是使用串行口,也可以使用以太网口或者并行口进行通信。

系统初始化

目标映射文件的下载

目标映射文件写入 Flash

图 2.5　ARM 中的存储模块示意图

(3)Flash 写入。根据不同的 Flash 存储器,选择合适的操作命令,将新的目标程序的映象文件写入到目标系统的 Flash 存储器中。

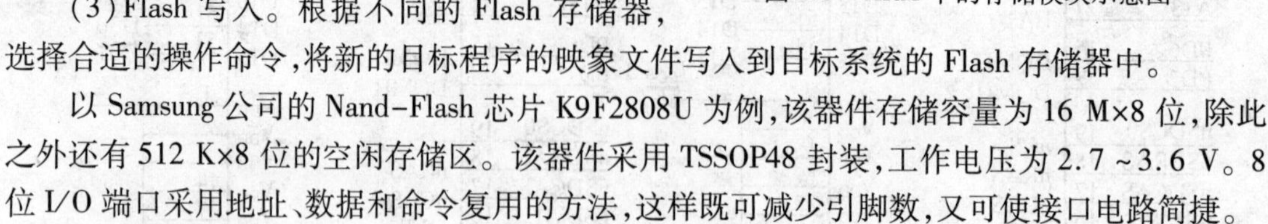

以 Samsung 公司的 Nand-Flash 芯片 K9F2808U 为例,该器件存储容量为 16 M×8 位,除此之外还有 512 K×8 位的空闲存储区。该器件采用 TSSOP48 封装,工作电压为 2.7 ~3.6 V。8 位 I/O 端口采用地址、数据和命令复用的方法,这样既可减少引脚数,又可使接口电路简捷。

由于 ARM 的嵌入式系统没有 Nand-Flash 控制所需要的 CLE,ALE 信号,因此需要利用 ARM 的通用 GPIO 口。具体的连接电路如图 2.6 所示。

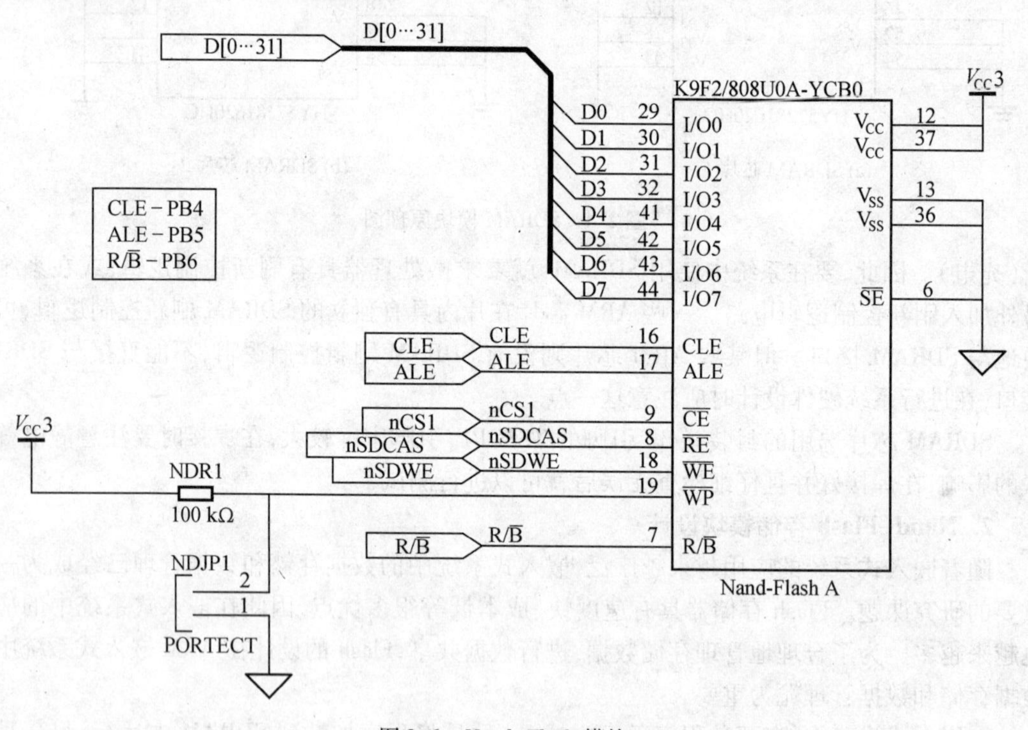

图 2.6　Nand-Flash 模块

Nand-Flash 引脚定义见表 2.2。

表 2.2　Nand-Flash 引脚定义

引　脚	功　　能
I/O 0 ~ I/O 7	数据输入/输出端，芯片未选中为高阻态
CLE	命令锁存使能
ALE	地址锁存使能
CE	芯片选择控制
RE	数据输出控制，有效时数据送到 I/O 总线上
WE	写 I/O 口控制，命令、地址、数据在上升沿锁存
WP	写保护
R/B	指示器件的状态，0 为忙，1 为闲。开漏输出
V_{CC}	电源端
V_{SS}	接地

①命令锁存使能（CLE）：使输入的命令发送到命令寄存器。当变为高电平时，在 WE 上升沿命令通过 I/O 口锁存到命令寄存器。

②地址锁存使能（ALE）：控制地址输入到片内的地址寄存器中，地址是在 WE 的上升沿被锁存的。

③片选使能（CE）：用于器件的选择控制。在读操作、CE 变为高电平时，器件返回到备用状态；然而，当器件在写操作或擦除操作过程中保持忙状态时，CE 的变高将被忽略，不会返回到备用状态。

④写使能（WE）：在其上升沿，将命令、地址和数据写入到 I/O 端口；在读操作时必须保持高电平。

⑤读使能（RE）：控制把数据放到 I/O 总线上，在它的下降沿 t_{REA} 时间后数据有效；同时使内部的列地址自动加 1。

⑥I/O 端口：用于命令、地址和数据的输入及读操作时的数据输出。当芯片未选中时，I/O 口为高阻态。

⑦写保护（WP）：禁止写操作和擦除操作。当它有效时，内部的高压生成器将会复位。

⑧准备/忙（R/B）：反映当前器件的状态。低电平时，表示写操作或擦除操作及随机读正进行中；当它变为高电平时，表示这些操作已经完成。它采用了开漏输出结构，在芯片未选中时不会保持高阻态。

3. 以太网控制器模块设计

在 Intemet 飞速发展的今天，网络已经渗透到了方方面面。在嵌入式系统中，和网络的结合已经成为嵌入式系统发展的必然趋势。在 ARM 的嵌入式系统中，以太网接口（Ethemet Port）是与远端机进行通信及调试的基础，扩展以太网口模块可以进行内部局域网和 Internet 之间的通信。

基于 ARM 的嵌入式系统若没有以太网接口，其应用价值就会大打折扣，因此就整个系统而言，以太网接口电路应是必不可少的，但同时也是相对较复杂的。

从硬件的角度看，如图 2.7 所示的 IT. UT 802.3 模型层间结构，以太网接口电路主要由媒质接入控制器(MAC)和物理层接口两大部分构成,目前常见的以太网接口芯片,如 RTL8019/8029/8039,CS8900,DM9008 及 DWL650 无线网卡等,其内部结构也主要包含这两部分。不妨以一款专门为第三代快速以太网连接而设计的 RTL8019AS 10 m/100 Mbps 兼容以太网接口芯片为例,它支持多种嵌入式处理器芯片,内置 FIFO 缓存器用于发送和接收数据。

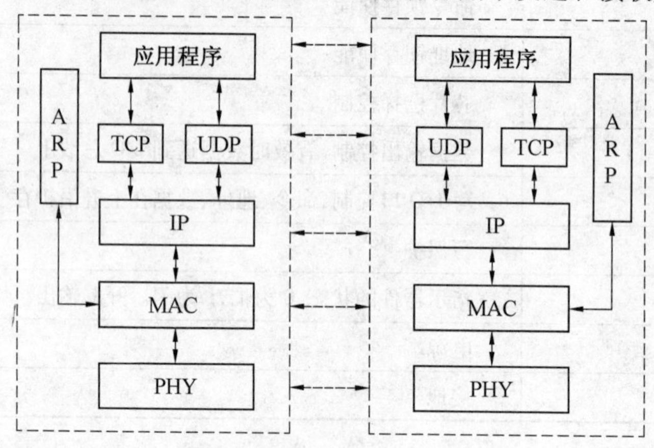

图 2.7 IT. UT 802.3 模型层间结构

(1)以太网口的工作原理。

大多数 ARM 都内嵌一个以太网控制器,支持媒体独立接口(Media Independent Interface,MII)和带缓冲 DMA 接口(Buffered DMA Interface,BDI),可在半双工或全双工模式下提供 10 m/100 Mbps的以太网接入。在半双工模式下,控制器支持 CSMA/CD 协议;在全双工模式下,支持 IEEE802.3 MAC 控制层协议。

因此,ARM 内部实际上已包含了以太网 MAC 控制,但并未提供物理层接口,因此需外接一片物理层芯片以提供以太网的接入通道。而常用的单口 10 m/100 Mbps 高速以太网物理层接口器件均提供 MII 接口和传统 7 线制网络接口,可方便地与 ARM 接口。以太网物理层接口器件的主要功能一般包括:物理编码子层、物理媒体附件、双绞线物理媒体子层、10BASE-TX 编码/解码器和双绞线媒体访问单元等。

使用 RTL8019AS 作为以太网的物理层接口,它的基本工作原理是:在收到由主机发来的数据报后(从目的地址域到数据域),如图 2.8 所示,侦听网络线路。如果线路忙,它就等到线路空闲为止,否则立即发送该数据帧。在发送过程中,它首先添加以太网帧头(包括前导字段和帧开始标志),然后生成 CRC 校验码,最后将此数据帧发送到以太网上。

在接收过程中,它将从以太网接收到的数据帧进行解码、去帧头和地址检验等步骤后缓存到片内,在 CRC 校验通过后,它会根据初始化配置情况,通知 RTL8019AS 收到了数据帧,最后,用某种传输模式(I/O 模式、Memory 模式、DMA 模式)传到 ARM 的存储区中。

(2)硬件电路设计。

用 RTL8019AS 芯片设计的以太网控制器及相关电路,可以通过 RJ-45 连接以太网,其网络通信部分的框图如图 2.9 所示。

RTL8019AS 的 IOS 引脚与基地址的对应关系,见表 2.3。

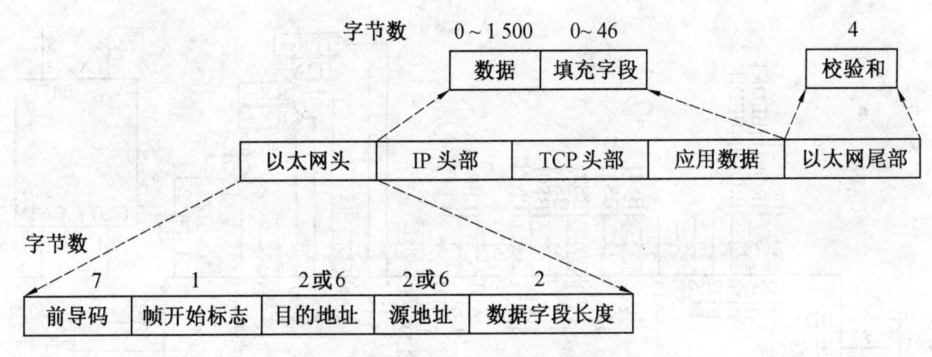

图2.8 IT.UT 802.3帧格式

表2.3 RTL8019AS的IOS引脚与基地址的对应关系表

IOS3	IOS2	IOS1	IOS0	I/O BASE
0	0	0	0	300H
0	0	0	1	320H
0	0	1	0	340H
0	0	1	1	360H
1	0	0	0	380H
1	0	0	1	3A0H
1	0	1	0	3C0H
1	0	1	1	3E0H
0	1	0	0	200H
0	1	0	1	220H
0	1	1	0	240H
0	1	1	1	260H
1	1	0	0	280H
1	1	0	1	2A0H
1	1	1	0	2C0H
1	1	1	1	2E0H

现在详细讨论其接法的对应关系。选择其中一个I/O基地址,基地址在某些场合可能有作用,当与ARM接口时,经过多次验证选择其中任何一个都不会对网卡的工作产生明显的影响,只是对应的接法不同,编程时的地址不同而已。需要注意的一点是,引脚定义中IOS3对应的另一种定义名称是BD0,IOS2对应BD1,IOS1对应BD2,IOS0对应BD3,电平变换。当这部分各元器件焊接完成后,就可以进行测试了。网卡芯片有两个LED指示,它们是用于指示接收和发送状态的,如果有网络连接并且正常收发数据包时,LED会闪烁。在判断网卡芯片是否工作正常时,有两个依据:一是看状态指示LED是否有闪烁;二是用专用网络监听工具软件进行监听,如可以用软件Sniffer监听到网卡不断发送出来的特定测试数据包就表明网卡可正

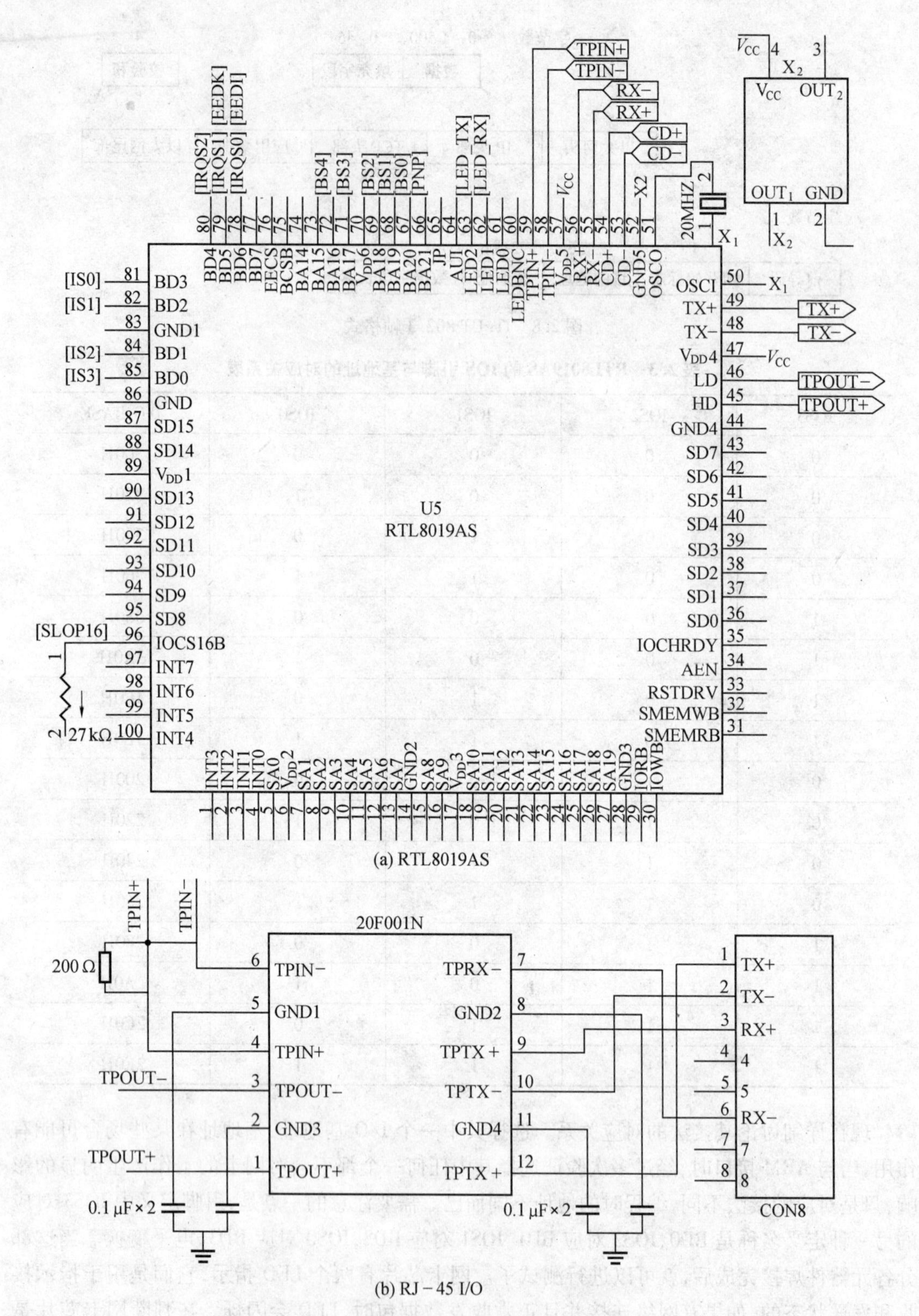

(a) RTL8019AS

(b) RJ－45 I/O

图 2.9　以太网控制模块

常工作。

4. USB设备模块设计

USB全称为Universal Serial Bus(通用串行总线)。USB接口是现在比较流行的接口,用于将使用USB的外围设备连接到主机。USB技术具有开放性,是非营利性的典范,得到了广泛的工业支持,同时也在数字图像、电话语音合成、交互式多媒体、消费电子产品等领域得到了广泛的应用,已经成为PC和嵌入式应用的主流技术之一。其具有以下一些显著特点:

(1)高速数据传送。

USB1.1支持1.5~12 Mbps的传输速率,2.0版本更支持高达120~240 Mbps的传输速率,该速率与一个标准的并口相比,快出近10倍,足以满足高速传输应用的要求。

(2)高自由度连接/拓扑结构。

对接口加以扩展,最多可在一台计算机上同时支持127种设备,而不占用PC的硬件资源(如I/O地址、内存、中断、DMA等)。主端口和USB从端口之间是树型拓扑结构,这使得外设的扩展有了更大的自由度。

(3)带电插拔/即插即用。

USB方式做到了即插即用(热插拔)的外设扩展。所有USB设备支持热插拔,系统对其进行自动配置,彻底抛弃了跳线和拨码开关设置。

(4)内置电源供给。

USB电源能向低压设备提供5 V,500 mA(最大)电源。因此,对使用的小功率输入设备无须使用单独的电源供电,这样可以降低这些设备的成本并提高性价比。

(5)支持多种传输模式。

USB提供了4种传输模式,以适应不同的传输需求,具有极强的通用性。

正是由于上述突出的特点,USB设备在ARM嵌入式外设的拓展方面得到了广泛的应用。

图2.10所示为采用DIUSBD12芯片的USB内部结构。DIUSBD12是一款性能价格比很高的USB器件,通常用于ARM,并与ARM通用接口进行通信,同时支持本地DMA传输。该器件采用模块化的方法实现一个USB接口,允许使用现存的体系结构并使固件投资减到最小。这种灵活性通过使用已有的结构和减少固件上的投资,减少开发时间、风险和成本,是开发低成本且高效的USB外围设备解决方案的一种有效途径。

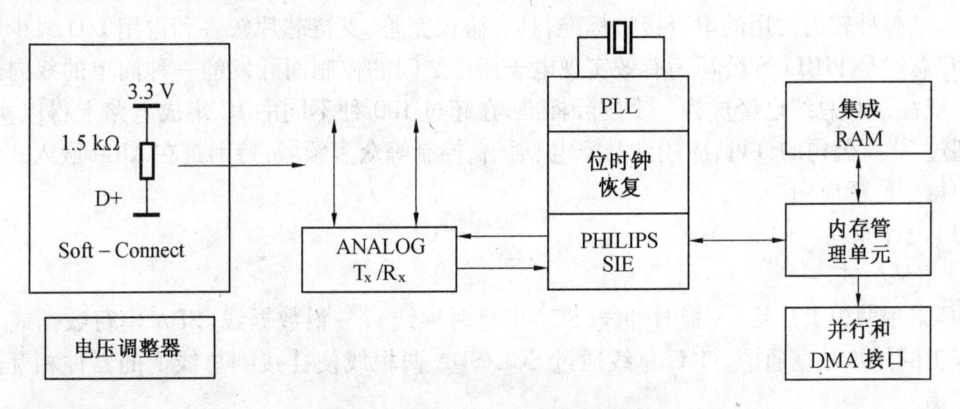

图2.10 IUSBD12的内部结构框图

其中：

①模拟收发器(ANALOG T_x/R_x)。集成的收发器接口可通过终端电阻直接与USB相连。

②电压调整器。片内集成了一个3.3 V的调整器用于模拟收发器的供电。

③PLL。片上集成了6～48 MHz时钟乘法，允许使用低成本的6 MHz晶振，电磁干扰也由于使用低频晶振而降低。

④位时钟恢复。位时钟恢复电路采用4倍过采样原理，从输入的USB数据流中恢复时钟，能跟踪USB规定范围内的抖动和频漂。

⑤Soft-Connect。高速设备与USB的连接是通过1.5 kΩ上拉电阻将D+实现的。1.5 kΩ上拉电阻集成在USB芯片内，在默认状态下不与V_{cc}相连。连接的建立通过ARM发送命令来实现，这就允许ARM在决定与USB建立连接之前完成初始化时序。USB总线连接可以重新初始化而不需要拔出电缆。

⑥PHILIPS串行接口引擎SIE。PHILIPS的SIE完全实现USB协议层。考虑到速度，它是全硬件的，不需要固件(微程序)介入。这个模块的功能包括：同步模式的识别、并行/串行转换、位填充/解除填充、CRC校验/产生、PID校检/产生、地址识别和握手评估/产生。

⑦Good-Link。Good-Link提供良好的USB连接指示。在枚举中，LED指示灯根据通信的状况间歇闪烁。当USB成功地枚举和配置后，LED指示灯将一直点亮。在USB的数据传输过程中，LED将闪烁；在挂起期间，LED将熄灭。这种特性为USB器件、集线器和USB通信状态提供了用户友好的指示。作为一个诊断工具，它对隔离故障的设备很有用，降低了现场支持和热线的成本。

⑧存储空间管理单元(MMU)和集成RAM。在以12 MB/s的速率传输并与ARM相连时，MMU和集成RAM作为USB之间速度差异的缓冲区。这就允许ARM以它自己的速率对USB信息包进行读写。

⑨并行和DMA接口。对ARM处理器而言，PDIUSBD12看起来就像一个带8位数据总线和一个地址位(占用2个位置)的存储器件。它支持独立的和分时复用的地址和数据总线，还支持主端点与本地共享RAM之间直接读取的DMA传输，以及单周期和突发模式的DMA传输。

5. I^2C总线接口设计

I^2C是一种较为常用的串行接口标准，具有协议完善、支持芯片较多和占用I/O线少等优点。I^2C总线是PHILIPS公司为有效实现电子器件之间的控制而开发的一种简单的双向两线总线。现在，I^2C总线已经成为一个国际标准，在超过100种不同的IC集成电路上得以实现，得到超过50家公司的许可，应用涉及家电、通信、控制等众多领域，特别是在ARM嵌入式系统开发中得到广泛应用

(1)设计原理。

① 主从模式。

I^2C采用两根I/O线：一根时钟线(SCL串行时钟线)，一根数据线(SDA串行数据线)，实现全双工的同步数据通信。I^2C总线通过SCL/SDA两根线使挂接到总线上的器件相互进行信息传递。

ARM通过寻址来识别总线上的存储器、LCD驱动器、I/O扩展芯片及其他I^2C总线器件，省去了每个器件的片选线，因而使整个系统的连接极其简洁。总线上的设备分为主设备

(ARM处理器)和从设备两种,总线支持多主设备,是一个多主总线,即它可以由多个连接的器件控制。典型的系统构建如图2.11所示。

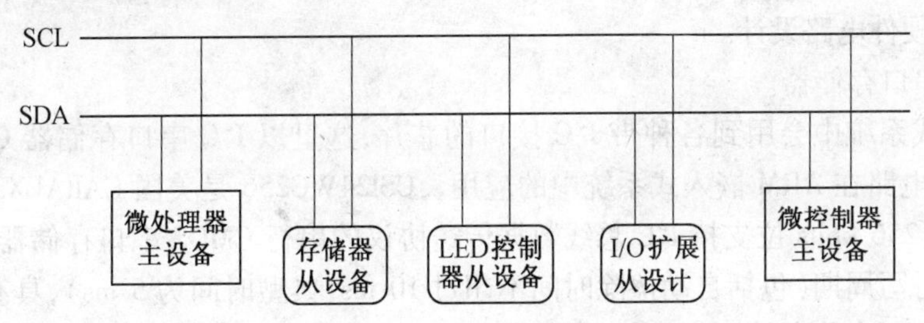

图2.11 I²C主从设备结构图

每一次I²C总线传输都由主设备产生一个起始信号,采用同步串行传送数据,数据接收方每接收一个字节数据后都回应一个应答信号。一次I²C总线传输传送的字节数不受限制,主设备通过产生停止信号来终结总线传输。数据从最高位开始传送,数据在时钟信号高电平时有效。通信双方都可以通过拉低时钟线来暂停该次通信。

② I²C的工作原理。

SDA和SCL都是双向线路,各通过一个电流源或上拉电阻连接到正的电源电压。当总线空闲时,这两条线路都是高电平,连接到总线的器件输出必须是漏极开路或集电极开路才能执行线与的功能。I²C总线上数据的传输速率在标准模式下可达100 KB/s,在快速模式下可达400 KB/s,在高速模式下可达3.4 MB/s。连接到总线的接口数量由400 pF总线限制电容决定。

图2.12(a)显示了I²C总线上的数据稳定规则,当SCL为高电平时,SDA上的数据保持稳定;当SCL为低电平时,允许SDA变化。如果SCL处于高电平时,在SDA上产生下降沿,则认为是起始位,在SDA上产生上升沿则认为是停止位。通信速率分为常规模式(时钟频率100 kHz)和快速模式(时钟频率400 kHz)。同一总线上可以连接多个带有I²C接口的器件,每个器件都有一个唯一的地址,既可以是单接收的器件,也可以是能够接收发送的器件。图2.12(b)显示了I²C总线的起始位和停止位。

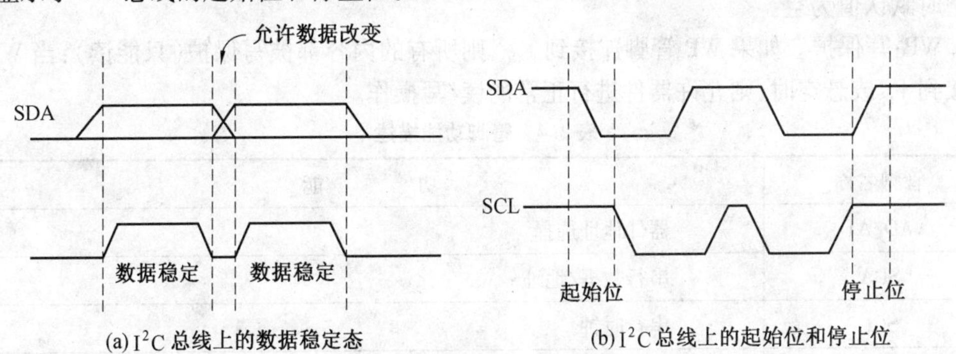

图2.12 I²C总线的工作原理

每次数据传输都是以一个起始位开始,以停止位结束。传输的字节数由ARM控制器决定,没有限制。最高有效位将首先被传输,接收方收到第8位数据后会发出应答位。数据传输通常分为两种:主设备发送从设备接收和从设备发送主设备接收。这两种模式都需要主机发送起始位和停止位,应答位由接收方产生。从设备地址一般是 1 或 2 个字节,用于区分连接在同一 I^2C 上的不同器件。

(2) I^2C 硬件电路设计。

① I^2C 串口存储器。

在嵌入式系统中会用到各种带 I^2C 接口的芯片,这里以 I^2C 串口存储器 CSl24WC256 为例,说明 I^2C 电路在 ARM 嵌入式系统中的应用。CSl24WC256 是美国 CAllALXST 公司的一款芯片,是一个 256 kbits 位支持 I^2C 总线数据传送协议的串行 CMOS 串口存储器,可用电擦除,可编程自定时写周期(包括自动擦除时间不超过 10 ms,典型时间为 5 ms),具有 64 字节数据的页面写能力。串行存储器一般具有两种写入方式:一种是字节写入方式;另一种是页写入方式。允许在一个写周期内同时对 1 个字节到一页的若干字节的编程写入,1 页的大小取决于芯片内页寄存器的大小。

先进的 CMOS 技术实质上降低了器件的功耗,可在电源电压低到 1.8 V 的条件下工作,等待电流和额定电流分别为 0 和 3 mA,特有的噪声保护施密特触发输入技术,可保证芯片在极强的干扰下数据不丢失。

芯片管脚排列图如图 2.13 所示,其管脚功能描述见表 2.4。

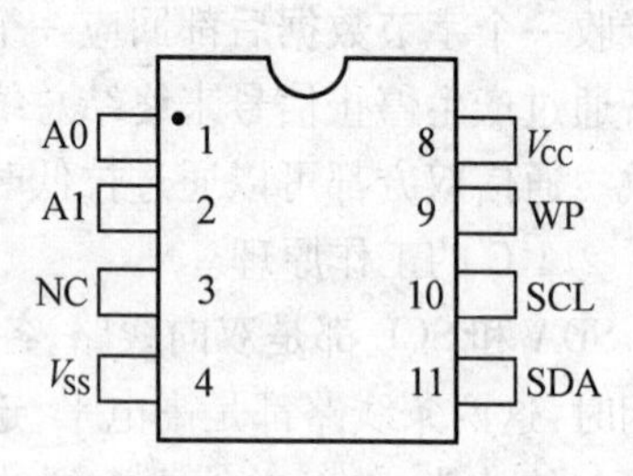

图 2.13 芯片管脚排列图

其中:

a. SCL:串行时钟。输入管脚,用于产生器件所有数据发送或接收的时钟。

b. SDA:串行数据/地址。双向传输端,用于传送地址和所有数据的发送或接收。它是一个漏极开路端,因此要求接一个上拉电到 V_{CC} 端(典型值为 100 kHz 时为 10 kΩ,400 kHz 时为 1 kΩ)。对于一般的数据传输,仅在 SCL 为低期间 SDA 才允许变化;在 SCL 为高期间变化,SPA 变化指示 Start(开始)或 Stop(停止)。

c. A0/A1/A2:器件地址输入端。这些输入端用于多个器件级联时设置器件地址,当这些脚悬空时默认值为空。

d. WP:写保护。如果 WP 管脚连接到 V_{CC},则所有的内容都被写保护(只能读):当 WP 管脚连接到 V_{SS} 或悬空时,则允许器件进行正常的读/写操作。

表 2.4 管脚功能描述

管脚名称	功能
AO/A1	器件地址选择
SDA	串行数据/地址
SCL	串行时钟
WP	写保护
V_{CC}	1.8 ~ 6.0 V 电源
V_{SS}	接地
NC	未连接

② 电路原理。

图 2.14 所示为串行存储器电路原理图，具有串行存储的功能，速率为 100 kHz，所以上拉电阻 R_1/R_2 选择 10 kΩ。如果将编码开关任一位打开，则对应的地址线为“1”；如果将编码开关任一位闭合，则对应的地址线就为“0”。

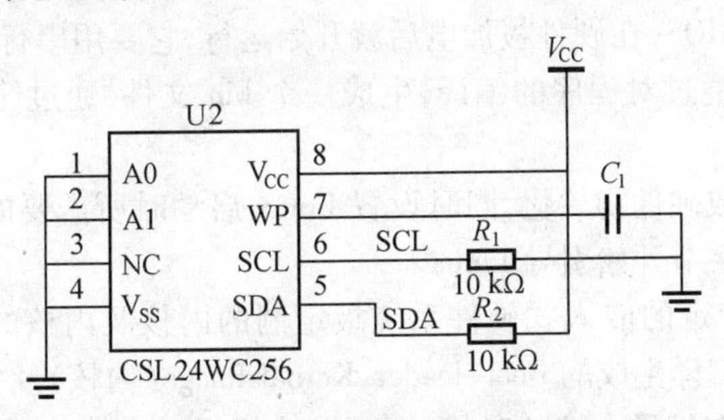

图 2.14　串行存储器电路原理图

2.2.3　基于 ARM 的嵌入式系统的软件设计

ARM 嵌入式系统在硬件选型和 PCB 硬件平台设计完成之后，就可以根据硬件和应用的需求，开始软件系统的功能和结构设计了。如前所述，嵌入式系统的软件可以分为两种：一种是缺少操作系统的嵌入式控制系统软件；另一种是在具备嵌入式操作系统情况下的嵌入式软件。

以运行 Linux 操作系统的 ARM 为例，介绍其开发流程。

1. 软件开发流程

ARM 嵌入式软件的一般开发过程是：设计目标硬件板，建立嵌入式 Linux 开发环境，编写、调试 Boot-loader，编写、调试 Linux 内核，编写、调试应用程序，调试 ARM 板。Boot-loader 用于初始化目标板、检测目标板和引导 Linux 内核。高速 BDM（Background Debug Mode，背景调试模式）/JTAG 接口用于目标板开发，它可以检测目标板硬件、初始化目标板、调试 Boot-loader 和 BSP，如图 2.15 所示。

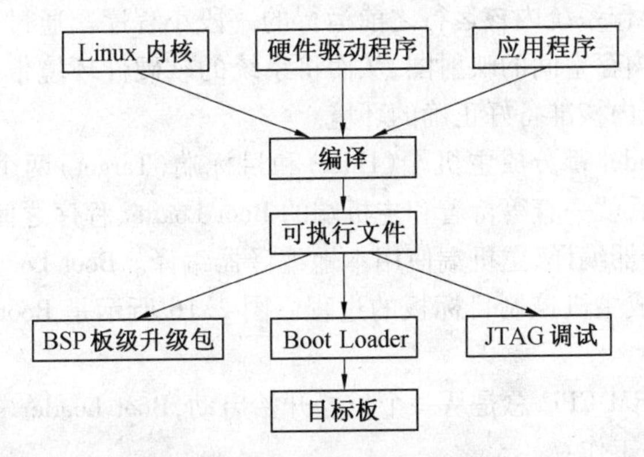

图 2.15　嵌入式软件开发流程

在基于 Linux 的嵌入式开发过程中，选择好的嵌入式 Linux 开发平台和调试工具可以极大地提高开发效率。嵌入式系统的特点是系统资源小，因此，具体目标板的设备驱动程序（Device Driver)需要定制;BDM/JTAG 调试工具是开发 Linux 内核的很好手段,调试工具利用 CPU 的 JTAG 接口,对运行程序进行监控,不占用系统的其他资源。

从软件开发的角度出发,一个嵌入式 Linux 系统可以分为 4 个层次。

(1)引导和加载 Linux 内核的程序,主要是用户自己编制的 Boot-loader 程序。Boot-loader 的功能相当于 PC 端的 BIOS,在硬件板加电后就开始运行,它要用串行电缆把 PC 端与硬件开发板连接起来,在 PC 端通过对程序的编译,生成一个 bin 文件,通过简易的 JTAG 探头,把它烧写到 Nand-Flash 中。

Boot-loader 主要完成硬件初始化,同时设置 Linux 启动时所需要的参数,然后跳到 Linux 内核启动代码的第一个字节开始引导 Linux。

(2)Linux 内核,为特定的嵌入式硬件系统板定制的内核及内核的启动参数。为了实现 Linux 内核的移植,要把编译生成的 Boot-loader,Kernal Image(内核)及 Root Filesystem(根文件系统)烧写到 Hash 中。在编译内核的时候,还可以选择需要支持的网络协议,所支持的主要协议包括 TCP/IP(如 TCP,IP,UDP,ICMP,ARP,RARP,FTP,TFTP,BOOTP,DHCP,RIP,OSPF,HTTP 等)。由于内核已经支持多种网络协议,因此通过加载不同的应用程序,就可以实现相应类型的应用。

(3)和 Linux 内核配合使用的根文件系统,包括建立根文件系统和建立于 Flash 设备上的文件系统。将文件系统也烧写到 Hash 后,Linux 就可以在硬件板上正常运行了。

(4)用户应用程序。为了使人机交互界面友好,通常在用户应用程序和 Linux 内核层之间移植一个嵌入式图形用户界面(Graphic User Interface,GUI)。

2. 嵌入式软件开发的关键技术

(1)嵌入式软件的启动代码。

①Boot Loader。

在嵌入式系统中,首先需要考虑的是启动问题,系统如何告知 CPU 启动位置及启动方法呢?一般来说,嵌入式系统会提供多种启动方式。具备 Flash ROM 的系统可以从 Flash 启动,也可以直接从 ARM 中以 Bootmen 方式启动。这些启动部分的工作主要由一个被称为 Boot Loader 的程序完成。

Boot Loader 是在操作系统内核运行之前运行的一段小程序。通过这段小程序,我们可以初始化硬件设备、建立内存空间的映射图,从而将系统的软硬件环境带到一个合适的状态,以便为最终调用操作系统内核准备好正确的环境。

一般来说,Boot Loader 都分成主机端(Host)和目标端(Target)两个部分。目标端嵌入在目标系统中,在启动之后就一直等待着和主机端的 Boot Loader 程序之间的通信连接。目标端程序需要使用交叉编译器编译,主机端使用本地编译器编译。Boot Loader 提供一个交互 shell 给用户,通过交互式完成主机控制目标板的过程。图 2.16 所示是 Boot Loader 在开发系统中的流程。

从图 2.16 可知,ARM CPU 总是从一个位置开始启动,Boot Loader 被 CPU 运行,并为操作系统的运行做以下准备工作:

a. 初始化 ARM 处理器。

使用 Boot Loader 会初始化 ARM 中的一些配置寄存器,例如,ARM720T 体系结构的 CPU 如果需要使用 MMU,就应当在 Boot Loader 中进行初始化。

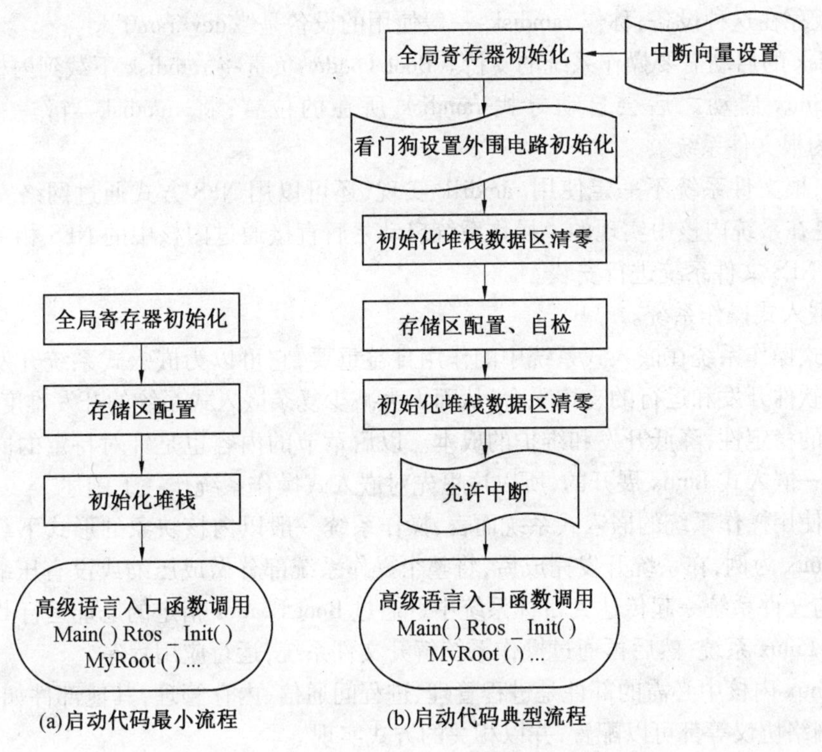

图2.16 Boot Loader在开发系统中的流程

b.初始化必要的硬件。

使用Boot Loader初始化板上的必备硬件,如内存初始化、中断控制器等,用于从主机下载系统映象到硬件板上的设备也是由它完成初始化的。有些硬件板使用以太网传输嵌入式系统映象文件,那么在Boot Loader中会使用以太网卡驱动程序初始化硬件,然后与客户端的Boot Loader通信,并完成下载工作。

c.下载系统映象。

系统映象的下载只能由Boot Loader提供,这是因为CPU提供的代码无法完成大系统映象的下载工作,而Boot Loader下载则可以有更多的自由度,它可以指定内核映象和文件系统映象的下载位置等。它在目标端的Boot Loader程序中提供了接收映象的服务端程序,而在主机端的程序中提供了发送数据包动作,可以通过串口,也可以通过以太网卡等其他方式发送。发送系统映象结束后,如果硬件允许,Boot Loader提供命令将下载成功的映象写入FlashROM中。一般Boot Loader都提供了擦写Flash的命令,为操作提供了很大的方便。

d.初始化操作系统并准备执行。

使用Boot Loader可以启动已经下载好的系统,可以指定Boot Loader启动在RAM(或者Flash)中的系统,也可以指定具体的启动地址。

②根文件系统ramdisk。

在嵌入式系统中的"硬盘"概念一般以ramdisk方式实现。Flash是断电后还能继续保持数据的设备,其价格便相对昂贵,同时系统中又无法使用硬盘这样的大型设备,因此需要长久使用文件系统数据,尤其是应用程序的可执行文件、运行库等,运行时都要放在RAM中。常用的方式就是从RAM中划出一块内存虚拟成"硬盘",对它如同永久存储器一样操作。在

Linux 中就存在这种设备,称作 ramdisk,一般使用的设备是"/dev/ram0"。

ramdisk 的启动需要操作系统的支持。Boot Loader 负责将 ramdisk 下载到内核映象不冲突的位置,Linux 启动之后会自动寻找 ramdisk 所在的位置,将 ramdisk 当作一种设备安装(Mount)为根文件系统。

当然,根文件系统不一定使用 ramdisk 实现,还可以用 NFS 方式通过网络安装根文件系统,这也是在系统内核中实现的。操作系统启动之后直接通过内核中的 NFS 相关代码对处于网络上的 NFS 文件系统进行安装。

(2)嵌入式操作系统。

嵌入式操作系统在嵌入式系统中的作用日益重要,它可以为嵌入式系统开发人员提供一个基本的软件开发和运行的支撑平台,从而大大减少复杂嵌入式系统的开发难度和开发周期,增强系统的稳定性,降低开发和维护的成本。以后章节的内容也是针对特定的嵌入式通用操作系统——嵌入式 Linux 展开的,所以这里先对嵌入式操作系统作一下阐述。

对于使用操作系统的嵌入式系统而言,操作系统一般以内核映象的形式下载到目标系统中。以 Linux 为例,在系统开发完成后,将整个操作系统部分做成压缩或没有压缩过的内核映象文件,与文件系统一起传达到目标系统中。通过 Boot Loader 指定的地址运行 Linux 内核,启动嵌入式 Linux 系统,然后再通过操作系统解开文件系统,运行应用程序。

在 Linux 内核中必需的部件是进程管理、进程间通信、内存管理,其他部件如文件系统、驱动程序、网络协议等都可以配置,并以相关的方式实现。

①嵌入式操作系统的功能。

嵌入式操作系统中一般使用微内核(Micro-kernel)体系结构,内核主要实现以下功能:

a. 多任务。

嵌入式系统的设计目的就是为了能够使用硬件运行多个任务,尤其是能够完成用户需求的一些固定任务。操作系统可以为任务提供调度机制,使用实时调度算法可以方便地制订任务,并与操作系统一起发布到系统中,成为完整的嵌入式系统。如果用户的需求发生了变化,只需要改变任务内容,然后重新与操作系统发布即可。

b. 微内核内存管理。

微内核内存管理主要是提供内存页面的申请和释放工作。ARM 微处理器有内存管理单元 MMU,由处理器提供内存地址映射和寻址机制,通过操作系统可以方便地使用 MMU。嵌入式应用程序可以根据自己的需要申请内存空间,由操作系统统一管理。操作系统根据申请和释放时应用程序提供的参数,针对不同的需求分别处理。

c. 硬件资源管理。

操作系统的使用有个重要的方便性,就是操作系统可以提供一个硬件抽象层 HAL(Hardware Abstract Layer),通过驱动程序方便嵌入式应用和硬件设备之间的交互。在没有操作系统的情况下,几个任务如果同时需要访问一个硬件,可能会发生冲突,这时只能在任务程序内部作出检测和处理。通过硬件 HAL 可以由操作系统完成对硬件访问的调度,保证对硬件访问的一致性。

d. 网络功能。

在使用操作系统时,可以根据需要定制网络协议栈,以适应各种网络环境的需求,也便于同步网络协议更新的步伐。

e.升级和方便的二次开发。

操作系统能够提供统一的应用程序开发接口API,使用操作系统可以很容易地实现方便的用户交互界面。

②嵌入式操作系统的选型。

嵌入式操作系统的选择应主要考虑以下因素:

a.性能(包括任务最长切换时间、中断最长延迟、时间可调度的任务数和优先级数等)是否满足要求。

b.软件组件和设备驱动程序是否齐全。

c.开发工具和调试工具是否易用。

d.标准兼容性,是否支持POSIX标准。

e.代码发送形式是源代码还是二进制代码。

f.是否需要许可证以及能否提供及时的技术支持等。

目前,比较成熟的嵌入式操作系统主要有Vxworks,pSOS,QNX,WindowsCE和Linux等。

③嵌入式操作系统的开发思路。

嵌入式操作系统的主要开发思路有:

a.主机、目标机的体系结构设计。

主机、目标机的体系结构是指将开发工具放在主机上,将操作系统的核心模块放在目标机上,操作系统负责提供对跟踪调试进行支持的手段。开发者可以在目标机上运行操作系统和应用软件,在主机上进行开发和调试,这样就方便了开发过程。对操作系统内核的一些模块开发也是基于以上体系结构来开发的。

b.模块划分。

为了使嵌入式操作系统对各种嵌入式系统都具有灵活性和适应性,必然要求嵌入式操作系统的设计应该在系统功能与结构的划分上有着特殊的考虑,这种特殊的考虑主要是增强操作系统的模块性(或者称为可定制性)。具体做法是将操作系统核心的一些功能独立出来,做成单独的并可以很方便拆卸的模块。这些模块化的工作可以利用一些组件技术来完成,或者是在源代码一级通过模块化设计实现。

c.API标准的制定。

为方便用户程序的移植,嵌入式操作系统应该增强操作系统的透明性,尽可能实现应用系统的操作系统无关性。其解决方案就是给用户提供标准、实用的应用程序接口(API)。过去,嵌入式系统的开发者直接套用POSIX标准,使得系统过于庞大。现在,一些公司正制定适合嵌入式应用的标准,如Redhat公司建议的EL/IX应用程序接口标准。EL/IX是一个逐步完善的标准,它以POSIX标准为基础,采用开放源代码的方式向外发行。

3. ARM嵌入式软件的开发过程

ARM嵌入式软件的开发过程主要包括如下几个步骤:建立交叉开发环境;交叉编译和链接;重定位和下载;联机调试。

由于嵌入式系统是一个资源受限的系统,因此直接在嵌入式系统硬件上进行编程显然是不合理的。一般采用的方法是先在通用PC机上编程,然后通过交叉编译链接,将程序变成目标机上可以运行的二进制代码格式,最后通过某种方法将程序下载到目标机上的特定位置,在目标机上启动代码运行系统。其中:

“PC 机”就是常用的基于 X86 体系结构的计算机，上面运行的操作系统就是一般的 Windows 或者 Linux 或者其他可以运行在 X86 体系结构上的操作系统。

“目标机上可以运行的二进制代码”是指可以运行在特定处理器体系结构上的程序代码，如本系统中的 ARM 体系结构的处理器。

“通过某种方法”需要解释的是，下载的方法取决于嵌入式系统硬件板上所提供的硬件接口。硬件板上提供了 JTAG 口、串口、网口 3 个可以和计算机相连接的接口。JTAG 口在连接的时候需要 JTAG 连接器或者仿真器，串口和网口连接比较简单，只要用相应接口的电缆即可直接连接。那么“通过某种方法”根据实际情况可能是“通过 JTAG 口”，也可能是“通过串口或者网口”。

“下载”所包含的意思就是将编译好的代码放在硬件板上可以存储代码数据的地方，如 SDRAM，Flash，或者片内的 SRAM。

嵌入式软件的编写和开发调试的主要流程为：代码编写→交叉编译→交叉链接→定位下载→调试，如图 2.17 所示。

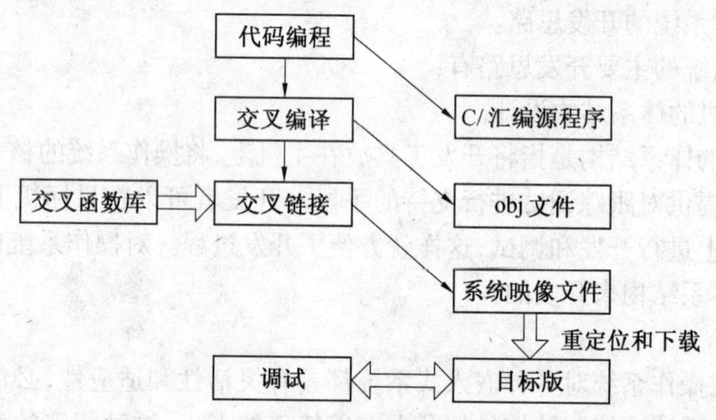

图 2.17　嵌入式软件的编写和开发调试的主要流程

整个过程中的部分工作在主机上完成，另外一部分的工作在目标板上完成。首先是在主机上编程。现在 ARM 嵌入式软件主要由汇编和 C 语言代码结合编写，纯粹使用汇编代码编写得不多。除了编写困难外，调试和维护困难也是汇编代码的难题。代码编程完成了源代码文件，在用主机上建立的交叉编译环境生成 obj 文件，并且将这些 obj 文件按照目标板的要求连接成合适的 image 文件。

如果使用了操作系统，可能会先需要编译连接操作系统的内核代码，做成一个内核包，再将嵌入式应用打成另外一个包。两个文件包通过压缩或不压缩的方式组成一个 image 文件，这也可以为目标板所接收，最后将 image 文件下载到目标板上运行。谁也无法保证目标板一次可以运行编译连接的程序，故而后期的调试排错工作特别重要。调试只能在运行状态完成，因此在主机和目标板之间通过连接，由主机控制目标板上的程序的运行，可以达到调试内核或者嵌入式应用程序的目的。

(1)交叉编译环境。

交叉编译环境的原理很简单，只要在主机和目标机器体系结构不同的情况下，在主机上开发那些目标机器上运行的程序。比如，说在 X86 上开发 ARM 目标板上运行的程序，就是在 X86 上运行可以将程序编译连接成 ARM 可运行代码的编译连接器，并将之编译在 X86 上编写的代码,就是一种交叉环境开发。

按照发布的形式,交叉编译环境主要分成开发和商用两种类型。开放式交叉开发环境主要有gcc,它可以支持多种交叉平台的编译器。使用gcc作为开发平台要遵守General Public License规定。商用的交叉编译环境主要有ARM ADS(CodeWarrior),ARM SDT,SDS Cross Compiler和WindRiver Tornado等。

按照使用的方式,交叉开发工具主要分为Makefile和IDE开发环境两种类型。使用Makefile的开发环境需要编译Makefile来管理和控制项目的开发,这种开发工具有gcc,SDS Cross compiler等。使用IDE开发环境一般有一个友好的用户界面,方便管理和控制项目的开发,如ADS的Code Warrior等,而Torando开发环境既可以用Makefile管理项目,又可以使用IDE。

以gcc为例,如果在X86的Linux平台上建立一个面向ARM的开发平台,大致步骤如下:

①下载需要的文件包,包括binutils,gcc,glibc和gdb等。

②按顺序对编译器、连接器和函数库进行编译和安装,在配置时需要使用Targt=arm-linux选项指定开发环境的目标平台。

③在安装结束之后应该有arm-linux-gcc和arm-linux-ar等程序,这些就是交叉开发平台的程序。

(2)交叉编译、链接重定位和下载。

①交叉编译。

使用建立好的交叉开发环境完成编译和连接工作。比如,在ARM的gcc交叉开发环境中,arm-linux-gcc是编译器,arm-linux-td是连接器。对于同一种体系结构还可能有不同的编译和连接器,这是因为编译内核和应用程序可以使用不同的编译连接器,而应用程序代码需要编译成为可重定位代码才可以。不过,虽然内核占用位置会导致应用程序存放的位置不同,但仍可以使用相对地址运行应用程序。

②链接重定位。

在链接过程中,对于嵌入式系统开发而言,一般使用较小型的函数库,以使最后产生的可执行代码尽量小。因此在编译中一般使用经过特殊定制的函数库。

链接定位是系统级软件开发过程中必不可少的一部分,嵌入式软件开发均属于系统级开发。链接定位过程一般由连接器根据链接定位文件完成,比较简单的系统可以通过设置链接器开关选项取代链接定位文件。链接定位的关键是链接定位文件的编写。以下程序段存在于目标文件(*.obj,*.o)中,链接定位后按段的类别收集在一起,同时指定在存储器中的位置。

text:代码段所有代码块部分。

rodata:已初始化的全局只读数据。

data:已初始化的全局数据。

bss:未初始化的全局变量。

下面以一个简单和典型的链接定位文件为例,进行说明。

```
/*简单的链接定位文件                    */
SECTIONS
{=OX100.text:{(.text)}          /*代码段所有代码块部分*/
.=0x9000000
```

```
.data:{*(.data)}                          /*已初始化的全局数据*/
.bss:{*(.bss)}                            /*未初始化的全局变量*/
}

SECTIONS                                  /*典型的链接定位文件*/
{.=0x02000000;
.text:{*(.text)}                          /*代码段所有代码块部分*/
Image_RO_Limit=.;
Image_RW_Base=.;
.data:{*(.data)}                          /*已初始化的全局数据*/
Rodata:{*(rodata)}                        /*已初始化的全局只读数据*/
Bss.{*(.bss)}
PROVIDE(_stack=.);
End=.;
End=.;
.debug_info 0:{*(.dubug_info)}
debug_line 0:{*(.debug-line)}
debug_abbrev 0;
{*(.debug_abbrev)}
.debug_frame 0{*(.debug_frame)}
}
```

③下载。

产生了目标平台需要的 image 文件后,就可以通过相应的工具与目标板上 Boot Loader 程序进行通信。可以使用 Boot Loader 提供的(或者通用的)终端工具与目标板相连接。一般在目标板上使用串口,通过主机段工具和目标板通信。Boot Loader 提供下载等控制命令(完成嵌入式系统正式在目标板上运行之前对目标板的控制任务)。Boot Loader 指定 image 文件的下载位置。下载结束后,使用 Boot Loader 提供的运行命令,从指定地址开始运行嵌入式系统软件。

(3)联机调试。

从调试方法来说,可以分成软件调试和硬件调试两种方法。一般而言,调试结构如图 2.18 所示。

图 2.18 调试结构图

①硬件调试器。

使用硬件调试器,可以获得比软件功能强大很多的调试性能。硬件调试器的原理一般是通过仿真的真正执行过程,让开发者在调试过程中可以时刻获得执行的情况。硬件调试器主要有ICE(In-Circit Emulator,在线仿真器)和ICD(In-Circit Debugger,在线调试器)两种,前者主要完成仿真模拟的功能,后者使用硬件上的调试口完成调试任务。

a. ICE。ICE是一种完全仿造调试目标CPU设计的仪器。该仿真器可以真正地运行所有CPU动作,并且其使用的内存可以设置非常多的硬件中断点。在执行的过程中,可以按顺序单步向下执行,还可以倒退执行,同时可以实时查看所有需要的数据,因此给调试程序带来很多便利。老式的ICE一般只有串口和并口,新式的ICE还提供了USB和以太网接口。不过ICE的价格比较昂贵。

使用ICE和使用一般的目标硬件一样,只不过是在ICE上完成调试之后,还需要把调试好的程序重新下载到目标系统上而已。

b. ICD。因为ICE的价格昂贵,而且各种CPU都需要一种与之相对应的ICE,所以开发成本比较高。因此,目前比较流行的做法是CPU将调试功能直接在内部实现,通过在开发板上引出调试端口的方法,直接从端口获得CPU中提供的调试信息。CPU主要实现一些必要的调试功能:读/写寄存器;读/写内存;单步执行;硬件中断点。

使ICD和目标板的调试端口连接,然后发送调试命令和接收调试信息,就可以完成必要的调试功能。一般地,使用JTAG口调试ARM,调试口在系统完成后的产品上应当删除。

使用合适的工具可以利用这些调试口。例如ARM开发板,可以使用JTAG调试器接在开发板的JTAG口,通过JTAG口与ARM CPU进行通信,然后使用软件工具与JTAG调试器相连接,这样就能做到和ICE调试类似的调试效果。

②嵌入式操作系统的调试。

只要将操作系统的源代码纳入工程管理目录中,并和应用程序一起编译,就可以调试操作系统及应用程序(作为库链接的操作系统的二进制码是使用GNU工具链编译的)。

a. 操作系统内核比较难调试,因为操作系统内核中不方便增加一个调试器程序。如果需要调试器程序,则只能使用远程测试的方法,通过串口和操作系统中内置的“调试桩”通信,完成调试工作。“调试桩”就是调试服务器,比如,Linux操作系统内核调试可以首先在Linux内核中设置一个“调试桩”,用做调试过程中和主机之间的通信服务器。然后在主机中使用调试器的串口和“调试桩”进行通信。当通信建立完成后,便可以由调试器控制被调试主机操作系统内核的运行。

当然,调试并不一定需要调试器,有时候使用打印信息的方法也很有用。用户可以规定开发板上LED的排列,通过LED报告出错的情况来判断程序出错的位置。

b. 应用程序的调试。应用程序的调试可以使用本地调试器和远程调试器两种方法。本地调试就是将需要的调试器移植到系统中,直接在目标板上运行调试器调试应用程序。当然也可以使用远程调试,只需要移植一个调试器到目标系统中就可以。由于系统资源有限,而调试器一般需要占用资源较多,所以使用远程调试比较合适。

使用远程调试器调试应用程序可以采用多种通信方式。一般情况下使用串口,有时还会使用以太网。

2.2.4 ADS编译器与AXD调试器

1. ADS编译器

ADS的英文全称为ARM Developer Suite,是ARM公司推出的新一代ARM集成开发工具,用来取代 ARM 公司以前推出的开发工具 SDT。目前,ARM ADS 的推荐版本为 1.3 可以支持 ARM10 之前的所有 ARM 系列微控制器。ADS 起源于 ARM SDT,对一些 SDT 的模块进行了增强并替换了一些 SDT 的组成部分,例如,ADS 使用 Codewarrior IDE 集成开发环境替代了 SDT 的 APM,使用 AXD 替换了 ADW,现代集成开发环境的一些基本特性如源文件编辑器语法高亮度显示、窗口驻留程序执行等功能均在 ADS 中得以实现。

(1)ADS 集成开发环境介绍。

ADS 支持几乎所有的 ARM 系列处理器,包括最新的 ARM9E 和 ARM10,除了 SDT 支持的运行操作系统外,还可以在 Windows 2000/Me 以及 RedHat Linux 上运行。ADS 软件本身由代码生成工具、ARM 实时库、GUI 开发环境(Codewarrior 和 AXD)、实用程序软件开发包(源代码)和支持软件组成,其各部分的组成及功能见表 2.5。

表 2.5　ADS 软件的组成及功能

名　称	描　述	功　能
代码生成工具	ARM 汇编器 ARM 的 C、C++编译器 Thumb 的 C、C++编译器 ARM 连接器	由 Codewarrior IDE 调用把 C 语言或汇编语言写的源代码编译成目标文件,然后链接成一个可执行文件
集成开发环境 Codewarrior IDE	工程管理	源代码编辑、编译、链接
指令模拟器	ARMulator	由 AXD 调用,对源代码进行纯软件的调试
调试器	由 AXD,ADW/ADU 和 armsd 等组成	由 CodewarriorIDE 调用,进行在线硬件、软件的仿真调试
ARM 开发包	一些底层的例程和实用程序	由 CodewarriorIDE 调用,用户可参考这些例子和源代码,以便在此基础上进行开发
ARM 应用库	C,C++函数库以及一些头文件	在用户的程序中调用

①代码生成工具(Code Generation Tools)。

代码生成工具由源程序编译、汇编、链接工具集组成。这些工具完成将源代码编译、链接成可执行代码的功能。ADS 提供下面的命令行开发工具:

armcc:是 ARM C 编译器。这个编译器通过了 Plum Hall C Validation Suite 为 ANSI C 的一致性测试。armcc 用于将用 ANSI C 编写的程序编译成32 位 ARM 指令代码。因为 armcc 是我们最常用的编译器,所以对此作一个详细的介绍。

在命令控制台环境下,输入命令:armcc-help 可以查看 armcc 的语法格式以及最常用的一些操作选项。

armcc 最基本的用法为:armcc [options] file1 file2...file*n*

这里的 options 是编译器所需要的选项, fiel1,file2,…,file*n* 是相关的文件名。

一些最常用的操作选项:

-c:表示只进行编译不链接文件。

-C:(注意:这是大写的 C)禁止预编译器将注释行移走。

-D<symbol>:定义预处理宏,相当于在源程序开头使用了宏定义语句#define symbol,这里 symbol 默认为 1;。

-E:仅仅是对C源代码进行预处理就停止。

-g<options>:指定是否在生成的目标文件中包含调试信息表。

-I<directory>:将directory所指的路径添加到#include的搜索路径列表中去。

-J<directory>:用directory所指的路径代替默认的对#include的搜索路径。

-o<file>:指定编译器最终生成的输出文件名。

-O0:不优化。

-O1:是控制代码优化的编译选项,大写字母O后面跟的数字不同,表示的优化级别就不同,-O1关闭了影响调试结果的优化功能。

-O2:该优化级别提供了最大的优化功能。

-S:对源程序进行预处理和编译,自动生成汇编文件而不是目标文件。

-U<symbol>:取消预处理宏名,相当于在源文件开头,使用语句#undef symbol。

-W<options>:关闭所有的或被选择的警告信息。

有关更详细的选项说明,读者可查看ADS软件的在线帮助文件。

b. armcpp:是ARM C++编译器。它将ISO C++或EC++编译成32位ARM指令代码。

c. tcc:是Thumb C编译器。该编译器通过了Plum Hall C Validation Suite为ANSI一致性的测试。tcc将ANSI C源代码编译成16位的Thumb指令代码。

d. tcpp:是Thumb C++编译器。它将ISO C++和EC++源码编译成16位Thumb指令代码。

e. armasm:是ARM和Thumb的汇编器。它对用ARM汇编语言和Thumb汇编语言写的源代码进行汇编。

f. armlink:是ARM链接器。该命令既可以将编译得到的一个或多个目标文件和相关的一个或多个库文件进行链接,生成一个可执行文件,也可以将多个目标文件部分链接成一个目标文件,以供进一步的链接。ARM链接器生成的是ELF格式的可执行映象文件。

g. armsd:是ARM和Thumb的符号调试器。它能够进行源码级的程序调试。

用户可以在用C或汇编语言写的代码中进行单步调试、设置断点、查看变量值和内存单元的内容。

②CodeWarrior集成开发环境(CodeWarrior IDE)。

CodeWarrior for ARM是一套完整的集成开发工具,充分发挥了ARM RISC的优势,使产品开发人员能够很好地应用尖端的片上系统技术。该工具是专为基于ARM RISC的处理器而设计的,它可加速并简化嵌入式开发过程中的每一个环节,使得开发人员只需通过一个集成软件开发环境就能研制出ARM产品,在整个开发周期中,开发人员无需离开CodeWarrior开发环境,因此节省了在操作工具上花费的时间,使得开发人员有更多的精力投入到代码编写上来。CodeWarrior集成开发环境为管理和开发项目提供了简单、多样化的图形用户界面。用户可以使用ADS的CodeWarrior IDE为ARM和Thumb处理器开发用C,C++或ARM汇编语言的程序代码。CodeWarrior IDE通过提供下面的功能,缩短了用户开发项目代码的周期。

a. 全面的项目管理功能。

b. 子函数的代码导航功能,使得用户迅速找到程序中的子函数。

CodeWarrior IDE可以为ARM配置上述的各种命令工具,实现对工程代码的编译、汇编和链接。

在CodeWarrior IDE中所涉及的Target有两种不同的语义:

a. 目标系统(Target System):是特指代码要运行的环境,是基于 ARM 的硬件。比如,要为 ARM 开发板上编写要运行在它上面的程序,这个开发板就是目标系统。

b. 生成目标(Build Target):是指用于生成特定的目标文件的选项设置(包括汇编选项、编译选项、链接选项以及链接后的处理选项)和所用的文件的集合。

CodeWarrior IDE 能够让用户将源代码文件、库文件还有其他相关的文件以及配置设置等放在一个工程中。每个工程可以创建和管理生成目标设置的多个配置。例如,要编译一个包含调试信息的生成目标和一个基于 ARM7TDMI 的硬件优化生成目标,生成目标可以在同一个工程中共享文件,同时使用各自的设置。

CodeWarrior IDE 为用户提供下面的功能:

a. 源代码编辑器。它集成在 CodeWarrior IDE 的浏览器中,能够根据语法格式使用不同的颜色显示代码。

b. 源代码浏览器。它保存了在源码中定义的所有符号,能够使用户在源码中快速方便的跳转。

c. 查找和替换功能。用户可以在多个文件中利用字符串、通配符进行字符串的搜索和替换。

d. 文件比较功能。可以使用用户比较路径中的不同文本文件的内容。

ADS 的 CodeWarrior IDE 是基于 Metrowerks CodeWarrior IDE 4.2 版本的。它经过适当的裁剪以支持 ADS 工具链。

针对 ARM 的配置面板为用户提供了在 CodeWarrior IDE 集成环境下配置各种 ARM 开发工具的能力,这样用户可以不用在命令控制台下就能够使用上述介绍的各种命令。

以 ARM 为目标平台的工程创建向导,可以使用户以此为基础,快速创建 ARM 和 Thumb 工程。尽管大多数的 ARM 工具链已经集成在 CodeWarrior IDE,但是仍有许多功能在该集成环境中没有实现,这些功能大多数是和调试相关的,因为 ARM 的调试器没有集成到 CodeWarrior IDE 中。

由于 ARM 调试器没有集成在 CodeWarrior IDE 中,这就意味着用户不能在 CodeWarrior IDE 中进行断点调试和查看变量。对于熟悉 CodeWarrior IDE 的用户会发现,有许多功能已经从 CodeWarrior IDE For ARM 中移走,如快速应用程序开发模板等。

在 CodeWarrior IDE For ARM 中有很多菜单或子菜单是不能使用的。下面介绍一下这些不能使用的选项:

a. View 菜单下不能使用的菜单选项有:Processes,Expressions,Global Variable,Breakpoints,Registers。

b. Project 菜单中不能使用的菜单选项:Precompile 子菜单。因为 ARM 编译器不支持预编译的头文件。

c. Debug 菜单中没有一个子菜单是可以使用的。

d. Browser 菜单中不能使用的菜单选项:New Property,New Method 和 New Event Set。

e. Help menu 中不能用于 ADS 的菜单选项有:CodeWarrior Help,Index、Search 和 Online Manuals。

③ADS 调试器。

调试器本身是一个软件,用户通过这个软件使用 debug agent 可以对包含有调试信息的正在运行的可执行代码进行比如变量的查看、断点的控制等调试操作。

ADS 中包含有 3 个调试器：

a. AXD(ARM eXtended Debugger)：ARM 扩展调试器。

b. ARMSD(ARM Symbolic Debugger)：ARM 符号调试器。

c. 与老版本兼容的 Windows 或 Unix 下的 ARM 调试工具，ADW/ADU(Application DebuggerWindows/Unix)。

调试映象文件中主要的功能模块有：

a. Debug target。

在软件开发的最初阶段，往往还没有具体的硬件设备承载运行。如果要测试所开发的软件是否达到了预期的效果，经常由软件仿真来实现。即使调试器和要测试的软件运行在同一台 PC 机上，也可以把目标当作一个独立的硬件来看待。

当然，也可以搭建一个 PC 板，这个板可以包含一个或多个处理器，以运行和调试应用软件。

只有当通过硬件或者是软件仿真所得到的结果达到了预期的效果，才算是完成了应用程序的编写工作。

调试器能够发送以下指令：装载映象文件到目标内存；启动或停止程序的执行；显示内存，寄存器或变量的值；允许用户改变存储的变量值。

b. Debug Agent。

Debug Agent 执行调试器发出的命令动作，比如，设置断点，从存储器中读数据，把数据写到存储器等。Debug agent 既不是被调试的程序，也不是调试器。在 ARM 体系中，它有以下产品：Multi-ICE(Multi-processor In-Circuit Emulator)，ARMulator 和 Angel。其中，Multi-ICE 是一个独立的产品，是 ARM 公司自己的 JTAG 在线仿真器，不是由 ADS 提供的。

AXD 可以在 Windows 和 UNIX 下进行程序的调试。它为用 C，C++和汇编语言编写的源代码提供了一个全面的 Windows 和 UNIX 环境。

④实用程序。

ADS 提供了以下的实用工具来配合前面介绍的命令行开发工具的使用。

a. fromELF。

这是 ARM 映象文件转换工具。该命令将 ELF 格式的文件作为输入文件，将该格式转换为各种输出格式的文件，包括 Plain Binary(BIN 格式映象文件)，Motorola 32-bit S-record format(Motorola 32 位 S 格式映象文件)，Intel Hex 32 format(Intel 32 位格式映象文件)和 Verilog-like hex format(Verilog 16 进制文件)。FromELF 命令也能够为输入映象文件产生文本信息，如代码和数据长度。

b. armar。

ARM 库函数生成器，它将一系列 ELF 格式的目标文件以库函数的形式集合在一起，用户可以把一个库传递给一个链接器以代替几个 ELF 文件。

c. Flash downloader。

它用于把二进制映象文件下载到 ARM 开发板上的 Flash 存储器。

⑤ 支持的软件

ADS 为用户提供下面的软件，使用户可以在软件仿真的环境下或者在基于 ARM 的硬件环境中调试应用程序。

ARMulator 是一个 ARM 指令集仿真器，集成在 ARM 的调试器 AXD 中，它提供对 ARM 处理器的指令集的仿真，为 ARM 和 Thumb 提供精确的模拟，使用户可以在硬件尚未做好的情况下开发程序代码。

(2) ADS 工程的建立过程。

第一步：单击“开始”→“所有程序”→“ARM Developer Suite v1.2”，选择“CodeWarrior for ARM Developer Suite”，打开 codewarrior 界面(图 2.19)，再选择“File”→“New”，新建一个工程。

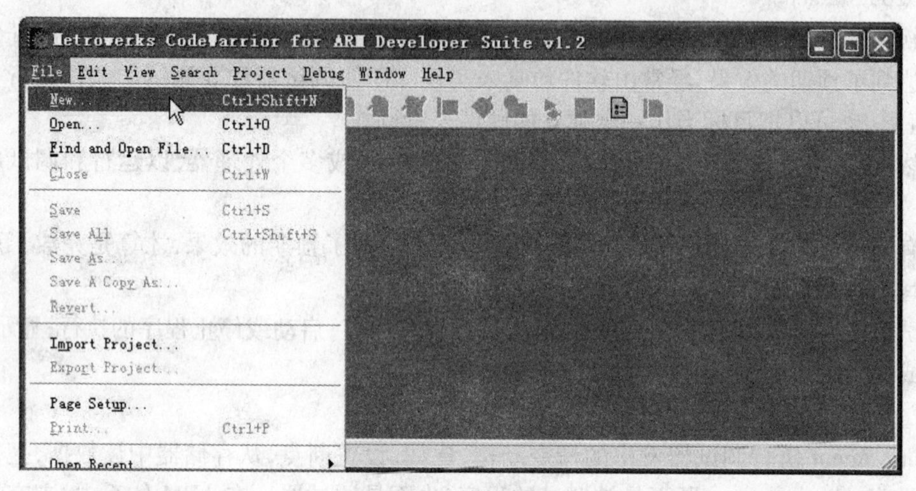

图 2.19　项目管理界面

第二步：在工程向导中选择“Project”选项卡，选择“ARM Executable Image”，并输入工程名，选择工程文件保存目录等(图 2.20)。

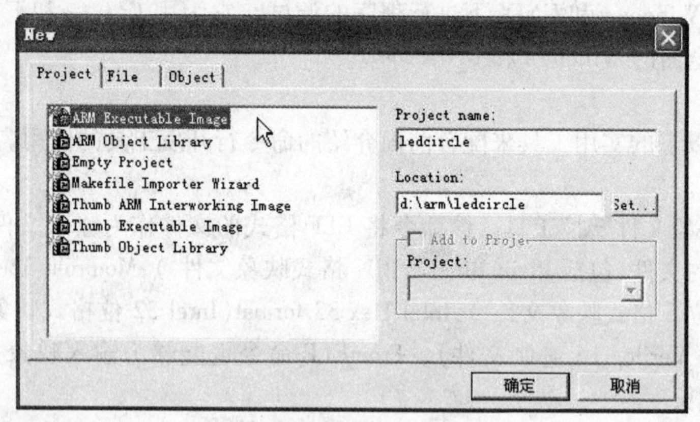

图 2.20　“New”对话框

第三步：选择“Targets”选项卡，再双击“DebugRel”，进入配置对话框，如图 2.21 所示。

第四步：在配置对话框中选择“ARM Linker”，在“RW base”中输入“0x10000”，单击“确定”，如图 2.22 所示。

第五步：建立好一个工程项目之后，接下来是新建一个源程序，单击“File”→“New”，选择“File”选项卡，在“File name”中输入文件名 test.s，选择“Add to Project”，在“Targets”选项中选

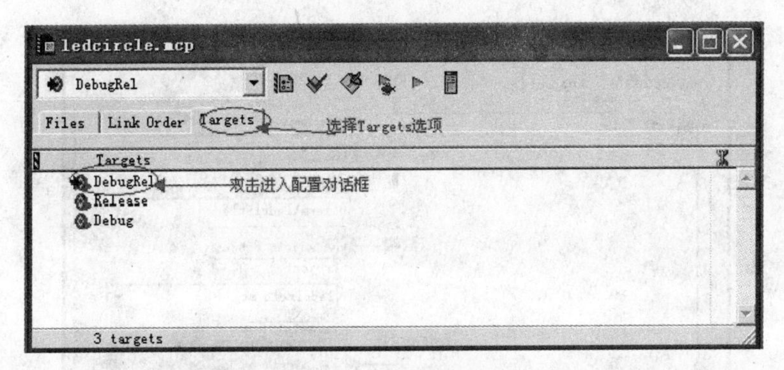

图 2.21　配置对话框

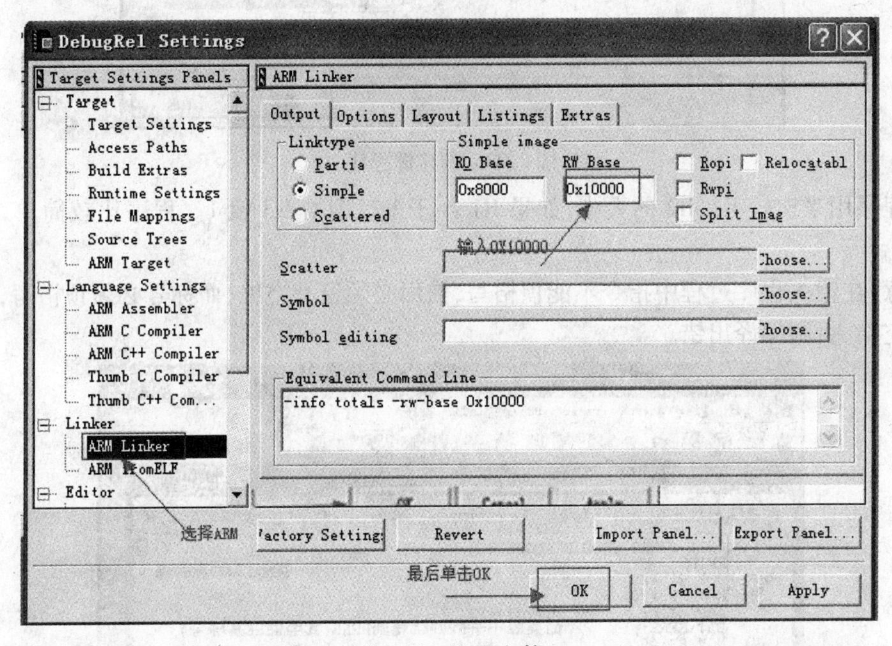

图 2.22　配置文件

择“Debug”,“DebugRel”,“Release”3 个选项后单击“确定”,如图 2.23 所示。

第六步:编写程序。

在 test. s 中输入如下程序,如图 2.24 所示。

```
    AREA MYPRO, CODE, READONLY
    ENTRY
    MOV R1,#20
    MOV R2,#30
    CMP R1,R2;                     //比较 R1 与 R2
    BLT HERE;                      //如果 R1 小于 R2,则跳转到 HERE(其中
                                   HERE 是标号)
     MOV R3,#0
HERE MOV R3,#1
     END
```

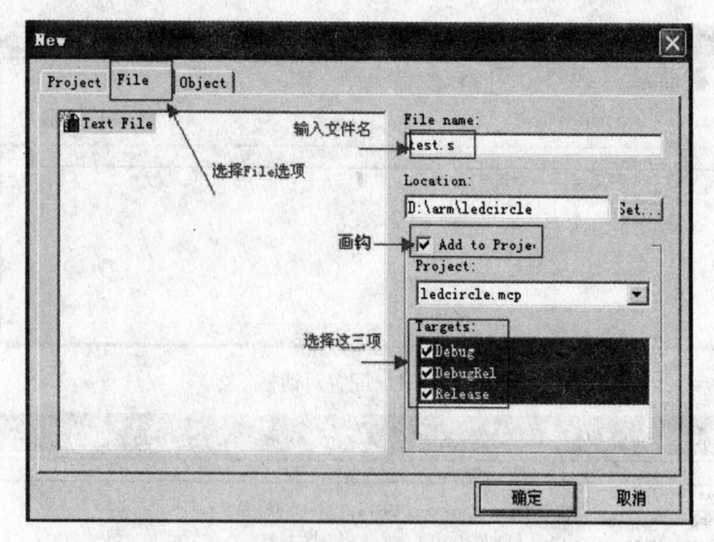

图 2.23　新建源程序

本程序用来比较 R1,R2 的大小,如果 R1 小于 R2,则给 R3 赋 1。程序比较简单,只是为了测试。

注意:在输入程序过程中指令不能顶格写,前面必须留有空格,而标号必须顶格写,前面不能留有空格,否则编译出错。

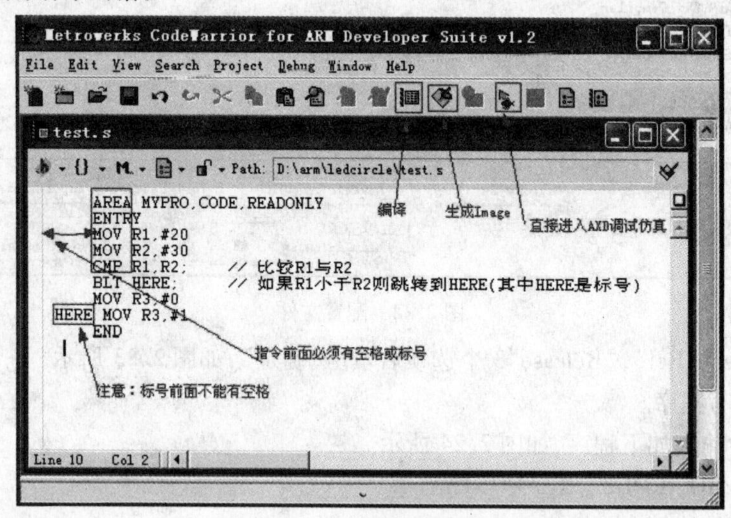

图 2.24　程序编写

第七步:编译仿真。

单击编译按钮"compile",编译通过后再单击"Make"生成 Image 文件,最后单击"Debug"按钮直接进入 AXD 进行仿真。(注:可以另外打开"AXD Debugger",再选择"load Image",选择"上一步",生成的 first. axf 也可以进入仿真)。进入 AXD 界面之后选择"step"单步执行程序,可以跟踪程序的运行顺序和寄存器值发生变化,如图 2.25 所示。

2. AXD 调试器

ADS 包含两个调试器:一个是 ARM 扩展调试器 AXD(ARM eXtended Debugger),另一个是 ARM 符号调试器 ARMSD(ARM Symbolic Debugger)。两个调试器用图形界面 GUI 的形式

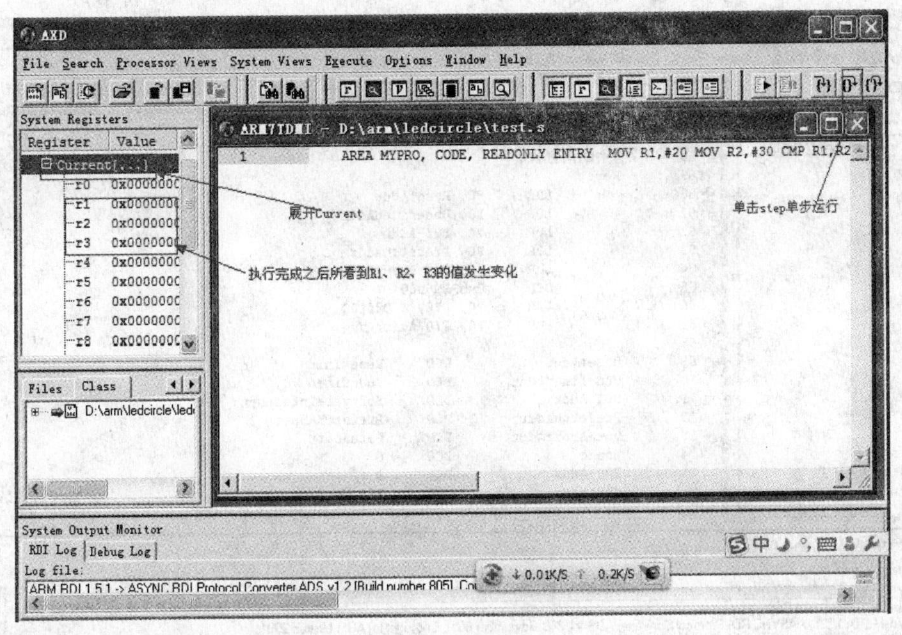

图 2.25　编译仿真

提供给用户使用,让用户能轻松、便捷地调试所开发的软件程序和硬件系统。AXD 中的调试手段是以 agent(代理)的形式提供的,Debug agent 执行调试器发出的命令动作。AXD 的功能如下:

①设置各种形式的断点。

②设置观察点。

③支持纯软件的调试。

④支持有硬件目标系统的调试。

⑤支持内存映射。

⑥支持已有的 ARM 核和未来的新的 ARM 核。

⑦保存调试期间的访问记录。

(1)工程调试。

图 2.26 所示为 AXD 调试器,当工程编译连接通过后,在工程窗口中点击“Debug”图标按钮,即可启动 AXD 进行调试(也可以通过“开始”菜单启动 AXD)。点击菜单“Options”,选择“Configure Target…”,即弹出“Choose Target”窗口,如图 2.27 所示。在没有添加其他仿真驱动程序前,Target 项中只有两项,分别为 ADP(JTAG 硬件仿真)和 ARMUL(软件仿真)。选择仿真驱动程序后,点击“File”选择“Load Image…”,加载 ELF 格式的可执行文件,即 *.axf 文件。注意:当工程编译连接通过后,在“工程名\工程名_Data\当前的生成目标”目录下就会生成一个 *.axf 调试文件。比如工程 TEST,当前的生成目标 Debug,编译连接通过后,则在…\TEST\TEST_Data\Debug 目录下生成 TEST.axf 文件。

(2)AXD 调试工具条。

①AXD 调试器的运行调试工具条如图 2.28 所示,主要有以下几种:全速运行(Go);停止运行(Stop);单步运行(Step In):与 Step 命令不同之处在于对函数调用语句,Step In 命令将进入该函数。单步运行(Step),每次执行一条语句,这时函数调用将被作为一条语句执行。单步

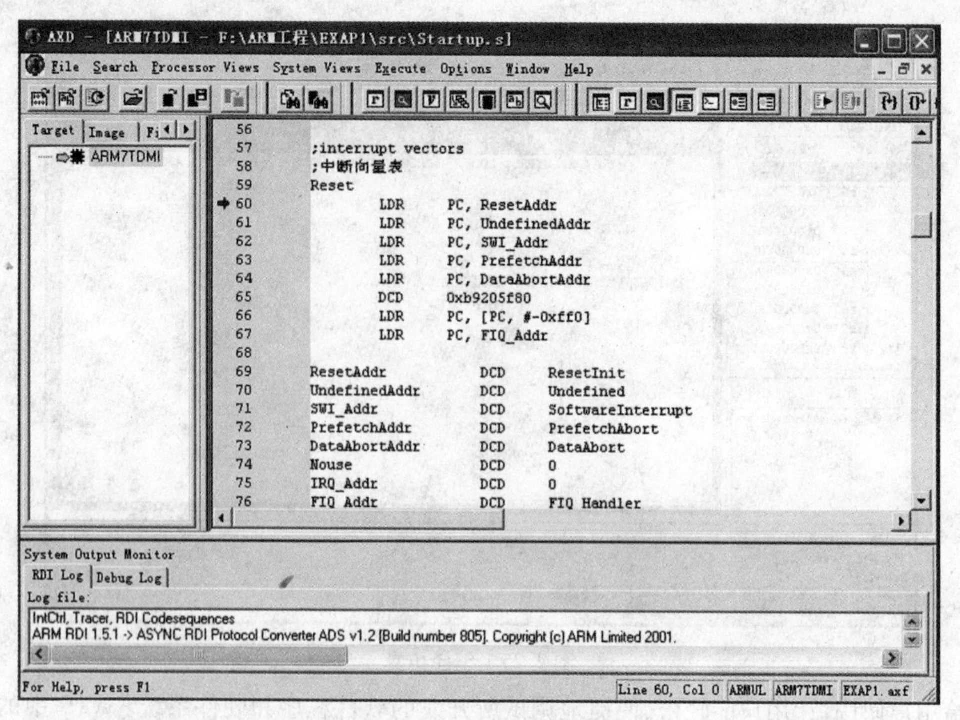

图 2.26　所示为 AXD 调试器

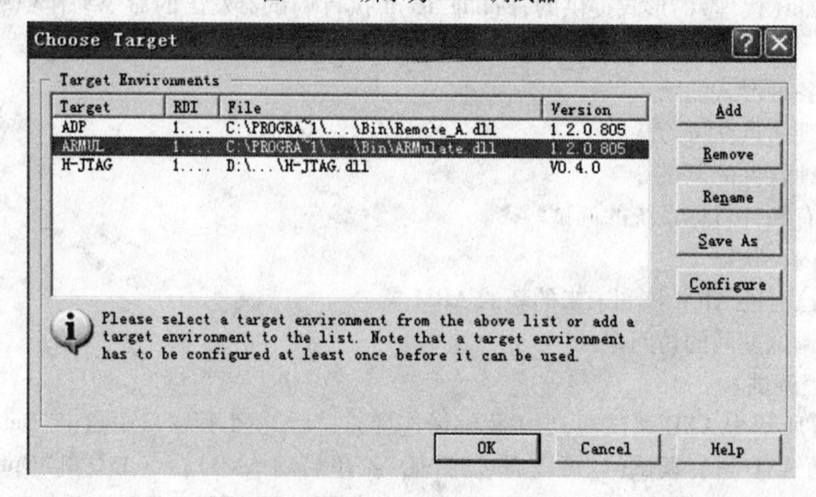

图 2.27　Choose Target 窗口

运行(Step Out),执行完当前被调用的函数,停止在函数调用的下一条语句。运行到光标(Run To Cursor),运行程序直到当前光标所在行时停止。设置断点(Toggle BreakPoint)。

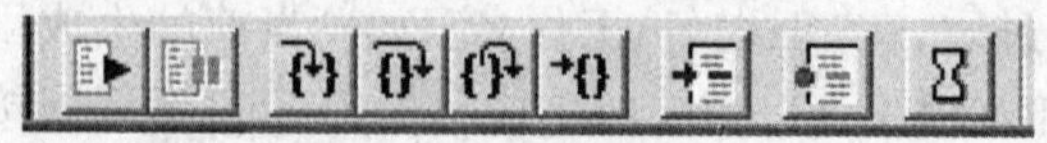

图 2.28　调试工具条

②调试观察窗口工具条如图 2.29 所示,主要有:打开寄存器窗口(Processor Registers);打开观察窗口(Processor Watch);打开变量观察窗口(Context Variable);打开存储器观察窗口(Memory);打开反汇编窗口(Disassembly)。

③文件操作工具条如图 2.30 所示,主要有:加载调试文件(Load Image);重新加载文件

图2.29　调试观察窗口工具条

(Reload Current Image)。由于AXD没有复位命令,所以通常使用Reload实现复位(直接更改PC寄存器为零也能实现复位)。

图2.30　文件操作工具条

2.3　DSP概述

DSP(Digital Signal Processor)是一种独特的微处理,是通过数字信号来处理大量信息的器件。其工作原理是,接收模拟信号,将其转换为0或1的数字信号,再对数字信号进行修改、删除、强化等处理,并在其他系统芯片中把数字数据解译回模拟数据或实际环境格式。它不仅具有可编程性,而且其实时运行速度可达每秒数以千万条复杂指令程序,远远超过通用微处理器,是数字化电子领域日益重要的计算机芯片。它的强大数据处理能力和高运行速度,是最值得称道的两大特色。

DSP芯片的内部采用程序和数据分开的哈弗结构,具有专门的硬件乘法器,广泛采用流水线操作,提供特殊的DSP指令,可以用来快速地实现各种数字信号处理。

2.3.1　DSP芯片及常用算法概述

1. DSP芯片概述

(1)DSP芯片的发展。

世界上第一个单片DSP芯片是1978年AMI公司宣布的S2811,1979年美国Intel公司发布的商用可编程器件2920是DSP芯片的一个主要里程碑。这两种芯片内部都没有现代DSP芯片所必需的单周期芯片。1980年,日本NEC公司推出的μPD7720是第一个具有乘法器的商用DSP芯片。第一个采用CMOS工艺生产浮点DSP芯片的是日本的Hitachi公司,它于1982年推出了浮点DSP芯片。1983年,日本的Fujitsu公司推出了MB8764,其指令周期为120 ns,且具有双内部总线,从而使处理的吞吐量发生了较大的飞跃。而第一个高性能的浮点DSP芯片则是AT&T公司于1984年推出的DSP32。

在这么多的DSP芯片种类中,最成功的是美国德克萨斯仪器公司(Texas Instruments,简称TI)的一系列产品。TI公司1982年成功推出启迪一代DSP芯片TMS32010及其系列产品TMS32011,TMS32C10/C14/C15/C16/C17等,之后相继推出了第二代DSP芯片TMS32020,TMS320C25/C26/C28,第三代DSP芯片TMS32C30/C31/C32,第四代DSP芯片TMS32C40/C44,第五代DSP芯片TMS32C50/C51/C52/C53以及集多个DSP于一体的高性能DSP芯片TMS32C80/C82等。

自1980年以来,DSP芯片得到了突飞猛进的发展,DSP芯片的应用越来越广泛。从运算速度来看,MAC(一次乘法和一次加法)时间已经从20世纪80年代初的400ns(如TMS32010)降低到40 ns(如TMS32C40),处理速度提高了10多倍。DSP芯片内部关键的乘法器部件从

1980 年的占模区的 40 左右下降到 5 以下,片内 RAM 增加了一个数量级以上。从制造工艺来看,1980 年采用 4 μm 的 N 沟道 MOS 工艺,而现在则普遍采用亚微米 CMOS 工艺。DSP 芯片的引脚数量从 1980 年的最多 64 个增加到现在的 200 个以上,引脚数量的增加,意味着结构灵活性的增加。此外,随着 DSP 芯片的发展,使 DSP 系统的成本、体积、质量和功耗都有很大程度的下降。

(2)DSP 芯片的分类。

①按基础特性分类。

这种分类是依据 DSP 芯片的工作时钟和指令类型进行的。DSP 芯片可分为静态 DSP 芯片和一致性 DSP 芯片。如果 DSP 芯片在某时钟频率范围内的任何时钟频率上都能正常工作,除计算速度有变化外,没有性能下降,这种 DSP 芯片被称为静态 DSP 芯片。例如,日本 OKI 公司的 DSP 芯片。

如果有两种或两种以上的 DSP 芯片,它们的指令集和相应的机器代码及管脚结构相互兼容,则这类 DSP 芯片被称之为一致性的 DSP 芯片。例如,TI 公司的 TMS320C54X。

②按用途分类。

按照用途,可将 DSP 芯片分为通用型和专用型两大类。通用型 DSP 芯片一般是指可以用指令编程的 DSP 芯片,适用于普通的 DSP 应用,具有可编程性和强大的处理能力,可完成复杂的数字信号处理的算法。专用型 DSP 芯片,是为特定的 DSP 运算而设计,通常只针对某一种应用,相应的算法由内部硬件电路实现,适合于数字滤波、快速傅里叶变换(Fast Fourier Transformation,FFT)、卷积和相关算法等特殊的运算。采用型 DSP 芯片主要用于要求信号处理速度极快的特殊场合。例如,Motorola 公司的 DSP56200、Inmos 公司的 IMSA100 等就属于专用型的 DSP 芯片。

③按数据格式分类。

根据芯片工作的数据格式,按其精度或动态范围,可将通用 DSP 划分为定点 DSP 和浮点 DSP 两类。数据以定点格式工作的称之为定点 DSP 芯片,例如,TI 公司的 TMS320C1X/C2X,TMS320C54X/C62XX。数据以浮点格式工作的称之为浮点 DSP 芯片。不同的浮点 DSP 芯片所采用的浮点格式有所不同,有的 DSP 芯片采用自定义的浮点格式,有的 DSP 芯片则采用 IEEE 的标准浮点格式,例如,AD 公司的 ADSP21XXX 系列。

(3)DSP 芯片的特点。

DSP 芯片也称数字信号处理器,是一种特别适合于进行数字信号处理的微处理器,其主要应用于需要实时快速地实现各种数字信号处理算法的场合。根据数字信号处理的要求,DSP 芯片一般具有如下主要特点:

①在一个指令周期内可完成一次乘法和一次加法。

②程序和数据空间分开,可以同时访问指令和数据。

③片内具有快速 RAM,通常可通过独立的数据总线在两块中同时访问。

④具有低开销或无开销循环及跳转的硬件支持。

⑤快速的中断处理和硬件 I/O 支持。

⑥具有在单周期内操作的多个硬件地址产生器。

⑦可以并行执行多个操作。

⑧支持流水线操作,使取指、译码和执行等操作可以重叠执行。

当然,与通用微处理器相比,DSP芯片的其他通用功能相对较弱些。

(4)DSP芯片的基本结构。

芯片的基本结构如下:

①哈弗结构。

哈佛结构的主要特点是将程序和数据存储在不同的存储空间中,即程序存储器和数据存储器是两个相互独立的存储器,每个存储器独立编址,独立访问。与两个存储器相对应的是系统中设置了程序总线和数据总线,从而使数据的吞吐率提高了一倍。在哈佛结构中,由于程序和数据在两个分开的空间中,因此取址和执行能完全重叠运行。

②流水线操作。

流水线操作与哈佛结构相关,DSP芯片广泛采用流水线以减少指令执行的时间,从而增强处理器的处理能力。处理器可以并行处理2~6条指令,每条指令处于流水线的不同阶段。图2.31所示为一个3级流水线操作的例子。

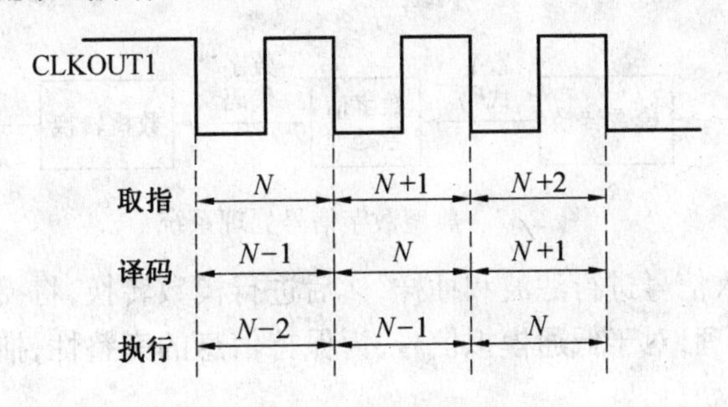

图2.31 3级流水线操作

在3级流水线操作中,取指、译码和执行操作可以独立地进行。在每个指令周期内,3个不同的指令均处于激活状态,每个指令处于不同的阶段。例如,在第N个指令取指时,前面$N-1$个指令正在译码,而第$N-2$个指令则正在执行。

③专用的硬件乘法器。

乘法速度越快,DSP处理器的性能越高。在TMS320系列中,由于具有专用的硬件乘法器,乘法可以在一个指令周期内完成。从最早的TMS320实现FIR的每个抽头需要一条乘法指令MPY:

LT:装乘数到T寄存器。

DMOV:在存储器中移动数据以实现延迟。

MPY:相乘。

APAC:将乘法结果加到ACC中。

首先,将乘数装入到乘法器电路(LT),移动数据(DMOV)以及将乘法结果(存在乘积寄存器P中)加到ACC中(APAC)。因此,若采用256抽头的FIR滤波器,这4条指令必须重复执行256次,且256次乘法必须在一个抽样间隔内完成。

④特殊的DSP指令。

专用乘法器中的DMOV就是一个特殊的DSP指令,它主要完成数据移位功能;在数字信号处理中,延迟操作很重要,这个延迟也由DMOV来完成。

⑤快速的指令周期。

哈佛结构、流水线操作、专用的硬件乘法器、特殊的 DSP 指令再加上集成电路的优化设计可使 DSP 芯片的指令周期在 200 ns 以下。快速的指令周期使得 DSP 芯片能够实现许多特别的 DSP 应用。

(5)DSP 应用系统。

图2.32 所示是一个典型的 DSP 系统,输入信号可以是数字信号或者图像信号。它由 5 大部分构成:

①抗混叠滤波器。滤除不满足采样定理的信号,通常是(模拟)低通滤波器。

②模拟数字转换。模拟信号转换成数字信号。

③数字信号处理。对信号进行转换(变换)。

④数模转换。数字信号转换成模拟信号。

⑤抗镜像滤波器。滤除信号中的附加频率(平滑信号),通常是(模拟)低通滤波器。

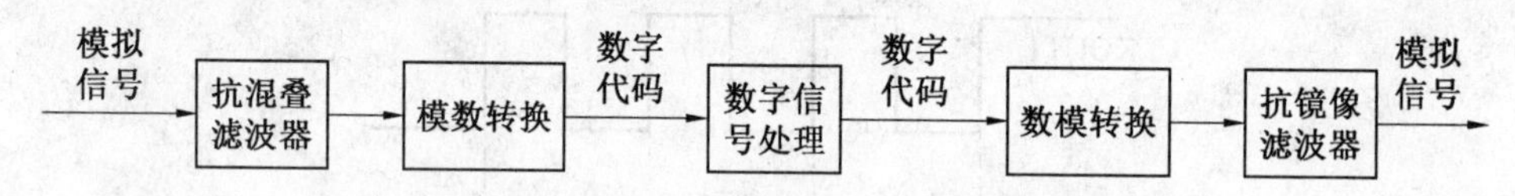

图 2.32　典型数字信号处理系统

一般地,首先对输入信号进行滤波和抽样,然后进行模数转换,将模拟信号变换成数字比特流。根据奈奎斯特定理,对于低通模拟信号,为保持信息的完整性,抽样频率至少是输入信号频率的 2 倍。

DSP 芯片输入的是 A/D 变化后的数字信号,DSP 再对输入信号经过一系列的处理,如进行一些累加的操作。在交换系统中,处理器的作用是进行路由选择,但是它并不对输入的数据进行修改。最后,经过处理的数字信号再经过 D/A 变换为模拟信号,之后再进行平滑滤波就可以得到连续的模拟波形。

2. DSP 的算法

(1)DSP 芯片的定点算法。

①定点的概念。

在 DSP 芯片中采用定点数进行数值运算,其操作数一般采用整型数来表示。一个整型数的最大表示范围取决于 DSP 芯片所给定的字长。一般为 16 位或者 24 位。当然,字长越长,所能表示的数的范围就越大,精度也就越高。

DSP 芯片的数以 2 的补码形式表示。每个 16 位数用一个符号位来表示数的正负(0 表示的数值为正,1 则表示数值为负),其余的 15 位数表示数值的大小。因此:

二进制数 0010000000000011b=8195

二进制数 1111111111111100b=-4

对 DSP 芯片而言,参与数值运算的数就是 16 位的整型数。但在许多情况下,数学运算过程中的数不一定都是整数。那么,DSP 芯片是如何处理小数的呢?应该说,DSP 芯片本身无能为力,这其中的关键就是由程序员来确定一个数的小数点处于 16 位中的哪一位。这就是数的定标。

通过设定小数点在 16 位数中的不同位置,就可以表示不同大小和不同精度的小数了。例如：

16进制数2000H=8192，用Q0表示。

16进制数2000H=0.25，则用Q15表示。

这就是通常的定标Q展示法，但对于DSP芯片来说，处理方法是完全相同的。

不同Q值所表示的数不仅范围不同，而且精度也不同。Q值越大，数值范围越小，精度越高；相反，Q值越小，数值范围越大，但精度就越低。如Q0的数值范围是-32 768～+32 767，精度为1；而Q15的数值范围为-1到0.999 969 5，精度为1/327 68≈0.000 030 51。

②溢出及处理。

由于定点的表示范围是一定的，因此在进行定点数的加法或者减法时，其结果就有可能超出数值的表示范围，这种情况称为溢出。如果结果大于最大值，称为上溢出；如果结果小于最小值，称为下溢出。在一般情况下，上溢和下溢统称为溢出。

在进行定点运算时，必须考虑溢出情况。因为，如果忽视溢出情况，就有可能导致错误的结果。例如，两个16位的有符号数 x 和 y 相加，结果也是16位有符号数表示，则：

x=32766d=0111111111111110b

y=3d=0000000000000011b

$x+y$=32766+3=1000000000000001 b=-32767

显然，x 与 y 相加的结果出现了错误，超过了表示的范围，在不采取溢出保护措施的情况下，其结果变成了-32 767。

为了避免这种情况的发生，DSP芯片可以设置溢出保护功能。在溢出保护功能设置后，当发生溢出时，DSP自动将结果设置成最大值或者最小值，即当发生上溢时，结果溢出为最大值；当发生下溢时，则结果溢出保护为最小值。

③定点运算实现的基本原理。

定点DSP芯片的数值表示基于2的补码表示形式。虽然特殊情况必须使用混合表示法，但是，更通常的是全部以Q15格式表示的小数或以Q0表示的整数来工作。这一点对于主要是乘法和累加的信号处理特别现实，小数乘以小数得小数，整数乘以整数得整数。当然，累加器可能会出现溢出现象，在这种情况下，程序员应当了解数学里面的物理过程以注意可能的溢出情况。下面以TMS320C24X来讨论乘法、加法和除法的DSP定点运算为例。

a.定点乘法。

2个定点数的乘法可分为下列3种。

(a)小数乘小数。

Q15×Q15=Q30

【例2.1】 0.5×0.5=0.25

```
      0.100000000000000;Q15
×     0.100000000000000;Q15
------------------------------------------------
     00.010000000000000000000000000000=0.25;Q30
```

两个Q15的数相乘后得到了一个Q30的小数，即有2个符号位。在一般情况下，相乘后所得到的满精度数不必全部保留，只需保留16位单精度数。由于相乘后得到的高16位不满15位的小数精度，为了达到15位精度，可以将乘积左移1位。下面是TMS320C24X程序：

```
LT        OP1       ;OP1=4000H(0.5/Q15)
MPY       OP2       ;OP2=4000H(0.5/Q15)
PAC
SACH      ANS,1     ;ANS=2000H(0.5/Q15)
```

(b)整数乘整数。

Q0×Q0=Q0

【例 2.2】 17×(-5)=-85

```
      0000000000010001=17
×     1111111111111011=-5
----------------------------------------
      11111111111111111111111110101011=-85
```

(c)混合表示法。

有的运算过程为了既满足数值的动态范围又保证一定的精度,就必须采用 Q0 与 Q15 的表示方法。比如,数值 1.2345,显然 Q15 无法表示,如果用 Q0 表示,则最接近的数是 1,精度无法保证。因此,数 1.2345 的最佳表示法是 Q14。

【例 2.3】 1.5×0.75=1.125

```
      01.10000000000000=1.5;Q14
×     00.11000000000000=0.75;Q14
----------------------------------------
      0001.0010000000000000000000000000=1.125;Q28
```

Q14 的最大值不大于 2,因此,两个 Q14 数相乘得到的乘积不大于 4。

TMS320C24X 程序如下:

```
LT        OP1       ;OP1=6000H(1.5/Q14)
MPY       OP2       ;OP2=3000H(0.75/Q14)
PAC
SACH      ANS,1     ;ANS=2400H(1.125/Q13)
```

b.定点加法。

乘法的过程可以不考虑溢出而只需要调整运算中的小数点。而加法则是一个更为复杂的过程。首先,加法运算必须运用相同的 Q 点表示,其次,程序员或者允许其结果有足够的高位以适应位的增长,或者必须准备解决溢出问题。如果操作数仅为 16 位长,其结果可用双精度数表示。下面举例说明 16 位数相加的两种途径。

保留 32 位结果:

```
LAC       OP1       ;(Q15)
ADD       OP2       ;(Q15)
SACH      ANSHI     ;(高 16 位结果)
SACL      ANSLO     ;(低 16 位结果)
```

调整小数点,保留 16 位结果:

```
LAC       OP1,15    ;(Q14 数用 ACCH 表示)
```

```
ADD        OP2,15      ;(Q14 数用 ACCH 表示)
SACH       ANS         ;(Q13)
```

运算结果最可能出现的问题是运算结果溢出。DSP 一般都提供检查溢出标志,此外,使用保护功能可使累加结果溢出时累加器饱和为绝对值最大的正数或负数。当然,即使如此,运算精度还是大大降低。因此,最好的方法是完全理解基本的物理过程并注意选择数的表示方式。

c. 定点除法。

在通用的 DSP 芯片中,一般不采用单周期的除法指令,因此必须采用除法子程序来实现。二进制除法是乘法的逆运算。乘法包括一系列的移位和加法,而除法可分解为一系列的减法和移位。下面我们来说明除法的实现过程。

设累加器为 8 位,且除法运算为 10 除以 3。除的过程就是除数逐步移位并与被除数比较的过程,在每一步进行减法运算,如果能减则将位插入商中。

除数的最低有效位对齐被除数的最高有效位。

```
    00001010
-   00011000
------------
    11110010
```

由于减法结果为负,放弃减法结果,将被除数左移一位,再减。

```
    00010100
-   00011000
------------
    11111100
```

结果仍为负,放弃减法结果,将除数左移一位,再减。

```
    00101000
-   00011000
------------
    00010000
```

结果为正,将减法结果左移一位后加 1,做最后一次减。

```
    00100001
-   00011000
------------
    00001001
```

结果为正,将结果左移一位加 1 得最后结果为 00010011。高 4 位代表余数,低 4 位表示商。

即商为 0011=3,余数为 0001=1。

(2)DSP 芯片的浮点算法。

①浮点数的格式。

一个浮点数 X 可以表示为指数和尾数的形式:

$$X=m\times 2^{e}$$

式中,e 称为指数;m 称为尾数。尾数通常用归一化数表示,可以分为符号(s)和分数(f)两部分。

在二进制中,符号用 1 位表示。由于表示尾数和分数的位数不同,可以分为不同精度的浮点数格式,如 IEEE 定义的单精度浮点格式、IEEE 双精度浮点格式等。即使是同一种精度的浮点格式,由于尾数域、符号域和指数域的位置不同,表示的浮点格式也不同,如 IEEE 单精度浮点格式和 TMS320C3X 单精度浮点格式是不一样的。

②浮点乘法和浮点加法。

浮点 DSP 芯片一般都提供单周期的浮点乘法和加减法。下面我们简单地介绍浮点乘法和浮点加减法的操作过程。

设两个浮点数 x_1 和 x_2 分别表示为

$$x_1 = m_1 \times 2^{e_1}$$

$$x_2 = m_2 \times 2^{e_2}$$

式中,m_1 和 m_2 分别是 x_1 和 x_2 的尾数;e_1 和 e_2 分别是 x_1 和 x_2 的指数。

x_1 和 x_2 相乘包括以下几个过程:①尾数相乘;②指数相加;③对得到的成绩进行归一化和特殊情况处理。

浮点数的加法和减法的原理是一样的。与乘法相比,加减法的过程稍微复杂些,首先要对指数小的数按指数大的数进行归正。设 $e_1 > e_2$,需要对 x_2 进行如下归正:

$$x_2 = m_2 \times 2^{-(e_1-e_2)} \times 2^{e_1}$$

然后进行如下运算:

$$x_3 = [m_1 \pm m_2 \times 2^{-(e_1-e_2)}]\ 2^{e_1}$$

如果 $e_1 < e_2$,则需要对 x_1 进行归正,其方法是完全一样的。

③ 浮点除法。

实现浮点 DSP 芯片的除法可以采用近似迭代的方法来实现。先实现浮点数的倒数,然后用被除数乘以除数的倒数来实现浮点的除法。

设 $z=x/y$,如果先求得 y 的倒数 $1/y$,则将 x 乘以 y 的倒数,即可求得 x/y。求 y 的倒数的迭代方法为:

$$E[i] = e[i-1] \times (2.0 - ye[i-1])$$

采用这个迭代法公式需要一个初始值 $e[0]$,设 $y=m\times 2^{-e}$,则 $e[0]$ 得一个较好的估值为:

$$e[0] = 1.0 \times 2^{-e-1}$$

2.3.2 DSP 的特点及应用

1. DSP 的特点

数字信号处理系统是以数字信号处理为基础,因此具有数字处理的全部特点。

(1)精度高。

模拟网络中元件(如 R,L,C 等)精度很难达到 10^{-3} 以上,所以由模拟网络组成的系统的精度要达到 10^{-3} 以上就显得非常困难。而数字系统 17 位字长的精度就可以达到 10^{-3},因此,如果使用 DSP 和 D/A 来替代系统中的模拟网络,则可有效地提高系统的整体精度。在一些高精度的系统中,有时甚至只有采用数字技术才可达到精度要求。如在雷达技术中的脉冲压缩,要求正、副瓣之比达到35 dB或40 dB,在理论上是可行的,但在采用模拟滤波时,由于元精度的限制,只能达到30 dB左右。而如果采用数字脉冲,取$\tau = 500\ \mu s$,压缩比$D = 210 = 1\ 024$,用8位模数转换器时,其正副瓣之比就可达到40 dB,且动态范围可达到60 dB。

(2)可靠性强。

这是由数字电路的特点决定的。由于数字系统只有两个电平"1"和"0",在正常的工作条件下,噪声及环境一般不容易影响结果的正确性与准确性,不像模拟系统的参数都有一定的温度系数,易受温度影响,电磁振动、压力等外界环境也会对参数产生影响。所有这些影响都会导致精度下降,甚至导致系统不能正常工作。另外,由于DSP系统对采用大规模集成电路的故障率也远比采用分立元件构成的模拟系统的故障率低。

(3)集成度高。

在一些对体积要求较小(如计算机、笔记本电脑、航空航天等)的场合,高集成度的数字电路将不可缺少。由于数字部件具有高度的规范性,便于大规模集成、大规模生产,且数字电路主要工作在截止饱和状态,对电路参数要求不严格,因此产品的成品率高,价格日趋下降。而模拟部件的集成化虽然在近几年取得了很大的进展,但尚未达到广泛应用的水平。在DSP系统中,由于DSP芯片、CPLD、FPGA等都是高集成度的产品,加上采用表面贴装技术,体积得以大幅度压缩。另外,在系统开发完成之后,还可以将产品进一步开发成ASIC芯片,进一步压缩体积,降低成本。

(4)接口方便。

随着科学技术的发展,人们所能控制的系统变得越来越复杂。要想实现方便的系统集成,接口设计是关键问题。21世纪,数字化将是最重要的特征之一。由于DSP系统与其他以现代集成技术为基础的系统或设备都是相互兼容的,与这样的系统接口将比模拟系统接口方便得多。这也正是接口与通信的重要性的体现。

(5)灵活性好。

由于DSP芯片及其中的FPGA,CPLD等都是可编程的(在线可编程或离线可编程),只要改变它们的软件,即可完成不同的功能。DSP系统不像模拟系统,不同的功能必须重新设计(虽然可编程模拟芯片最近几年也有所发展,但还都不实用)。同时,由于产品具有在线可编程能力,使得硬件更加简单。正由于这些优点,使用DSP系统大大地缩短了产品的开发周期。

(6)保密性好。

保密性要求也是高科技产品的一个重要要求。由于DSP系统的DSP,FPGA,CPLD等器件在保密性上的优越性能,使其与由分立元件组成的模拟系统或简单的数字系统相比,具有高度保密性,如果将其做成ASIC,那么保密性能几乎无懈可击。

当然,数字信号处理也存在一定的缺点。例如,对于简单的信号处理任务,如与模拟交换线的电话接口,若采用DSP则使成本增加。DSP系统中的高速时钟可能带来高频干扰和电磁泄漏等问题,而且DSP系统消耗的功率也较大。此外,DSP技术更新的速度快,数学知识要求多,开发和调试工具还不尽完善。

2. DSP的应用

德州仪器(TI)1982年推出通用可编程DSP芯片给DSP技术带来了决定数字技术未来的突破性应用。最初DSP只是一种专门为实时处理大量数据而设计的微处理器,但目前它已经在多种不同的领域取得了许多新的进展,其突出的优点已经使之在通信、语音、图像、雷达、生物医学、工业控制、仪器仪表等许多领域得到越来越广泛的应用，主要表现在：

(1)信号处理。如数字滤波、自适应滤波、快速傅里叶变换、相关运算、谱分析、卷积、模式匹配、加窗、波形产生等。

(2)通信。如调制解调器、自适应均衡、数据加密、数据压缩、回波抵消、多路复用、传真、扩频通信、纠错编码、可视电话等。

(3)自动控制。如工业控制、引擎控制、声控、自动驾驶、机器人控制、磁盘控制等。

(4)语音。如语音编码、语音合成、语音识别、语音增强、语音邮件、语音存储等。

(5)图形/图像。如三维和二维图形处理、图像压缩与传输、图像增强、动画、机器人视觉等。

(6)军事。如保密通信、雷达处理、声呐处理、导航、导弹制导等。

(7)仪器仪表。如频谱分析、函数产生、锁相环等。

(8)医疗。如助听、超声设备、诊断工具、病人监护等。

(9)家用电器。如高保真音响、音乐合成、音调控制、玩具与游戏、数字电话/电视等。

2.4 基于 DSP 的控制系统的开发

DSP 控制系统的一般设计开发过程如图 2.33 所示。

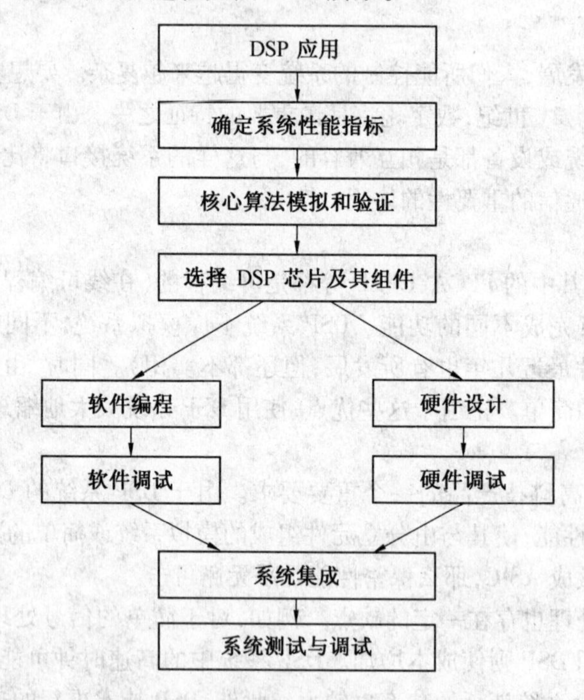

图 2.33 DSP 控制系统设计开发过程

(1)确定系统的性能指标。首先必须根据应用目标对系统的性能指标进行确定，包括采样率、信号通道数、程序大小等，通常可用数据流程图、数学运算序列、正式的符号或自然语言来描述。

(2)核心算法模拟和验证。根据系统的要求用 C 语言等高级语言或 MTLAB，SystemView

等开发工具模拟待选的或拟定的数字信号处理的算法(Algorithm),进行功能验证、性能评价和优化,最后确定出最佳的信号处理方法。

(3)选择 DSP 芯片及其组件。根据系统运算量的大小、对运算精度的要求、系统成本限制以及体积、功耗等要求选择一片合适的 DSP 芯片很重要,因为这不仅关系着系统的性能和成本,而且还决定着外部存储器、各种接口、ADC、DAC、电平转化器、电源管理芯片等其他系统组件的选择。

(4)硬件设计和调试。根据选定的主要元器件建立电路原理图、设计制作 PCB、器件安装、加电调试。硬件调试一般采用硬件仿真器进行调试,如果没有相应的硬件仿真器,且硬件系统不是十分复杂,也可以借助于一般的工具进行调试。

(5)软件设计和测试。根据系统要求和所选的 DSP 芯片,用 DSP 汇编语言或 C 语言或两者嵌套的方法生成可执行程序,然后借助于 DSP 开发工具,如软件模拟器(Simulator)、DSP 开发系统或仿真器(Emulator)等进行程序调试。调试 DSP 算法时一般采用实时结果与模拟结果进行比较的方法,如果实时程序和模拟程序的输入相同,则两者的输出应该一致。应用系统的其他软件可以根据实际情况进行调试。

(6)系统测试、集成。将软件加载到硬件系统中运行,并通过用 DSP 仿真器等测试手段检查其运行是否正常、稳定,是否符合实时要求。特别地,软件开发是一个需要反复进行的过程,虽然通过算法模拟基本上可以知道实时系统的性能,但实际上模拟环境不可能做到与实时系统环境完全一致,而且将模拟算法移植到实时系统时必须考虑算法是否能够实时运行的问题。如果算法运算量太大不能在硬件上实时运行,则必须重新修改或简化算法。

根据图 2.33 的设计流程,要开发一个完整的 DSP 的控制系统,需要借助诸多软硬件开发工具,见表 2.6。表 2.6 中列出了可能需要的开发工具,需要注意的是,有的工具不一定是必备的,如逻辑分析仪,有的工具则是可选的,如算法模拟时可用 C 语言,也可以用 MATLAB 语

表 2.6　DSP 应用系统开发工具支持

开发步骤	开发工具支持		
	开发内容	硬件支持	软件支持
1	算法模拟	计算机	C 语言、MATLAB 语言等
2	DSP 软件编程	计算机	编辑器(如 Edit,Uitraedit 等)
3	DSP 软件调试	计算机、DSP 仿真器等	DSP 代码生成工具(包括 C 编译器、汇编器、链接器等)、DSP 软件模拟(如 Simulator,CCS 等)
4	DSP 硬件设计	计算机	电路软件设计(如 Protel98,protel99 等)、其他相关软件(如 EDA 软件等)
5	DSP 硬件调试	计算机、DSP 仿真器、示波器、信号发生器、逻辑分析仪等	相关支持软件
6	系统集成	计算机、DSP 仿真器、编程器、示波器、信号发生器、逻辑分析仪等	相关支持软件

言,也可以用其他程序语言。在采用 TI 公司的 DSP 芯片进行系统开发时,一般需要采用 CCS (Code Computer Studio)工具软件,它是一个集成开发环境,包括编辑、编译、汇编、链接、软件模拟、调试等几乎所有需要的软件。此外,如果 DSP 应用系统中还有其他微处理器(如 MCS-51 系列单片机),当然还必须有相应的开发工具支持。

2.4.1 基于 DSP 控制系统的配置与硬件结构设计

1. 典型 DSP 硬件系统的总体结构

DSP 硬件系统的外围设备一般包括 A/D、D/A、外扩 RAM、EPROM、串口、HPI 接口。对于一般数字信号处理最为常用的就是 A/D,D/A 转换。一个典型的数字信号处理系统如图 2.34 所示。

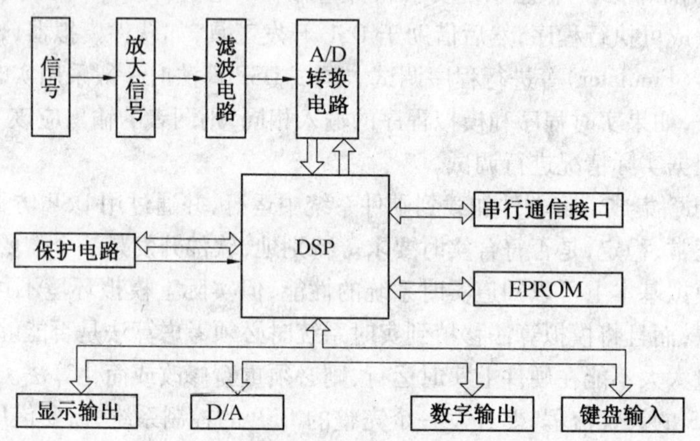

图 2.34 典型的数字信号处理系统

DSP 系统的工作过程如下:

(1)将输入的模拟信号转换为数字信号。输入信号首先经过放大器和滤波器,然后进行 A/D 变换,将模拟信号变换成数字比特率。根据奈奎斯特抽样定理,为保证信息不丢失,抽样频率至少必须是输入信号最高频率的 2 倍。

(2)用某个算法对输入的数字信号进行处理。因为 DSP 的输入是 A/D 变换后的经过抽样处理的数字信号,所以需要对输入的数字信号运用某种算法进行处理,如进行一系列的乘法和累加操作。数字处理是 DSP 的关键技术,DSP 处理器需要运用算法对输入数据进行相应地修改,为数字量转换成模拟量做准备。

(3)将处理后的数字信号转换为模拟信号并输出。处理后的数字量经 D/A 变换转换为模拟量,之后再进行内插和平滑滤波,得到连续的模拟波形作为输出。

2. DSP 控制系统的硬件设计

图 2.35 为 DSP 控制系统硬件设计的流程图。DSP 硬件设计包括:硬件方案设计、DSP 及周边器件选型、原理图设计、PCB 设计及仿真、硬件调试等。

(1)系统资源配置。

硬件设计的前提是对整个系统的资源进行配置,最终得到系统的资源分配表,即 Memory Map。通过资源分配表可以得到程序空间、数据空间、图像输入口等资源的地址。在系统资源规划基础上的硬件设计能够保证方案设计的合理性。

(2)设计硬件实现方案。

所谓硬件实现方案是指根据性能指标、工期、成本等,确定最优实现方案(考虑到实际工作情况,最理想的方案不一定时最优方案),并画出硬件系统框图(图 2.35)。这时对于具体器件的要求应该已经明确。

(3)进行器件的选型。

一般系统中常用 A/D、D/A、内存、电源、逻辑控制、通信、人机接口、总线等基本部件。如下是各器件的确定原则。

①A/D。根据采样频率、精度来确定 A/D 型号,选择是否要求片上自带采保、多路器、基准电压等。

②D/A。根据信号频率、精度来确定是否要求自带采保、多路器、输出运放等。

③内存。包括 SDRAM,EPROM(或 EEPROM 或 FLASH MEMORY),所有这些选型主要考虑工作频率、内存容量位长(8 位/16 位/32 位)、接口方式(串行还是并行)、工作电压(5 V,3.3 V或其他)。

④逻辑控制。首先确定用 PLD,EPLD,还是用 FPGA。其次根据自己的特长和公司芯片的特点决定采用哪家公司的哪一系列的产品。最后还须根据 DSP 的频率决定芯片的工作频率以确定使用的芯片。

⑤通信。通信的要求一般系统都是需要的。首先需要根据通信的速率决定采用的通信方式。一般采用串口只能到达 19.2 kbps(RS232),而并口则可达到 1 Mbps 以上。如果还有更高的要求,则应考虑通过总线进行通信。

⑥总线。一般有 PCI、ISA、现场总线(如 CAN,3Xbus 等)。采用哪一种总线主要看使用的场合、数据传输效率的高低(如总线宽度、频率高低、同步方式等)。

⑦人机接口。如键盘、显示器等,它们可以通过与 80C196 等单片机的通信来构成,也可以在 DSP 的基础上直接构成,视情况而定。

⑧电源。主要是电压的高低以及电流的大小。电压高低要匹配,电流容量要足够。

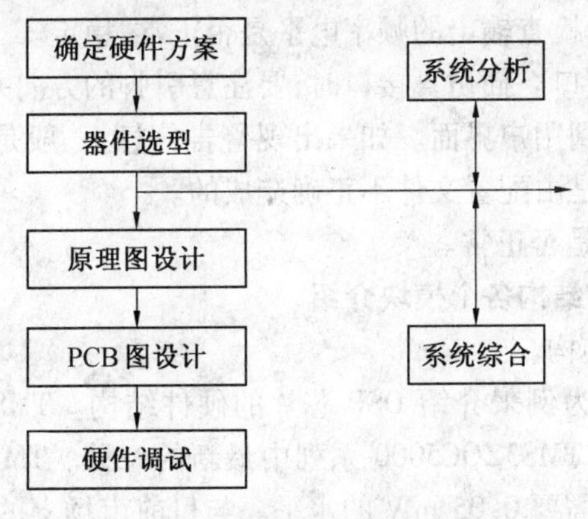

图 2.35　DSP 控制系统硬件设计的流程图

(4)硬件原理图设计。

DSP 的芯片厂家在设计出每一种 DSP 芯片时一般都提供了相应的 EVM(评估板)参考原理图设计,我们可以通过网络免费下载,或通过购买原装的 EVM 板得到。

硬件设计时,应注意以下几点:

①时钟电路。DSP 时钟可由外部提供,也可由板上的晶振提供。但一般的 DSP 系统经常使用外部时钟输入,因为使用外部时钟时,时钟的精度高、稳定性好、使用方便。由于 DSP 工作是以时钟为基准,如果时钟质量不高,那么系统的可靠性、稳定性就很难保证。因此,若采用外部时钟,选择晶振时应对其稳定性、毛刺作全面检验,以便 DSP 系统可靠地工作。

②复位电路。应同时设计上电复位电路和人工复位电路,在系统运行中出现故障时可方便地人工复位。对于复位电路,一方面应确保复位低电平时间足够长(一般需要 20 ms 以上),保证 DSP 可靠复位;另一方面应保证稳定性良好,防止 DSP 误复位。

③在 DSP 电路中,对所有的输入信号必须有明确的处理,不能悬浮或置之不理。尤其要注意的是:若设计中没用到不可屏蔽硬件中断 NMI,则硬件设计时应确保将其相应引脚拉高,否则程序运行时会出现不可预料的结果;若设计中用到 NMI,也应在程序正常执行阶段置其相应引脚为高电平。

(5)PCB 图设计。

PCB 图的设计要求 DSP 系统的设计人员既要熟悉系统工作原理,还要清楚布线工艺和系统结构设计。

(6)硬件调试。

上电前,先用肉眼观察有无短路和断路情况发生(由于 DSP 的 PCB 板布线一般都比较密、比较细,这种情况发生的概率还是比较高的),再用万用表检查电源、地及一些关键的信号线,如读写、时钟、复位、片选是否正确。

上电后,先用手检查有无异常(用手感觉是否有些芯片特别热)。如果发现有些芯片特别烫,一般有问题,需断电检查,如果是电源和地接错或发生短路,那么芯片的损坏是很难避免的。需要把错误查出后,才能重新上电工作。

排除上述问题后,认为系统中已无致命错误,接下来可检查时钟能否长时间稳定地工作;检查时钟输出的波形的毛刺水平是否能保证工作可靠,这主要是通过用示波器来观察晶振输出波形的质量和精度来检验的;检查复位是否正常,按复位按钮,用示波器观察其输出复位脉冲的电平和脉宽是否正常;检查输出的频率电平是否正常、稳定。

关上电源,插上仿真接口。插仿真接口时,要注意引脚的方向并保证接线正确。上电运行仿真器应该能在屏幕上看到用户界面。如果出现警告信息,一般是由未上电或接线不正确造成的,另外,还有一种可能是由配置文件不正确造成的。

最后,检查片内 RAM 是否正常。

3. DSP 控制系统硬件结构各个模块介绍

(1)DSP 芯片的硬件结构。

本节以 TMS320C55X 为例来介绍 DSP 芯片的硬件结构。TMS320C55X 是德州仪器公司(TI)数字信号处理器产品 TMS3ZOC5000 系列中最新的一种。TMS320C55X 极大幅度地降低了功耗,达到每个 MIPS 只需要 0.05 mW 的水平。与目前市场上的主流产品 TMS3ZOC54X 相比,TMS320C55X 的功耗降低了 6 倍。TMS320C55X 以 TMS320C54X 为基础,由于 TMS320C5000 系列具有可编程、低功耗特性,全世界有 70% 的移动电话使用了这个系列的元件,而 TMS320C55X 通过强大的电源管理功能,省电特性进一步增强。例如,TMS320C55X 将使网络音频播放器用两节 AA 电池工作 200 个小时,是目前播放器的 10 倍。而且它还可以支持所有的 INTERNET 的音频标准,保护了用户在软件方面的投资,可编程 TMS320C55X 内核与现行主流TMS320C54X软件相兼容。

①C55X的CPU体系结构。

如图2.36所示,C55X有一条32位的程序数据总线(PB),5条16位数据总线(BB,CB,DB,EB,FB)和一条24位的程序地址总线及5条23位的数据地址总线,这些总线分别与CPU相连。总线通过存储器接口单元(M)与外部程序总线和数据总线相连,实现CPU对外部存储器的访问。这种并行的多总线结构,使CPU能在一个CPU周期内完成1次32位程序代码读、3次16位数据读和2次16位数据写。C55X根据功能的不同将CPU分为4个单元,即指令缓存单元(I)、程序流程单元(P)、地址流程单元(A)和数据计算单元(D)。

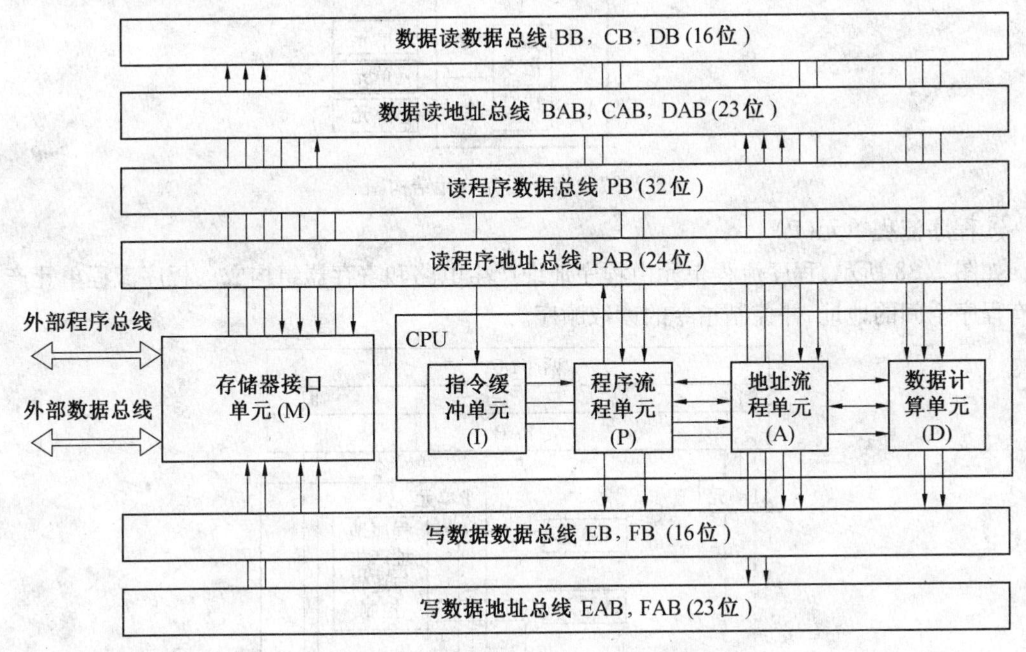

图2.36 TMS320C55X的CPU结构图

读程序地址总线(PAB)上传送24位的程序代码地址,由读程序数据总线(PB)将32位的程序代码送入指令缓存单元I进行译码。

3条读数据地址总线(BAB,CAB,DAB)与3条读数据数据总线(BB,CB,DB)配合使用,即BAB对应BB,CAB对应CB和DAB对应DB。地址总线指定数据空间或I/O空间地址,通过数据总线将16位数据送到CPU的各个功能单元。其中,BB只与D单元相连,用于实现从存储器到D单元乘法累加器(MAC)的数据传送。特殊指令也可以同时使用BB,DB和CB来读取3个操作数。

2条写数据地址总线(EAB,FAB)与2条写数据数据总线(EB,FB)配合使用,即EAB对应EB,FAB对应FB。地址总线指定数据空间或I/O空间地址,通过数据总线,将数据从CPU的功能单元传送到数据空间或I/O空间。所有数据空间地址由A单元产生。EB和FB从P单元、A单元和D单元接收数据,对于同时向存储器写16位数据的指令要使用EB和FB,而对于单写操作的指令只使用EB。

②指令缓存单元(I)。

如图2.37所示,C55X的指令缓存单元由指令缓存队列IBQ(Instruction Buffer Queue)和指令译码器组成。在每个 CPU 周期内,I 单元将从读程序数据总线接收的 4 B 程序代码放入指令缓存队列,指令译码器从队列中取 6 B 程序代码,根据指令的长度可对 8 位、16 位、24 位、32 位和 48 位的变长指令进行译码,然后把译码数据送入 P 单元、A 单元和 D 单元去执行。

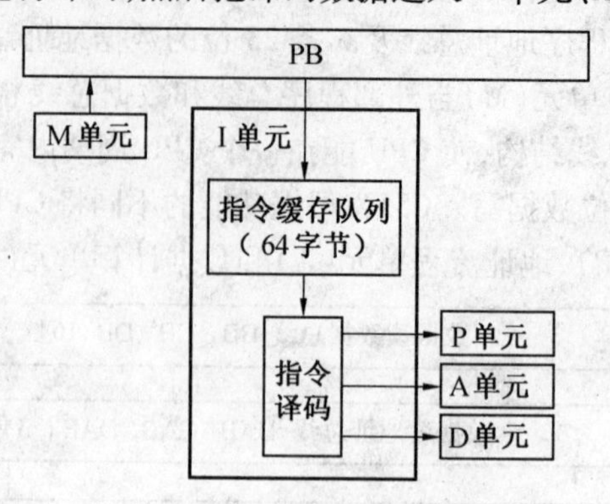

图 2.37 指令缓存单元结构图

③程序流程单元(P)。

如图 2.38 所示,程序流程单元由程序地址产生电路和寄存器组构成。程序流程单元产生所有程序空间的地址,并控制指令的读取顺序。

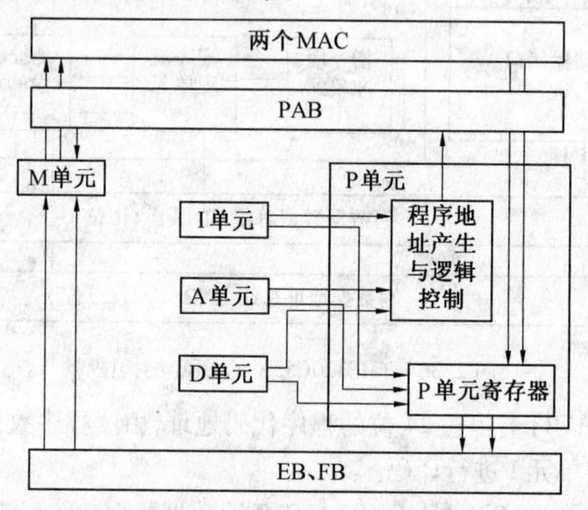

图 2.38 程序流程单元结构图

程序地址产生逻辑电路的任务是产生读取程序空间的 24 位地址。在一般情况下,它产生的是连续地址,如果指令要求读取非连续地址的程序代码时,程序地址产生逻辑电路能够接受来自 I 单元的立即数和来自 D 单元的寄存器值,并将产生的地址传送到 PAB。

在 P 单元中使用的寄存器分为 5 种类型。

a. 程序流寄存器:包括程序计数器(PC)、返回地址寄存器(RETA)和控制流程关系寄存器(CFCT)。

b. 块重复寄存器:包括重复寄存器 0 和 1(BRC0,BRC1)、BRC1 的保存寄存器(BRS1)、块重复起始地址寄存器 0 和 1(RSA0,RSA1)以及块重复结束地址寄存器 0 和 1(REA0,REA1)。

c. 单重复寄存器:包括单重复计数器(RPTC)和计算单重复寄存器(CSR)。

d. 中断寄存器:包括中断标志寄存器 0 和 1(IFR0,IFR1)、中断使能寄存器 0 和 1(IER0,IER1)以及调试中断使能寄存器 0 和 1(DBIER0,DBIER1)。

e. 状态寄存器:包括状态寄存器0,1,2和3(ST0-55,ST1-55,ST2-55和ST3-55)。

④地址流程单元(A)。

如图2.39所示,地址流程单元包括数据地址产生电路、算术逻辑电路和寄存器。

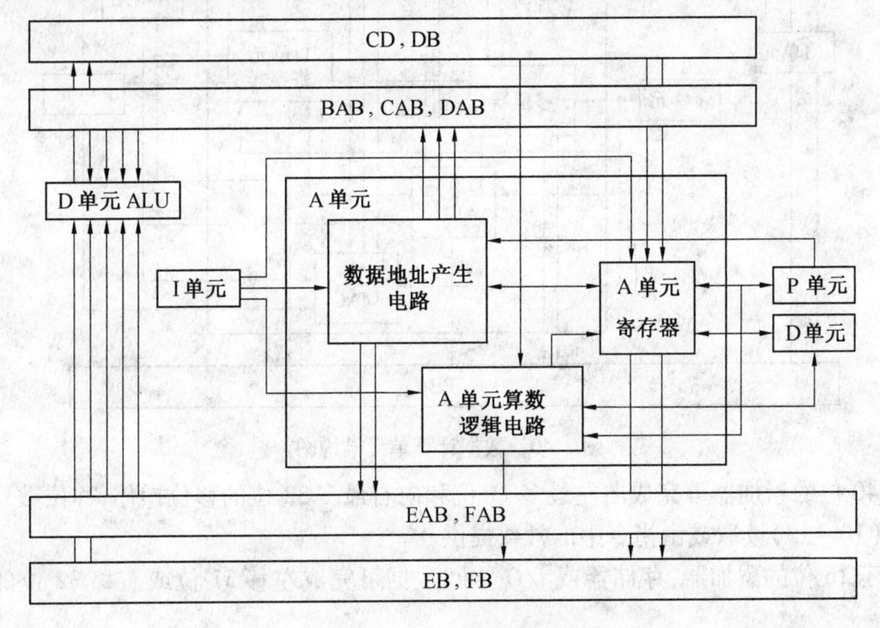

图2.39　地址流程单元结构图

数据地址产生电路(DAGEN)能够接收来自I单元的立即数和来自A单元的寄存器产生读取数据空间的地址。对于使用间接寻址模式的指令,由P单元向DAGEN说明采用的寻址模式。

A单元包括一个16位的算术逻辑电路(ALU),它既可以接受来自I单元的立即数,也可以与存储器、I/O空间、A单元寄存器、D单元寄存器和P单元寄存器进行双向通信。ALU可以完成算术运算、逻辑运算、位操作、移位、测试等操作。

A单元包括的寄存器有以下几种类型。

a. 数据页寄存器:包括数据页寄存器(DPH,DP)和接口数据页寄存器(PDP)。

b. 指针:包括系数数据指针寄存器(CDPH,CDP)、栈指针寄存器(SPH,SP,SSP)和8个辅助寄存器(XAR0~XAR7)。

c. 循环缓冲寄存器:包括循环缓冲大小寄存器(BK03,BK47,BKC)和循环缓冲起始地址寄存器(BSA01,BSA23,BSA45,BSA67,BSAC)。

d. 临时寄存器:包括临时寄存器(T0~T3)。

⑤数据计算单元(D)。

如图2.40所示,数据计算单元由移位器、算术逻辑电路、乘法累加器和寄存器构成。D单元包含了CPU的主要运算部件。

D单元移位器能够接收来自I单元的立即数,能够与存储器、I/O空间、A单元寄存器、D单元寄存器和P单元寄存器进行双向通信,此外,还可以向D单元的ALU和A单元的ALU提供移位后的数据。

移位器可完成以下操作:

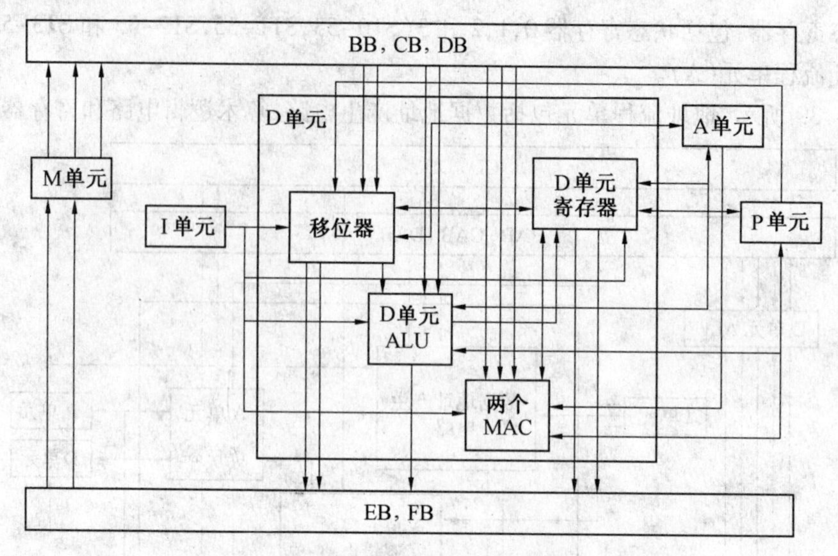

图 2.40　数据计算单元结构图

a. 对 40 位的累加器可完成向左最多 31 位和向右最多 32 位的移位操作，移位数可以从临时寄存器(T0 ~ T3)读取或由指令中的常数提供。

b. 对于 16 位的累加器，存储器或 I/O 空间数据可完成左移 31 位或右移 32 位的移位操作。

c. 对于 16 位立即数可完成向左最多 15 位的移位操作。

D 单元的 40 位算术逻辑电路可完成以下操作。

a. 完成加、减、比较、布尔逻辑运算和绝对值运算等操作。

b. 能够在执行一个双 16 位算术指令时同时完成两个算术操作。

c. 能够对 D 单元的寄存器进行设置、清除等位操作。

两个 MAC 进行的操作会影响 P 单元状态寄存器的标志位。D 单元的寄存器包括 4 个 40 位的累加器 AC0 ~ AC3 和两个 16 位过渡寄存器 TRN0，TRN1。

(2)外围设备。

①A/D 采样模块。

A/D 采样模块是将模拟信号转换成数字信号的系统，是一个滤波、采样保持和编码的过程。模拟信号经带限滤波、采样保持电路、变为阶梯形状信号，然后经过编码器，使得阶梯状信号中的各个电平变为二进制码。

模数转换器最重要的参数是转换的精度，通常用输出的数字信号的位数的多少表示。转换器能够准确输出的数字信号的位数越多，表示转换器能够分辨输入信号的能力越强，转换器的性能也就越好。

A/D 转换器的主要电路形式：

a. A/D 与转换器的分类。A/D 转换器分为直接转换法和间接转换法两大类。

直接法是通过一套基准电压与取样保持电压进行比较，从而直接将模拟量转换成数字量。直接 A/D 转换器有并行比较型、逐次比较型等。

间接法是将取样后的模拟信号先转换成中间变量时间 t 或频率 f，然后再将 t 或 f 转换成数字量。间接 A/D 转换器有单次积分型、双积分型等。

b. 各种 ADC 的性能比较。

传统方式的 ADC，如逐次逼近型、积分型、压频变换型等，主要应用于中速或较低速、中等精度的数据采集和智能仪器中。在并行基础上发展起来的分级型和流水线型 ADC 主要应用于高速情况下的瞬态信号处理、快速波形存储与记录、高速数据采集术等领域。这些高速 ADC 的不足之处就是分辨率不高，无法实现大动态范围及微弱信号的检测。

自 20 世纪 90 年代以来，获得很大发展的 Σ-Δ 型 ADC 利用高抽样率和数字信号处理技术，将抽样、量化、数字信号处理融为一体，从而获得了高精度的 ADC，目前可达 24 位以上，Σ-Δ 型 ADC 由于其极高的分辨率，在很多应用领域可以直接对传感器的输出信号进行转换处理，而不需要任何信号调理（放大和滤波）电路；Σ-Δ 型 ADC 不断提高的转换速度和相对低廉的价格，日益拓宽了它的应用领域，对测控电路的设计必将带来深刻的影响和变革。目前，这一类型 ADC 的主要缺点是转换速度还不够高，很难实现高频信号的检测。

②D/A 转换器。

D/A 转换器是将二进制数字量形式的离散信号转换成以标准量（或参考量）为基准的模拟量的转换器，简称 DAC 或 D/A 转换器。最常见的 D/A 转换器是将并行二进制的数字量转换为直流电压或电流，它常用做过程控制计算机系统的输出通道，与执行器相连，实现对生产过程的自动控制。D/A 转换器还用在利用反馈技术的 A/D 转换器设计中。

D/A 转换器由数码寄存器、模拟电子开关电路、解码网络、求和电路及基准电压组成。数字量以串行或并行方式输入，存储于数码寄存器中，数字寄存器输出的各位数码分别控制对应位的模拟电子开关，使数码为 1 的位在位权网络上产生与其权值成正比的电流值，再由求和电路将各种权值相加，即得到数字量对应的模拟量。

D/A 转换器按解码网络结构的不同分为：T 形电阻网络 D/A 转换器、倒 T 形电阻网络 D/A 转换器、权电流 D/A 转换器、权电阻网络 D/A 转换器。

D/A 转换器按模拟电子开关电路的不同分为：CMOS 开关型 D/A 转换器（速度要求不高）、双极型开关 D/A 转换器 电流开关型（速度要求较高）及 ECL 电流开关型（转换速度更高）。

③串口。

串口的全称为串行接口，或为串行通信接口，按电气标准及协议来分包括 RS-232-C，RS-422，RS485，USB 等。RS-232-C，RS-422 与 RS-485 标准只对接口的电气特性作出规定，不涉及接插件、电缆或协议。USB 是近几年发展起来的新型接口标准，主要应用于高速数据传输领域。

串口总的来说分为 3 种类型：同步、缓冲和时分多路（TDM）。

a. 同步串口。

同步串口是高速、全双工串口，可支持控制器编码器、A/D 转换器等串行设备之间的通信。当一块 C54XX 芯片中有多个同步串口时，它们是相同的，但又是独立的。每个同步串口都以 1/4 机器周期频率工作。同步串口发送器和接收器是双向缓冲的，由可屏蔽的外部中断信号单独控制，数据以字节或字传送。

b. 缓冲串口（BSP）。

缓冲串口是在同步串口的基础上增加一个自动缓冲单元，并通过机器周期频率计时。它是全双工和双缓冲的，以提供灵活的数据串长度。自动缓冲单元支持调整、传送，并能降低服务中断的开销。

c. 时分多路串口。

时分多路串口(TDM)允许数据时分多路。它既能在同步方式下工作,也能在TDM方式下工作,在多处理器系统中得到广泛应用。

④主机接口(HPI)。

主机接口主要应用于DSP与其他总线或CPU进行通信。HPI接口通过HPI控制寄存器(HPIC)、地址寄存器(HPIA)、数据锁存器(HPID)和HPI内存块实现与主机的通信。其主要特点有:接口所需外围设备很少;HPI单元允许芯片直接利用一个或两个数据选通信号、一个独立或复用的地址总线、一个独立或复用的数据总线接到微控制单元MCU上;主机和DSP可独立地对HPI接口操作;主机和DSP握手可通过中断方式来完成。另外,主机还可以通过HPI接口装载DSP应用程序、接受DSP运行结果或诊断DSP运行状态。总之,HPI为DSP芯片的接口开发提供了一种极为方便的途径。

根据数据总线位数的不同,HPI可以按照HPI-8和HPI-16两种方式工作。

2.4.2 基于DSP控制系统的软件设计及开发环境

1. DSP控制系统的软件设计

一个DSP应用软件的标准开发流程如图2.41所示。在软件开发过程中,用到C编译器、汇编器、连接器等开发工具。不过,这里的C编程器不像在PC机上开发C程序一样会输出目标文件(.obj),而是输出满足C5X条件的汇编语言文件(.asm)。而在C5X中的C编程效率较低,所以它的C编译器输出汇编程序,用户可以对该汇编程序进行最大限度地优化,提高程序效率。

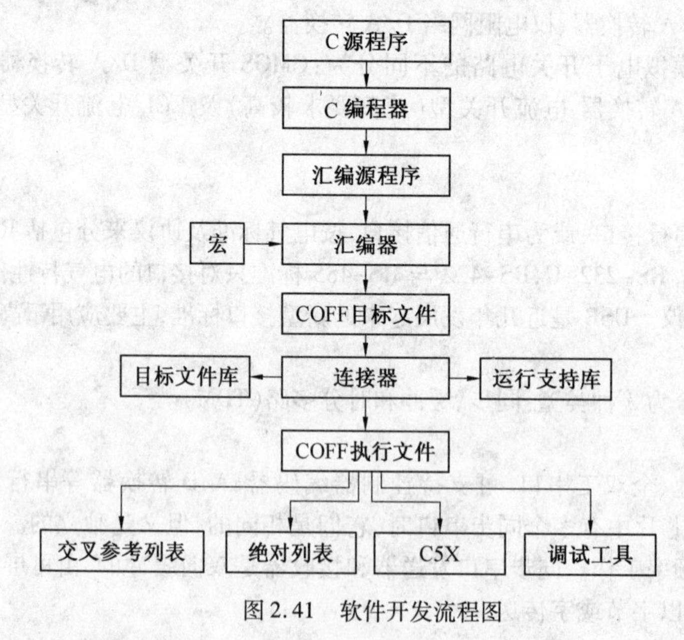

图2.41 软件开发流程图

汇编程序编制步骤:

(1)依据C5X汇编器(Assembler)格式要求用文本编辑器(Editor)编辑汇编源程序。

(2)调用汇编器编译该源文件。

(3)生成编译公共目标文件格式(COFF)的目标文件(.obj),称为COFF目标文件。

(4)调用连接器(Linker)链接目标文件。

(5)生成COFF可执行文件(.out)。

(6)下载COFF执行文件执行。同时也可借助调试工具(Debugging Tool)对程序进行跟踪调试和优化,也可利用交叉参考列表器(Cross-reference Lister)和绝对列表器(Absolute Lister)可生成一些包含调试信息的列表。

①汇编源程序(.asm)格式。

C5X的程序以段(Section)为基本单元构成,一个程序文件由若干段构成,每段又由若干语句(Statement)构成。C5X的程序分为初始化(Initialized)段和未初始化(Uninitialized)段两大类。初始化段可以是程序代码,也可以是程序中用到的常量、数据表等。我们可以从程序下载的角度来理解,初始化段就是需要向程序空间写数据(代码或数据)的段,如同初始化程序空间一样。而未初始化段为常量,在下载时,这些变量是没有值的。所以无需向程序空间写,只需预留出一些空间以便在运行时存放变量的值。所以这段空间在程序未运行前是没有初始化的。段的名称和属性可以由用户自定义,如果用户不定义,汇编器将按默认的段来处理。C5X汇编器默认的段有3个:".text",".data",".bss"。其中,".text"为程序代码段,".data"为数据段,".bss"为变量段,所以".text"和".data"是初始化段,".bss"是未初始化段,用户自定义用".sect"和".usect"两个汇编指示符来完成。其中".sect"用于定义初始化段,".usect"用于定义未初始化段。语法如下:

symbol.set"section-name"

symbol.set"section-name",length

②汇编器。

汇编器的作用是把汇编语言源文件汇编成COFF目标文件。TMS320C5X汇编器为asm500(Algebraic Assembler),用于汇编采用C5X的助记符指令编写的源文件。汇编器可完成如下功能:

a.处理源文件中的源语句,生成可重新定位的目标文件。

b.产生源程序列表文件,并提供对源程序列表文件的控制。

c.将代码分成段,并为每个目标代码段设置一个段程序计数器SPC(Section Program Counter),并将代码和数据汇编到指定的段中,在存储器中为未初始化段预留出空间。

d.定义(.def)和引用(.ref)全局符号(Global Symbol),根据要求,将交叉参考列表加到源程序列表中。

e.汇编条件段。

f.支持宏调用,允许在程序或库中定义宏。汇编器接受汇编语言源文件作为输入,汇编语言源文件可以是文本编辑器直接编写的,也可以由C语言编译后得到。

g.汇编器的调用。可以在命令行用如下命令格式调用汇编器,也可以在集成开发环境下由CCS直接调用。

asm500(input file (object file (listing file)))(-options)

其中,asm500为调用代数汇编器。

input file为汇编源文件文件名。如果不写扩展名,汇编器将使用缺省的.asm。

object file 为汇编器输出的 COFF 目标文件。如果不写扩展名,汇编器将使用缺省的. obj,如果连目标文件名都不写,汇编器将使用输入的文件名作为目标文件名。

listing file 为汇编器输出的列表文件。如果不写列表文件名也不填写列表选项-1 或-X,汇编器将不会生成列表文件。如果有列表文件名,将生成对应文件名的列表文件;如果没有列表文件名,而有列表选项,汇编器将使用输入文件名生成扩展名为. list 的列表文件。

options 为汇编选项。选项不分大小写,可以放在命令行中汇编命令之后的任何地方。

连字符"-"作为选项处理。不带参数的单个字母选项可以组合在一起,如-lc 等效于-1-c;而带有参数的选项,如-1,则必须单独指定。

③COFF 目标文件。

TMS320C5X 的汇编器和连接器都会生成公共目标文件格式(COFF)的目标文件。将汇编器生成的文件称为 COFF 目标文件,将连接器生成的文件称为 COFF 执行文件。目前,COFF 目标文件格式已被广泛使用,因为它支持模块化(段)编程,能够提供有效、灵活的管理代码段和目标系统(Target System)存储空间的方法。

④链接器。

C5X 的链接器能够把 COFF 目标文件链接成可执行文件(. out)。它允许用户自行配置目标系统的存储空间,也就是为程序中的各段分配存储空间。链接器能根据用户的配置,将各段重定位到指定的区域,包括各段的起始地址、符号的相对偏移等。因为汇编器并不关心用户的定义,而是直接将". text"的起始地址设为000000H,后面接着是. data 和用户自定义段。如果用户不配置存储空间,链接器也将按同样的方式定位各段。

C5X 的链接器能够接受多个 COFF 目标文件 (. obj),这些文件可以是直接输入的,也可以是目标文件库(Obiect Library)中包含的。若有多个目标文件,链接器则会把各个文件中的相同段组合在一起,生成 COFF 执行文件。

链接器链接目标文件时,主要完成的任务如下:

a. 将各段定位到目标系统的存储器中。

b. 为符号和各段指定最终的地址。

c. 定位输入文件之间未定义的外部引用。

用户可以利用链接器命令语言来编制链接器命令文件(. cmd),自行配置目标系统的存储空间分配,并为各段指定地址。常用的命令指示符有 MEMORY 和 SECTIONS 两个,利用它们可以完成下列功能:

a. 为各段指定存储区域。

b. 组合各目标文件中的段。

c. 在链接时定义或重新定义全局符号。

调用链接器的命令格式为:

Lnk500 (-options) filenamel. . . filename n

其中,Lnk500 为链接器调用命令;Filename 为输入文件名,可以是目标文件、链接器命令文件和库文件。输入文件的缺省扩展名是. obj。使用其他扩展名时必须显示指定。链接器能够确定输入文件是目标文件还是包含链接器命令的 ASCII 文件。连接器的缺省输出文件名是 a. out。

Options 为链接器的选项,用于控制链接器的操作,可以放在命令行或链接器命令文件的任何地方。链接器的调用方法有下列 4 种：

a. 确定选项和文件名。例如,Lnk500-o link. out file1. obj file2. obj。

b. 输入 Lnk500 命令,在链接器给出的提示符下输入相应内容。command Files:可以输入一个或多个目标文件;object files(. obj):可以输入一个或多个目标文件,文件名之间用空格或逗号隔开;output file(a. out)option:链接器输出文件名,缺省为 a. out;option:选项可以在命令行中给出,也可以在这里给出。

c. 把目标文件名和选项放入一个链接器命令文件。假定一个命令文件 linker. cmd 包含以下几行：

-o link. out

file1. obj

file2. obj

在命令行运行链接器 Lnk500 linker. cmd 时,则链接器链接两个文件 fild1. obj 和 file2. obj 产生名为 Link. out 的输出文件。

在使用命令文件时,仍然可以在命令行使用选项和文件名,例如,Lnk500 -m file1. map file2. cmd file3. obj。

d. 在集成开发环境 CCS 下,先写好连接命令文件和相应的选项,然后由 CCS 自行调用。

⑤C 编译器。

C 编译器包含 3 个功能模块:语法分析、代码优化和代码产生,如图 2. 42 所示。其中,语法分析完成 C 语法检查和分析;代码优化对程序进行优化,以便提高效率;产生将 C 程序转换成 C5X 的汇编源程序。C5X 的 C 编程器可以单独使用,也可以连同链接器一起完成编译、汇编和链接的工作。

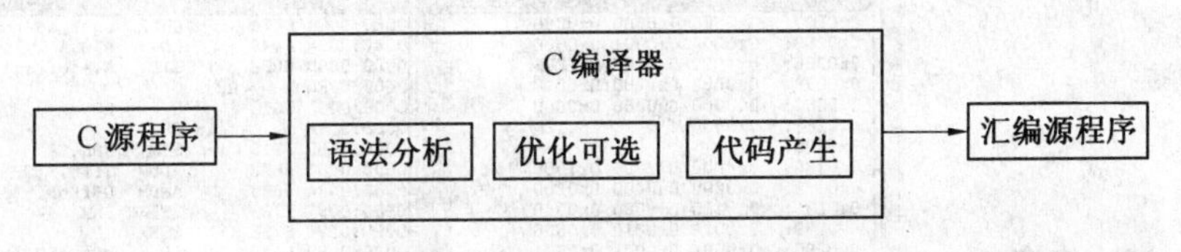

图 2. 42　C 编译器的功能模块图

C 编译器的调用格式为：

C1500(-options)(filenames)(-z(link-options))(object files)

其中,C1500 为调用命令;filenames 为输入文件名;object files 为调用连接器时输入的目标文件;options 为编译选项,如-q 为屏蔽列表器输出提示信息,-z 为调用链接器的知识,当有-z 时就表示在编译之后要调用链接器;link-options 为调用链接器时的链接选项。例如,C1500 symtab. c file. c. seek. asm,就是将文件 symtab. c 和 file. c 编译生成汇编程序 seek. asm。

2. DSP 控制系统集成开发环境 CCS

大部分基于 DSP 的应用程序开发包括 4 个基本阶段:应用设计、代码创建、调试、分析与调整。图 2. 43 所示为简单的 CCS 开发流程。

利用 CCS 集成开发环境,用户可以在一个开发环境下完成工程定义、程序编辑、编译连接、调试和数据分析等各项工作。使用 CCS 开发应用程序的一般步骤为：

(1)打开或创建一个工程文件。工程文件中包括源程序(C 或汇编)、目标文件、库文件、连接命令文件和包含文件。

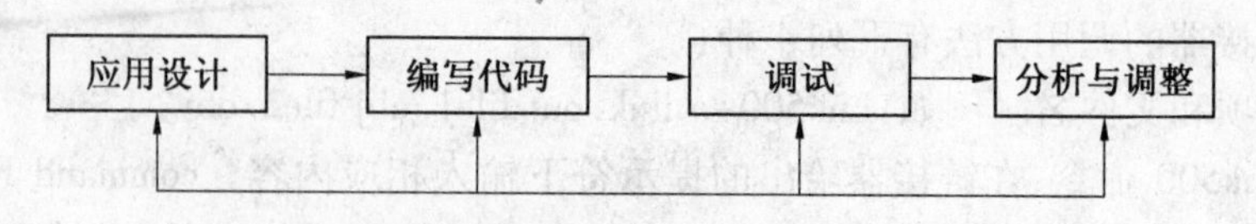

图 2.43　简单的 CCS 开发流程

(2)使用 CCS 集成编辑环境编辑各类文件,如头文件(文件)、命令文件(文件)和源程序(C 文件)等。

(3)对工程进行编译。如果有语法错误,将在输出窗口中显示出来。用户可以根据显示的信息定位错误位置,更换错误。

排除程序的语法错误后,用户可以对计算结果/输出数据进行分析,评估算法性能。CCS 提供了探针、图形显示、性能测试等工具来分析数据、评估性能。

(1)CCS 应用窗口介绍。

一个典型 CCS 集成开发环境窗口如图 2.44 所示。整个窗口由主菜单、工具条、工程窗口、编辑窗口、图形显示窗口、内存单元显示窗口、寄存器显示窗口和反汇编窗口等构成。

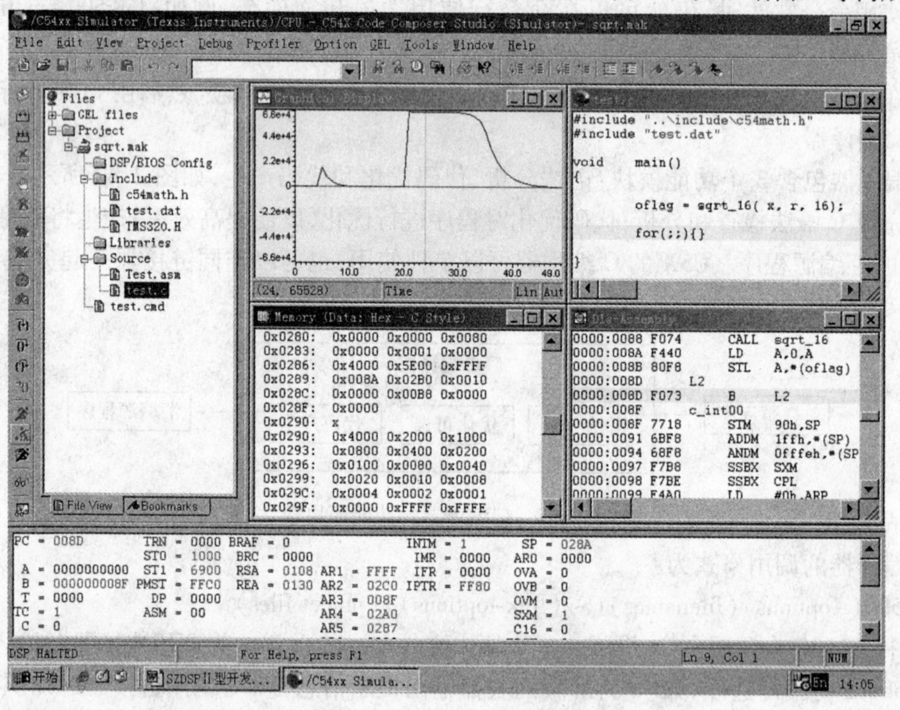

图 2.44　典型的 CCS 集成开发环境

工程窗口是用来组织用户的若干程序以构成一个项目。用户可以从工程列表中选中需要编辑和调试的特定程序,在源程序编辑/调试窗口中,用户既可以编辑程序,又可以设置断点、探针和调试程序。反汇编窗口可以帮助用户查看机器指令,查找错误。内存和寄存器显示窗口可以查看、编辑内存单元和寄存器。图形显示窗口可以根据用户需要直接或经过处理后显示数据。用户可以通过主菜单 Windows 条目来管理各个窗口。

①关联菜单。

在任意一个 CCS 活动窗口中,单击鼠标右键都可以弹出与此窗口内容相关的菜单,我们称其为关联菜单(Context Menu)。利用此菜单,用户可以对本窗口内容进行特定操作。选择不同的条目,用户可以完成添加程序、扫描相关性和关闭当前工程等各项功能。

②常用工具条。

CCS 将主菜单中常用的命令筛选出来,形成4类工具条:标准工具条、编辑工具条、工程工具条和调试工具条。用户可以单击工具条上的按钮执行相应的操作。

(2)创建新工程。

①工程文件的建立。

与 Visual Basic,Visual C 和 Delphi 等集成开发文件工具类似,CCS 采用工程文件来集中管理一个工程。一个工程包括源程序、库文件、链接命令文件和头文件等,它们按照目录树的结构组织在工程文件中。工程构建(编译连接)完成后生成可执行文件。一个典型的工程文件记录下述信息:源程序文件名和目标库以及头文件。

图2.45 所示为 CCS 工程窗口,显示了工程的整个内容。其中,Include 文件夹包含源文件中以".include"声明的文件,文件夹 Libraries 包含所有后缀为".lib"的库文件,文件夹 Source 包含所有的后缀为".c"和".asm"的源文件。文件夹上的"+"符号表示该文件夹被折叠,"-"表示该文件夹被展开。

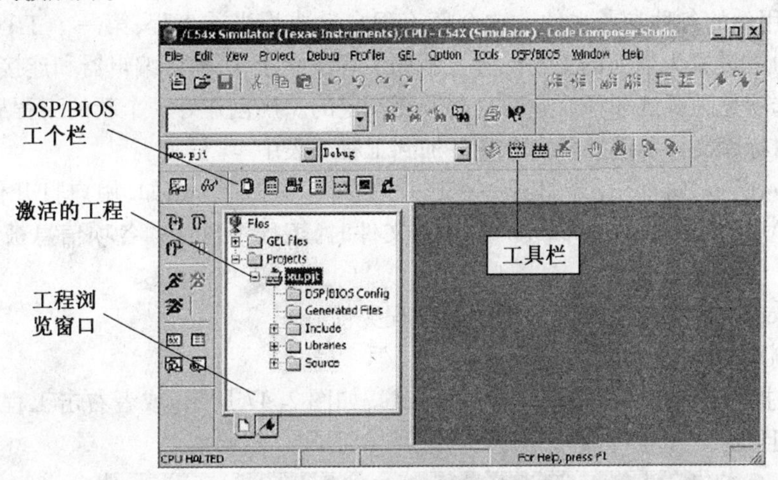

图2.45　CCS 工程窗口

②创建、打开和关闭工程。

一个单独的工程文件(＊.pjt)里只保存一个工程的信息,通过以下步骤来创建一个新工程,每次只能创建一个。当创建多个工程时,每个工程的工程文件名必须是唯一的。但多个工程可以被同时打开。

步骤1:从"工程"菜单里选择"新建",如图2.46 所示。

步骤2:在工程名字区域填入你想要创建的工程名,如 projectname。每一个工程必须有唯一的名字与其对应。

步骤3:在"Location(位置)"区域,设定保存这个工程文件的路径,可在位置区域填上路径的全名,也可以点击浏览按钮使用选择目录对话框。给每一个新工程设立不同的目录,用这一目录可以保存工程文件,也可以保存通过编辑和汇编形成的目标文件。

步骤4:在工程类型区域,从下拉列表中选择一种工程类型,选择执行(.out)或库(.lib)选项。选择执行项说明这个工程能生成一个可执行文件,选择库选项说明你正在构造一个目标库。

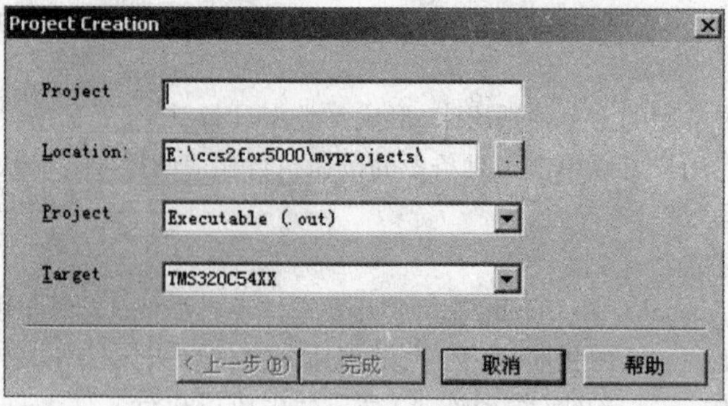

图 2.46　新建工程

步骤 5:在“Target(目标)”区域,选择 CPU 的目标类。如果安装了多种目标工具,这一信息是必要的。

步骤 6:单击“Finish(完成)”按钮。

至此,CCS 就创建了一个称为 projectname. pjt 的工程文件。这一文件保存了你的工程设置和在工程中用到的各种参考文件。这个新工程自动成为当前工程,第一个工程配置(按字母的顺序排列)被设置为当前的工程配置。新的工程继承了 TI 默认编辑器和连接器的这两个选项,这两个选项是为调试和释放这两个配置而设定的。当创建好一个新的工程后,要将你的源代码文件、目标库文件和链接器命令文件加到工程列表中。

命令“Project”→“Open”用于打开一个已存在的工程文件。例如,用户打开位于“c:\ti\c5400\tutorial \hello”目录下的 hello. mak 工程文件时,工程中包含的各项信息被载入工程窗口。

命令“Project”→“Close”,用于关闭当前工程文件。

③添加/删除文件。

步骤 1:选择“Project”→“Add File to Project”,如图 2.47 所示,或者右击工程查看窗口的工程文件名并且选择“Add Files”。

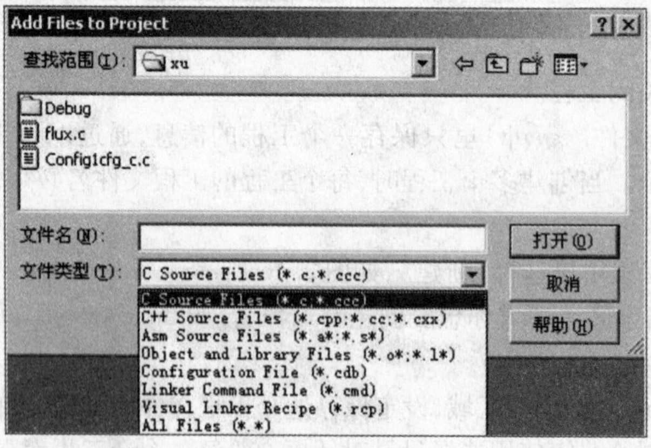

图 2.47　新建工程

步骤 2:在工程对话框里添加文件。如果在当前目录里不存在这一文件,通过浏览来选择正确的位置,运用文件类型下拉列表设置显示在文件名里的文件类型。

注意　不用试图手动地往工程里添加头文件(＊.h)。当源文件被选择作为创建工程中的一部分时,这些文件会被自动地添加。

步骤3:点击“Open”按钮,可以在工程里添加选择好的文件。当一个文件被添加到当前工程里的时候,工程浏览窗口就会被自动更新,如图2.48所示。

注意 工程管理器将源文件添加到文件夹里,包括源文件、库以及DSP/BIOS配置文件。Source源文件及Libraries库文件需要用户指定加入,头文件(Include 文件)通过扫描相关性自动加入到工程中。DSP/BIOS生成的源文件被放置在生成的文件夹里。

当需要从一个工程里移除一个文件时,可以右击工程浏览框里的文件并且选择“Remove from project”,就可以从工程中删除此文件。

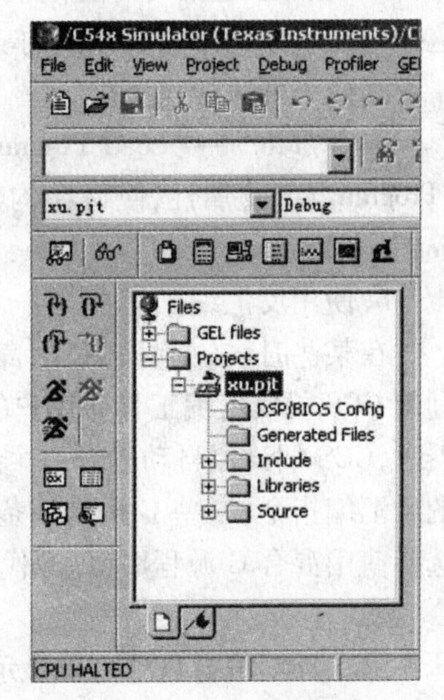

图2.48 工程浏览窗口

④编辑源程序。

CCS集成编辑环境可以编辑任何文本文件,如C程序和汇编程序等,还可以以彩色高亮显示关键字、注释和字符串。CCS的内嵌编辑器支持下述功能:

a. 高亮显示。关键字、注释、字符串和汇编指令用不同的颜色显示并相互区分。

b. 查找和替换。可以在一个或一组文件中查找替换字符串。

c. 针对内容的帮助。在源程序内,可以调用针对高亮显示字的帮助。这在获得汇编指令和GEL内建函数帮助特别有用。

d. 多窗口显示。可以打开多个窗口或对同一文件打开多个窗口。

e. 可以利用标准工具条和编辑工具条帮助用户快速使用编辑功能。

f. 作为C语言编辑器,可以判别圆括号或大括弧是否匹配,排除语法错误。

g. 所有编辑命令都有快捷键对应。

⑤ 构建工程。

CCS提供了以下4条构建工程的命令:

a. 编译文件。通过命令“Project”→“Complie”或单击工程工具条“编译当前文件”按钮,仅编译当前文件,不进行连接。

b. 增量构建。单击工程工具条“增量构建”按钮,则只编译那些自上次构建后修改过的文件。增量构建(Incremental Build)指对修改过的源程序进行编译,先前编译过、没有修改的程序不再编译。

c. 重新构建。命令“Project”→“Rebuild”或单击工程工具条“重新构建”按钮,重新编译连接当前工程。

d. 停止构建:命令“Project”→“Stop Build”或单击工程工具条“停止构建”按钮,停止当前构建进程。

⑥ 调试。

CCS提供了丰富的调试方式。在程序执行控制上,CCS提供了4种单步执行方式。从数据流角度上,用户可以对内存单元和寄存器进行查看和编辑,载入/输出外部数据,设置探针。一般的调试步骤为:截入构建好的可执行程序;先在感兴趣的程序段设置断点,然后执行程序停留在断点处,查看寄存器的值或内存单元的值;对中间数据进行在线(或输出)分析。反复这个过程直到程序完成预期的功能。

a. 载入可执行程序。

命令“File”→“Load Program”,用于载入编译链接好的可执行程序。用户也可以修改“Program Load”属性,使得在构建工程后自动装入可执行程序。设置方法为:选择命令“Option”→“Program Load”。

b. 使用反汇编工具。

在某些时候(如调试C语言关键代码等),用户可能需要深入到汇编指令一级,此时可以利用CCS的反汇编工具。用户的执行程序(不论是C程序或是汇编程序)载入目标板或仿真器时,CCS调试器自动打开一个反汇编窗口。对每一条可反汇编的语句,反汇编窗口显示对应的反汇编指令(某些C语句一条可能应于几条反汇编指令)。当源程序为C代码时,用户可以选择使用混合C源程序(C源代码和反汇编指令显示在同一窗口)或汇编代码(只有反汇编指令)模式显示。

除在反汇编窗口中可以显示反汇编代码外,CCS还允许用户在调试窗口中混合显示C和汇编语句。用户可以选择命令“View”→“Mixed Source/Asm”,则在其前面出现一对选中标志。选择“Debug”→“Go Main”,调试器开始执行程序并停留。C源程序显示在编辑窗中,与C语句对应的汇编代码以暗色显示在C语句下面。

c. 程序执行控制。

在调试程序时,用户会经常用到复位、执行、单步执行等命令。我们统称其为程序执行控制。

d. 断点设置。

断点的作用在于暂停程序的运行,以便观察/修改中间变量或寄存器数值。CCS提供了两类断点:软件断点和硬件断点。这可以在断点属性中设置。设置断点应当避免以下两种情形:将断点设置在属于分支或调用的语句上;将断点设置在块重复操作的倒数第一或第二条语句上。

小　结

ARM和DSP是目前市场上最受关注和实际应用中首选的微处理器,应用十分广泛,而本书中大量的应用实例也基于这两个微处理器,因此,作为学习本书其他章节内容的必备基础知识。本章系统地介绍了两种处理器的特点、体系结构、工作原理、软、硬件设计方法和调试方法等内容,对于丰富其功能和性能的外围接口电路,包括存储模块设计、网络控制模块设计、USB设备模块设计、总线接口设计等内容也以较多篇幅进行了阐述。通过本章的学习,读者能够对ARM和DSP微处理器有一个清晰的认识和系统的了解,同时也为理解后续学习奠定基础。

思考题

1. 什么是RISC体系结构?它有什么特点?
2. 简述ARM处理器的技术特点。
3. 简述ARM处理器中MMU的作用。
4. 简述Nand Flash与Nor Flash的区别和各自的特点。

5. ARM9260处理器是否支持USB模块？USB2.0能支持的传输速率是多少？

6. 简述I^2C总线的工作原理。

7. 什么是BootLoader？其作用是什么？

8. 什么是交叉编译？嵌入式系统为什么要采用交叉编译的方法？

9. 通过什么方法可以将编译好的BootLoader烧写到ARM处理器中运行？

10. 什么是DSP？它有哪些特点？

第3章 航行数据记录仪设计

在20世纪80年代发生了几起主要的海事灾难,尤其是客轮Estonia更是导致了900多人丧生。造船工业组织考虑采用与飞机“黑匣子”相似的技术实现对船舶航行数据的实时记录,进而为调查分析事故提供帮助。20世纪90年代,IMO提出了船舶“黑匣子”规范,能够在发生海上事故后对所记录的重要数据进行回放。

船载航行数据记录仪(Voyage Data Recorder,VDR)俗称船用黑匣子,是专门用于记录和保存船舶航行过程重要信息参数的智能化记录设备,其功用相当于飞机上的“黑匣子”,当船舶发生事故时,这些数据在分析事故时起到不可替代的重要作用。

船舶“黑匣子”拥有信息采集、信息联网与传送、信息记录、信息加密、信息备份、事故分析和辅助等多种功能,可以实时记录近期船舶运动的航向、航速、声呐信息、船长指挥口令、舱内温湿度和舱内压力等信息。船舶失事后,“黑匣子”随失事浮标一同浮出水面,救援人员只要打开“黑匣子”,就可了解船舶失事的原因、在沉没过程中采取的措施和船舶内人员失事时的情况等。形象地说,船舶“黑匣子”就像一部特别的“摄像机”,船舶内的一切活动都逃不过它的“顺风耳”和“千里眼”。

航行数据记录仪使用的意义在于:

(1)VDR以一种安全并可恢复的形式存储有关船舶发生事故前后一段时间的停置、动态、物理状况、命令和操纵信息,以便主管机关和有关方面获得包含在VDR中的信息,用于随后事故原因的调查和分析,有利于探索事故发生的规律,提高船舶的出航安全和作战能力。

(2)有利于对事故责任者为推脱责任所做的伪记录、伪证的识别,查明原因,判明责任。

(3)安装船舶航行数据记录仪,可以规范艇员的操作行为,更好地控制人为因素对船舶安全的影响,更有效地提高船舶航行训练效果。

3.1 VDR系统的需求分析

3.1.1 系统功能分析

系统的功能需求如下:

(1)船舶数据记录。采集记录船舶上操作数据、航海数据、状态数据和固定数据。

(2)语音数据记录。采集记录驾驶室内、外音频信号和VHF设备通信音频信号,最多可以采集三路麦克风和一路VHF音频信号。

(3)系统监测与报警功能。连续监测下列状态:供电、记录、麦克、CAN等。如有故障,则进行声光报警。报警参数可配置。

(4)记录数据防篡改功能。软件操作均有口令保护。

(5)采集数据实时显示功能。将监控系统通过以太网连接本机,可实现采集数据的实时显示。

(6)麦克风自检功能。系统正常工作状态下每12小时对麦克风进行一次无需人工干预的自检,如出现故障,则会报警。

(7)数据再现功能。通过回放系统,可以实现记录数据的准确再现。

(8)特殊接口的采集记录功能。非IEC61162接口的信号,如模拟量、开关量和脉冲量的采集记录功能。

(9)数据下载功能。通过回放系统,可实现记录数据的下载。

(10)日志记录功能。能够实时记录系统运行过程中的各种状况,为后期维护提供可靠的依据。

3.1.2　具体的系统功能需求

数据流图是目标软件系统中各个处理子功能以及它们之间的数据流动的表示图形。数据流图的精化过程实际是处理子功能和数据流的细化过程。随着这一过程的进行,用户需求逐步精确化、一致化、完全化。

在创建用户需求的数据流模型的过程中,应遵循以下规则:

(1)首先建立顶级数据流图,其中只含有一个代表目标软件系统整体处理功能的转换。根据软件系统与外部环境的关系,确定顶级数据流图中的外部实体以及它们与软件系统之间的数据流。

(2)对用户需求的文字描述进行语法分析,其中的名词和名词短语构成潜在的外部实体、数据源或数据流,动词构成潜在的处理功能。结合分析人员对问题域和用户需求的理解,确定软件系统的主要功能以及它们之间的数据流。

根据3.1.1节对系统的功能分析,VDR系统的顶级数据流图如图3.1所示。

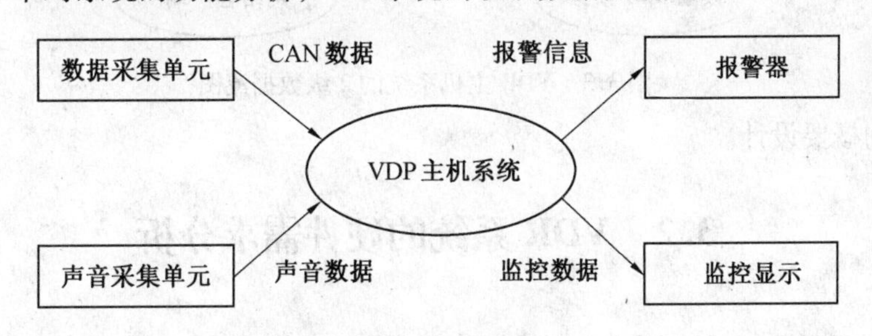

图3.1　VDR系统的顶级数据流图

从图3.1可以看出,VDR主机系统是VDR系统最为复杂和重要的部分,因此进一步对VDR主机系统进行分解,VDR主机系统的1级数据流图如图3.2所示。

(3)采用通常的功能分解方法,按照强内聚、松耦合原则逐个对处理功能进行精化;与此同时,逐步完成对数据流的精化,并针对被精化的处理功能生成下一级数据流图。从图3.2可以看出,网络处理模块的输入及输出较多,也较为复杂,因此可对网络处理模块进行分解。图3.3为VDR主机系统对网络处理的分解的2级数据流图。

通过上述的数据流图对系统一步步地分解,将客户的需求一步步细化,最终以此结果为依

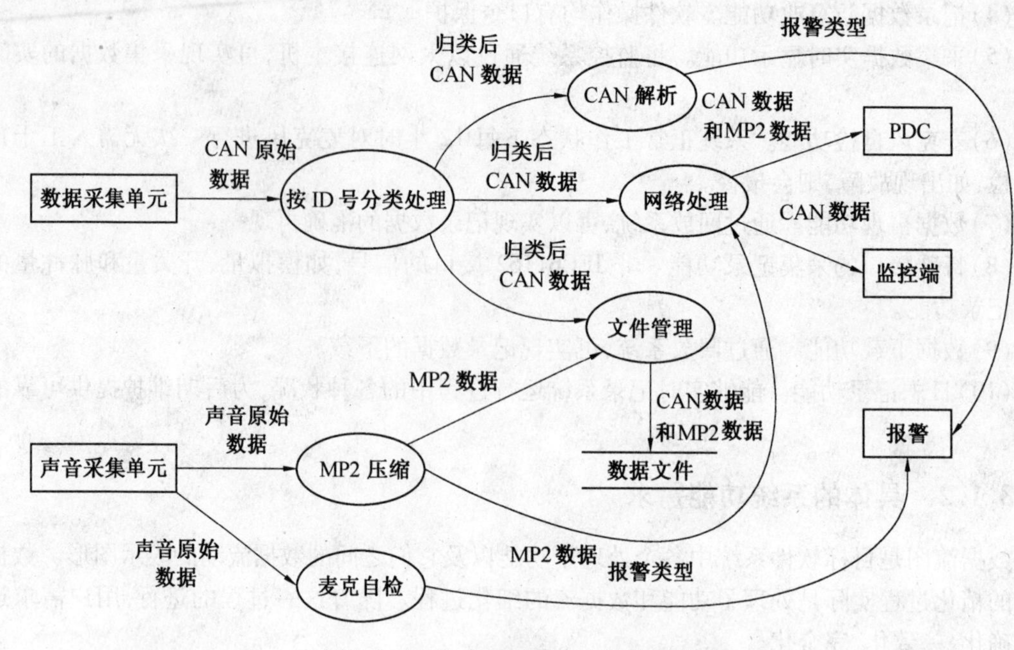

图 3.2　VDR 主机系统的 1 级数据流图

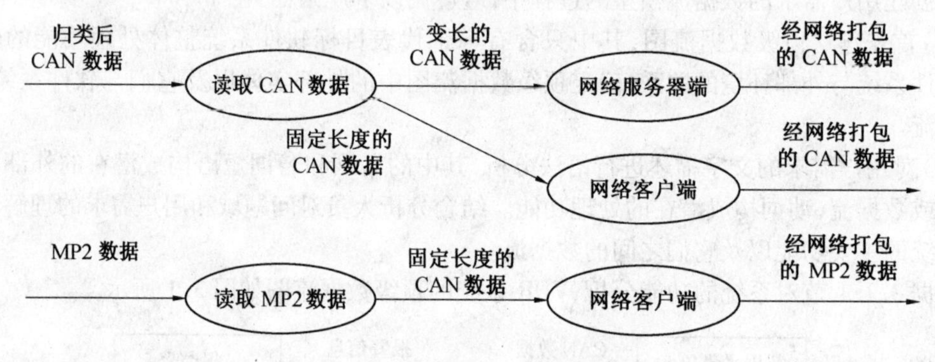

图 3.3　VDR 主机系统的 2 级数据流图

据进行系统的概要设计。

3.2　VDR 系统的硬件需求分析

3.2.1　硬件平台的选择

嵌入式系统的核心部件是各种类型的嵌入式处理器。据不完全统计,目前全世界嵌入式处理器的品种总量已经超过 1000 多种,流行体系结构有 30 多个系列。但与全球 PC 市场不同的是,没有一种微处理器和微处理器公司可以主导嵌入式系统,仅以 32 位的 CPU 而言,就有 100 种以上嵌入式微处理器。由于嵌入式系统设计的差异性极大,因此选择是多样化的。

在选择处理器时要考虑的主要因素有:

(1)处理性能。对于用处理器的嵌入式系统设计来说,目标不是在于挑选速度最快的处理器,而是在于选取能够完成作业的处理器和 I/O 子系统。

(2)技术指标。首先考虑的是,系统所要求的一些硬件能否无需过多地胶合逻辑(Glue Logic,GL)就可以连接到处理器上;其次是考虑该处理器的一些支持芯片,来降低整个系统的开发费用。

(3)功耗。车载导航系统的微处理器功耗低。

(4)软件支持工具。选择合适的软件开发工具对系统的实现会起到很好的作用。

(5)是否内置调试工具。处理器如果内置调试工具可以大大缩小调试周期,降低调试的难度。

(6)供应商是否提供评估板。许多处理器供应商可以提供评估板来验证理论是否正确,决策是否得当。

(7)生产规模。

(8)开发的市场目标。

(9)软件对硬件的依赖性。

目前,比较常用的几款嵌入式处理器的比较见表3.1。

表3.1 常用嵌入式处理器

嵌入式处理器	价格	主要性能及应用
ARM	低	采用RISC架构,体积小、低功耗、低成本、高性能。主要应用于嵌入式设备,如手机、PDA或其他小型设备当中
Power PC	高	内部集成了微处理器和一些控制领域的常用外围组件,特别适用于通信产品。应用于调制解调器、路由器、中心局交换机设备、无线基础设施基站等产品
X86	较高	与ARM相比,嵌入式X86处理器普遍拥有较高性能,但功耗也高了许多,并在处理浮点数、多媒体指令集方面相对比较强。广泛应用于设备体积相对较大,不依靠电池运行,但要求具有较高的性能、低能耗的场合
MIPS	高	在通用方面,MIPS R系列微处理器用于构建SGI的高性能工作站、服务器和超级计算机系统。在嵌入式方面,MIPS K系列微处理器是目前仅次于ARM的用得最多的处理器之一,其应用领域覆盖游戏机、路由器、激光打印机、掌上电脑等各个方面

考虑到VDR系统需要处理音视频数据,并且有持续的电源供电,对体积没有特殊要求,因此选用多媒体处理能力相对较好、价格适中的X86处理器。在硬件架构设计上为了降低低功耗、节省空间、增加可扩展性,采用PC/104架构的板卡。外壳采用了军用加固技术,具有水密性和抗冲击性。

3.2.2 系统硬件结构的设计

在系统需求分析的基础上,进行硬件架构设计,设计出系统的主要组成。系统主要由主机单元、最终保护体(简称黑匣子或PDC)、数据采集单元、监控单元、麦克风组合和UPS电源箱组成,系统硬件结构如图3.4所示。

(1)主机单元。

主机是系统的核心,它负责控制整个系统的运转,处理各种采集的信息,具有高稳定性和实时处理的能力。VDR主机实现CAN数据、语音、图像的采集、压缩和存储,并且实时监

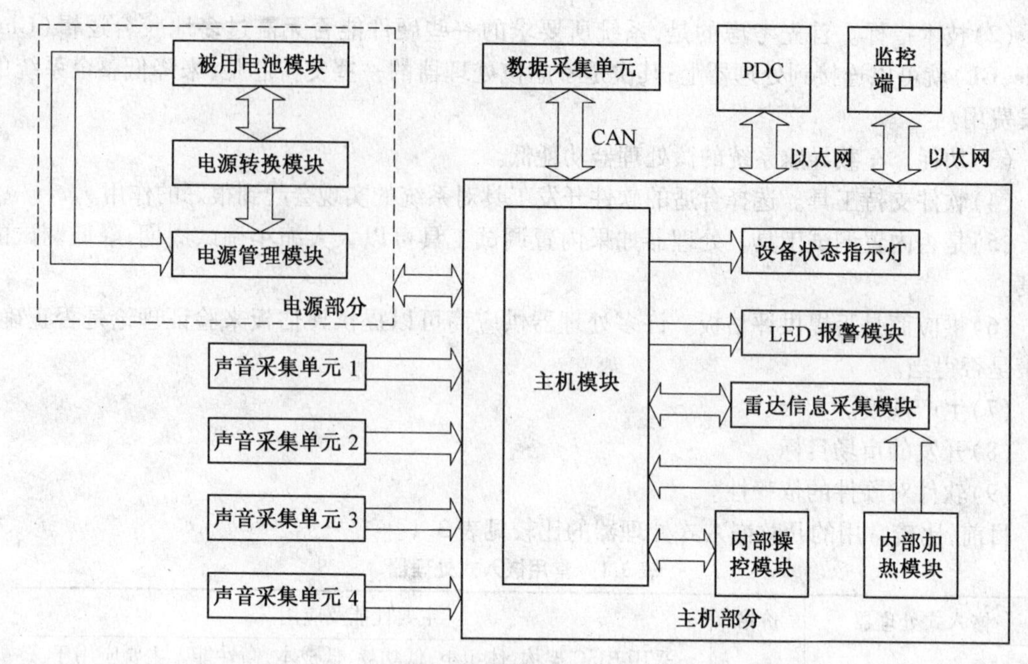

图 3.4　系统硬件结构

控 VDR 系统电源、雷达信号、麦克、存储等方面的状态，如出现故障时发出声、光报警。

(2)最终保护体。

最终保护体将采集到的信息记录下来，以便当船舶发生不测后为事故分析鉴定提供可靠的数据。它具有耐高温、耐高压、抗冲击等特点，主机与黑体之间通过以太网连接；其存储设备为电子盘，容量为 4.0 GB。

(3)UPS 电源箱。

电源模块带有 UPS 备用电源，当船上主电源掉电时，可以自动切换至备用电源并可工作 2 小时；电源箱具有当电池电压过低或船舶主电源故障后向主机发送告警信息的功能；同时，它也可以根据主机的指令自动地切断电源。

(4)数据采集单元。

数据采集单元带有多种数据采集卡，可以采集船上各种设备的数据，并通过 CAN 总线把数据传至主机。它主要用于采集机舱等离主机箱较远的 IEC61162 标准信号和非 IEC61162 标准信号，通过 CAN 总线传输到主机单元，存储到主存储体和最终保护体中，可根据船舶的具体情况灵活进行信号采集、模块种类和数量的配置。

(5)语音混响器与麦克风组合。

连接多路麦克风语音信号和 VHF 信号。可以接入三路麦克风和一路 VHF 通信信号，主机单元对麦克风每隔 12 小时进行一次巡检。

(6)回放系统。

回放系统为便携装置，当船舶发生不测后，使其与从水中打捞出来的黑匣子相连接，以便再现其中的数据信息、声音信息和图像信息。它可以根据日期和时间进行数据的查询，方便地进行事故原因分析。它具有先进的时间检索功能，能接受用户输入精度为 1 s 的回放时间，同步回放出该时刻的所有数据。它还具有快进、快退、连续拖动等灵活方便的操作功能。

(7)监控单元。

监控端为一台普通便携机,通过以太网与主机相连。主机本身没有人机交互界面,授权用户可通过监控端观察采集单元采集到的各种设备的信息,并且通过修改配置文件的方式对主机的参数进行灵活配置。

3.3 VDR系统软件的需求分析

3.3.1 软件平台的选择

在硬件方案确定之后,操作系统的选择就相对轻松了。应该从以下几点进行考虑如何选择一个适合开发项目的操作系统。

(1)操作系统提供的开发工具。有些操作系统只支持该系统供应商的开发工具,因此,还必须向操作系统供应商获取编译器、调试器等;而有些操作系统使用广泛,且有第三方工具可用,因此,选择的余地比较大。

(2)操作系统向硬件接口移植的难度。操作系统到硬件的移植是一个重要的问题,是关系到整个系统能否按期完工的一个关键因素。因此,要选择那些可移植性程度高的操作系统,避免操作系统难以向硬件移植而带来的种种困难,加速系统的开发进度。

(3)操作系统的内存要求。均衡考虑是否需要额外花钱去购买RAM或EEPROM来满足操作系统对内存的较大要求。

(4)开发人员是否熟悉此操作系统及其提供的API。

(5)操作系统是否提供硬件的驱动程序,如LCD等。

(6)操作系统的可剪裁性。有些操作系统具有较强的可剪裁性,如嵌入式Linux,Tornado/VxWorks等。

目前,几款主流的嵌入式操作系统比较见表3.2。

表3.2 Linux与其他操作系统的比较

嵌入式实操作系统	价格	源代码开放	主要性能及应用
Linux	免费	是	代码注释丰富,文档齐全,支持多种硬件平台,裁剪方便,强大的网络支持功及支持多文件系统,丰富的软件资源,广泛的软件开发者的支持,价格低廉,具备一套完整的开发工具链,结构灵活,适用面广,但实时性有待提高,需要外挂实时内核,是未来应用前景较广的操作系统
VxWorks	很高	否	美国WindRiver公司开发出一种嵌入式实时操作系统,高性能的微内核设计,具有高实时性和稳定性,良好的可移植性,强大的网络支持。配套功能强大的开发和调试工具Tornado,但对图形功能支持较差。目前在嵌入式操作系统市场中的占有率为第一
Windows CE	高	否	Windows CE是微软开发的一个开放的、可升级的32位嵌入式操作系统,是基于掌上型电脑类的电子设备操作。Windows CE的图形用户界面相当出色,支持近1500个Win32 API。但占用内存较多,可裁剪性和可移植性差

通过以上比较，由于 VDR 系统对实时性要求很高，不需要图形显示，并且系统较为复杂，要求有强大的开发调试工具，而且对操作系统价格因素并不敏感，综合上面几个因素最终选择 VxWorks 操作系统。

3.3.2 系统软件的设计

概要设计就是设计软件的结构，包括组成模块、模块的层次结构、模块的调用关系、每个模块的功能等。同时，还有设计该项目的应用系统的总体数据结构和数据库结构，即应用系统要存储什么数据，这些数据是什么样的结构，它们之间有什么关系。概要设计阶段通常得到软件结构图。

在这个阶段，设计者会大致考虑并照顾模块的内部实现，但不过多纠缠于此，主要集中于划分模块、分配任务和定义调用关系。模块间的接口与传递参数在这个阶段要定得十分细致、明确，应编写严谨的数据字典，避免后续设计产生不解或误解。概要设计一般不是一次就能做到位的，而是要反复地进行结构调整。典型的调整是合并功能重复的模块，或者进一步分解出可以复用的模块。在概要设计阶段，应最大限度地提取可以重用的模块，建立合理的结构体系，节省后续环节的工作量。

概要设计文档最重要的部分是分层数据流图、结构图、数据字典以及相应的文字说明等。以概要设计文档为依据，各个模块的详细设计就可以并行展开了。

1. VDR 主机的层次结构划分

在上面系统结构划分的基础上，对 VDR 主机进行分层结构划分。

将层模式将系统划分为 4 层结构，各层及各模块具体关系如图 3.5 所示。

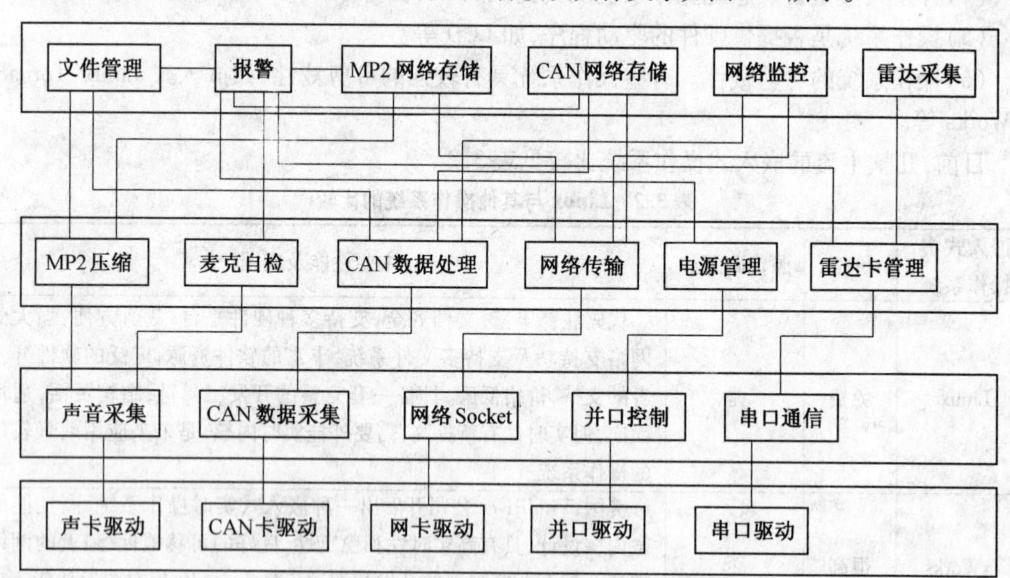

图 3.5　各模块分层结构图

层次中的最底层为驱动层，包括声卡驱动、CAN 卡驱动、网卡驱动、并口驱动和串口驱动。这一层介于硬件与上层应用之间，所有上层功能的实现都以这一层为基础。

第二层包括声音采集、CAN 数据采集、网络 Socket、并口控制和串口通信。这一层负责调用驱动层给出的接口，对硬件进行初始化和参数设置。

第三层包括MP2压缩、麦克自检、CAN数据处理、网络传输、电源管理和雷达卡管理。负责对采集到的声音数据和CAN数据进行处理,并且初始化网络传输和对雷达卡和主机电源进行管理。

最上层的第四层包括文件管理、报警、MP2网络存储、CAN网络存储、网络监控和雷达采集。这一层实现的功能是系统所表现的最外部的功能,负责把MP2数据和CAN数据存储在本地存储器和外部存储器(PDC)上,并对检测到的各种系统报警信息进行报警,同时响应用户的监控要求。

其优点如下:

(1)层的重用。如果一个独立层体现了一个良好的抽象而且良好定义和文档化的接口,该层就可在多个语境中重用。已存在层的黑盒重用会显著地减少开发工作量且减少缺陷数。

(2)标准化支持。清晰定义和共同接受抽象层能促进标准化任务和接口的开发。同一接口的不同实现可以替换使用。

(3)局部依赖性。层之间的标准化接口往往受被改动层的改动代码的影响。硬件、操作系统、窗口系统、特殊数据格式等,它们的变动往往只影响一层,不用改变其他层就可以适应被改变层。这支持了系统的可移植性。可测试性也支持得很好,因为可以测试系统中独立于其他组件的特殊层。

(4)可替换性。独立层实现不需要太费劲就可以被语义上等价的实现所替换。

2. 任务、模块的划分与相互关系

(1)任务的划分。

对于嵌入式时实系统任务划分一般遵循H. Gomma原则:

①I/O原则:不同的外设处理不同任务,因为CPU操作快于I/O操作,所以将I/O操作串行执行会造成资源利用的不充分。

②优先级原则:不同优先级的任务分别处理。

③大量运算:划归为一个任务处理。

④功能耦合:划归为一个任务处理。

⑤偶然耦合:划归为一个任务处理。

⑥频率组:针对于不同频率处理不同的任务。

按照以上原则将系统划分为10个任务,包括:CAN数据处理、MP2压缩、麦克自检、文件管理、报警、电源管理、CAN网络存储、MP2网络存储、监控服务器和雷达卡管理。

(2)各模块的功能及相互关系。

按照数据流在各模块中的走向,各模块之间的关系如图3.6所示。下面按照数据流向自底向上的顺序,对各模块功能及相互关系进行叙述。

①声音采集模块先通过调用声卡驱动模块,对声音采集卡各种参数进行初始化,使声音采集卡开始正常工作。然后通过全局共享缓冲区将采集到的PCM数据传递给MP2压缩模块和麦克自检模块。声音压缩模块从共享缓冲区中取出PCM数据,压缩为MP2数据,压缩后将数据复制为两份,一份存入本地存储器,另一份放入全局环状缓冲区中。MP2网络存储模块从全局环状缓冲区中取出MP2数据,调用网络传输模块,将MP2数据存储至外存储体。麦克自检模块从共享缓冲区中取出PCM数据后,进行FFT变换,对数据进行频谱分析,将分析结果通知报警模块。

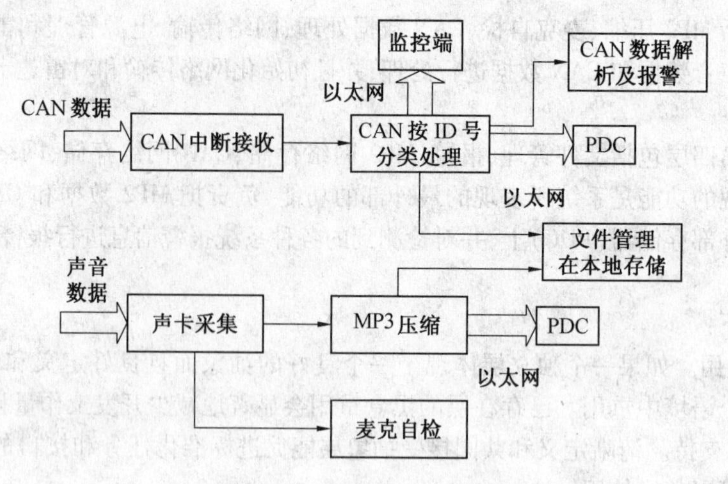

图 3.6　模块间的关系框图

②CAN 数据采集模块通过调用 CAN 卡驱动模块，对 CAN 控制器进行初始化，使 CAN 控制器开始正常工作。然后将采集的 CAN 数据放入全局环状缓冲区中。CAN 数据处理模块从环状缓冲区中读取数据，按照 ID 号进行分类，将分类后的数据存入本地存储器和用于网络发送的全局环状缓冲区，并按照协议进行实时解析，将解析结果通知报警模块。CAN 网络存储模块从用于网络发送的全局缓冲区中取出 CAN 数据，调用网络传输模块，将 CAN 数据存储至外存储体。

③并口控制模块对并口进行初始化，设置其工作方式。电源管理模块调用并口控制模块对并口状态进行检测，如符合关机条件，电源管理模块通过并口模块向并口发出关机命令，即可关机。

④网络监控模块是存在于另一台机器 Windows 操作系统下的一个进程，它通过网络与主机的网络传输模块通信。网络传输模块接到监控模块的请求时，从 CAN 数据处理模块取得数据，将 CAN 数据发送给网络监控模块。

⑤雷达采集模块是在另一台机器 Windows 操作系统下的一个进程，它通过串口与主机的雷达卡管理模块通信。串口控制模块对串口进行初始化，设置其工作方式。雷达卡管理模块调用串口通信模块与雷达采集模块通信，将获得的报警信息通知报警模块。

⑥文件管理模块负责定时在本地存储器上创建文件和文件夹，并将最新更新的文件名及路径通知 MP2 压缩模块和 CAN 数据处理模块。

⑦报警模块收集各模块发来的报警信息，控制硬件电路产生声光报警。给报警模块提供信息的模块包括：文件管理、CAN 网络存储、MP2 网络存储、麦克自检、CAN 数据处理、电源管理和雷达卡管理。这里各任务间的同步、任务和中断间的同步均采用二进制信号，任务间的互斥采用互斥信号量。

3.4　系统详细设计

详细设计是对概要设计产生的功能模块逐步细化，形成若干个可编程的程序模块，设计程序模块的内部细节，包括算法、数据结构和各程序模块之间的详细接口信息。

3.4.1　麦克自检模块的设计

麦克自检模块的内部流程如图 3.7 所示。系统共有 4 个麦克接在同一个声道上，每个麦克上均装有蜂鸣器，通过并口来控制蜂鸣器的选通。这个模块执行时首先控制并口并选通第一个麦克上的蜂鸣器，通过蜂鸣器发出一个单频的声音，然后将此麦克采集回来的声音数据作 1024 点的 FFT 变换，最后将 FFT 的结果与发出的单频信号频率作比较，即检测出麦克是否工作正常，如果出错，置相应的报警标志位。重复以上过程检测其他麦克，都检测完成后继续等待下一个定时。

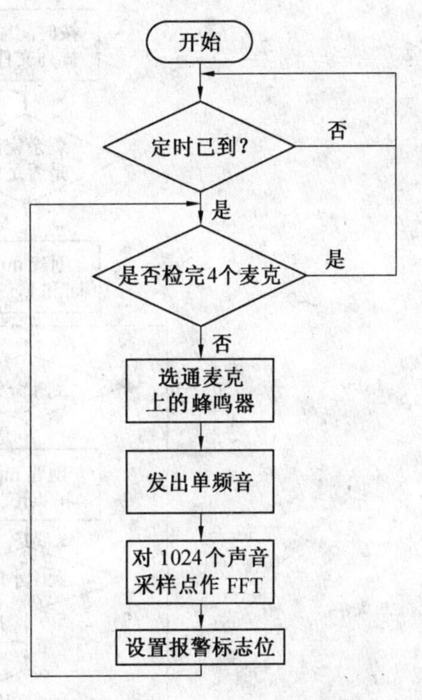

图 3.7　麦克自检模块的内部流程

3.4.2　文件管理模块的设计

文件管理模块内部流程如图 3.8 所示，负责对系统中的主存储体进行管理，存储的文件分为 3 种：以. mp2 为后缀的 mp2 文件，以. dat 为后缀的常规数据文件，以. log 为后缀的日志文件。

每次系统启动，进入文件管理模块，首先扫描磁盘上的文件夹，将所有文件夹按创建时间排列，接着判断磁盘剩余空间是否满足要求。如果空间不够，则删除时间上最旧的文件夹和其中的数据。如满足要求，则创建 mp2，dat 和 log 文件。接着程序进入定时循环，如果定时到 1 分钟，则创建 mp2 和 dat 文件。如果定时到 1 小时，首先判断磁盘空间，如果不满足要求，则删除最旧的文件夹和其中的数据，如果满足要求，则新建一个文件夹。如果定时到 24 小时，则创建 log 文件。

3.4.3　电源管理模块的设计

电源管理模块通过并口监测和控制主机电源。电源的状态分为 4 种情况：

(1) 主电源 220 V 供电。

(2) 主电源掉电 24 V 应急电源供电。

(3) 主电源和应急电源均在掉电后使用蓄电池供电。

(4) 主机开关断开。

模块内部定时一秒钟检测一次电源状态，主电源 220 V 供电为正常状态。如果状态为蓄电池供电，则定时 2 小时后，通知其他模块停止工作，向并口输出控制电平，主机关机。如果状态为 24 V 应急电源供电，则置相应的报警标志位。如果状态为主机开关断开，则通知其他模块停止工作，向并口输出控制电平，30 秒后主机关机。

3.4.4　雷达卡管理模块的设计

雷达卡管理模块通过串口 2 与雷达图像采集模块通信，以监测雷达卡工作状态。工作状

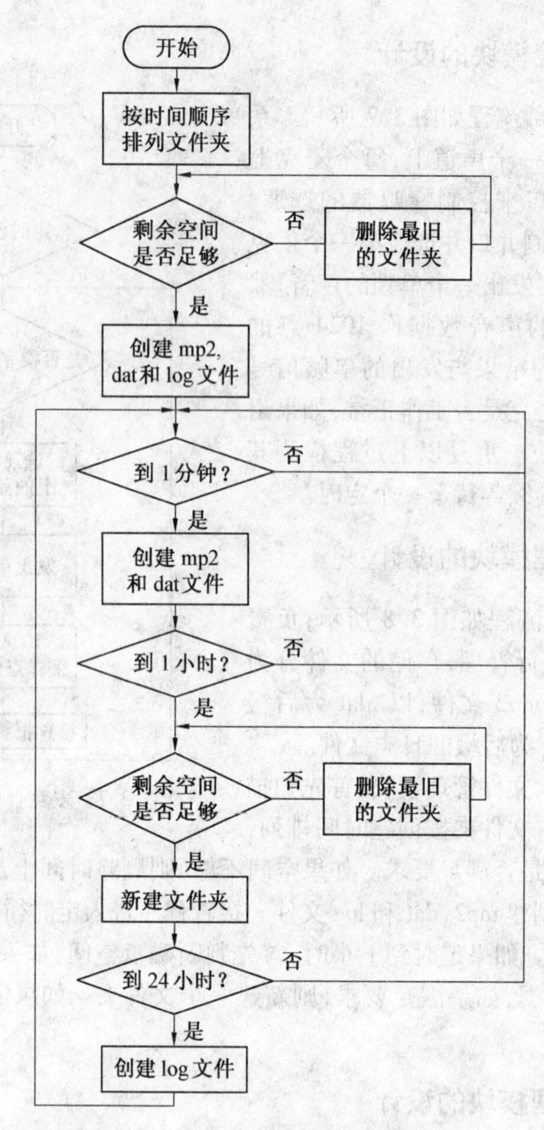

图 3.8　文件管理模块内部流程

态分为：

(1)雷达图像采集正常，通信协议为"＄RDROK<CR><LF>"。

(2)雷达采集卡无信号，通信协议为"＄NOSGNL<CR><LF>"。

(3)雷达数据网络存储出错，通信协议为"＄HVRNTF<CR><LF>"。

(4)雷达数据本地存储出错，通信协议为"＄IDCERR<CR><LF>"。

(5)串口通信出错。

雷达卡管理模块串口工作方式设为：1 位起始位、8 位数据位、1 位偶校验和 1 位停止位，波特率为 9600 bps，采用中断方式接收串口数据，收到不同的报警信息后，分别置不同的报警标志位，以通知报警模块。

3.4.5　报警模块的设计

报警模块负责将其他模块提供的报警信息按照报警协议，通过串口1发送给声报警器和光报警器，其中光报警器包括LED数码管显示和报警灯显示。

串口工作方式设为：1位起始位、8位数据位、1位偶校验和1位停止位，波特率为9600 bps。声报警接收由报警模块发送的声音报警命令，命令包括3种：

(1)产生报警："$ALARM<CR><LF>"。

(2)无强制报警数据："$NODATA<CR><LF>"。

(3)消除报警："$OK<CR><LF>"。

光报警器与主机通信协议为："$LED××××××××<CR><LF>"，其中前5个乘以占5个字节为数码管报警信息，用ASCII码表示。后3个乘以占3个字节以16进制数表示，代表12个报警灯的状态。

3.4.6　网络传输模块的设计

网络传输模块采用基于TCP协议的客户/服务器模型，包括3个独立的模块，即一个服务器端和两个客户端。服务器端的作用是接收监控端的请求，请求以命令形式发给服务器，包括：传送CAN数据（命令代码0x01）、发送配置文件（命令代码0x02）、接收配置文件（命令代码0x03）和登录主机（命令代码0x04）。因为监控端一次只发送一个请求，所以服务器端采用循环模式。

两个客户端的作用是，向最终保护存储体（PDC）分别传送CAN和MP2数据。由于PDC内部预装了Linux操作系统，每次启动都会自动运行一个服务器端，因此两个客户端按照服务器提供的接口命令，向服务器发送命令来实现向PDC读写数据。服务器与客户机的内部流程如图3.9所示，为了进一步保证网络传输的可靠性，在服务器、客户机模块中均加入了出错的异常处理，将在5.3节对此进行具体分析。

3.5　系统Boot Loader的移植

完成系统所有的设计后，进入系统实施阶段。对于嵌入式系统首先要考虑如何将操作系统移植选好的硬件上面运行，Boot Loader的移植就是系统实施的第一步。

3.5.1　Boot Loader概述

对于将移植操作系统到开发板的人来说，编写移植Boot Loader是一个不可避免的过程，同时也是一个很有挑战性的工作。我们知道PC机的体系结构，PC机中的引导加载程序由BIOS（其本质就是一段固件程序）和位于硬盘MBR中的OS Boot Loader组成。BIOS在完成硬件检测和资源分配后，将硬盘MBR中的Boot Loader读到系统的RAM中，然后将控制权交给操作系统。Boot Loader的主要运行任务就是将内核映象从硬盘上读到RAM中，然后跳转到内核的入口点去运行，即开始启动操作系统。而在嵌入式系统中，通常并没有像BIOS那样的固件程序，因此整个系统的加载启动任务就完全由Boot Loader来完成。简单地说，Boot Loader就是在操作系统内核运行之前运行的一段小程序，通过这段小程序，可以初始化硬件设备、

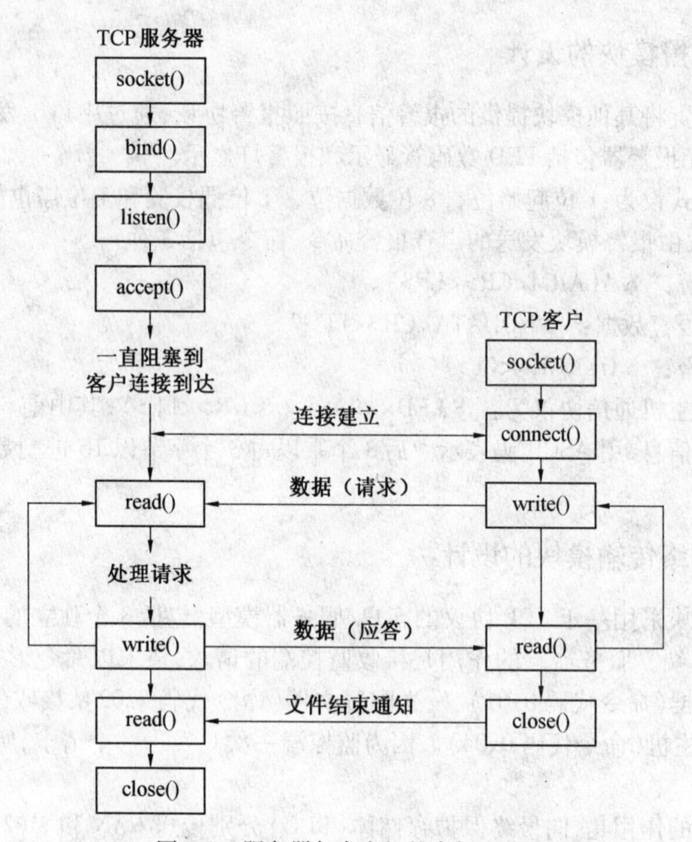

图3.9　服务器与客户机的内部流程

建立内存空间的映射，从而将系统的软、硬件环境带到一个合适的状态，以便为最终调用操作系统内核准备好正确的环境，将内核映象从 Flash 上读到 RAM 中，然后跳转到内核的入口点去运行，即开始启动操作系统。

由于 Boot Loader 的实现依赖于 CPU 的体系结构，因此大多数 Boot Loader 都分为 stage1 和 stage2 两大部分。依赖于 CPU 体系结构的代码，如设备初始化代码等，通常都放在 stage1 中，而且通常都用汇编语言来实现，以达到短小精悍的目的。而 stage2 则通常用 C 语言来实现，这样可以实现复杂的功能，而且代码会具有更好的可读性和可移植性。

Boot Loader 的 stage1 通常包括以下步骤（以执行的先后顺序）：

(1)硬件设备初始化。

(2)为加载 Boot Loader 的 stage2 准备 RAM 空间。

(3)拷贝 Boot Loader 的 stage2 到 RAM 空间中。

(4)设置好堆栈。

(5)跳转到 stage2 的 C 入口。

Boot Loader 的 stage2 通常包括以下步骤（以执行的先后顺序）：

(1)初始化本阶段要使用到的硬件设备。

(2)检测系统内存映射（Memory Map）。

(3)将 Kernel 映象和根文件系统映象从 Flash 上读到 RAM 空间中。

(4)为内核设置启动参数。

(5)调用内核。

3.5.2 网口通信时软盘 VxWorks 的引导

网口通信时目标机 VxWorks 系统启动软盘的制作步骤如下:

(1)修改通用配置文件。

修改\Tornado\target\config\pcPentium\config. h.

针对不同的网卡,其名称不同,如 NE2000 及其兼容网卡为 ene,3COM 以太网卡为 elt,Intel 网卡为 eex,Intel82559 网卡为 fei,3C905B PCI 网卡为 elPci(以 3COM 以太网卡为例)。

针对目标机的网卡,#define INCLUDE_ELT,同时#undef 其他网卡在 config. h 文件中修改相应网卡类型(如网卡为 3COM 网卡)的定义部分:

#define IO_ADRS_ELT 网卡 I/O 地址

#define INT_LVL_ELT 网卡中断号

修改#define DEFAULT_BOOT_LINE 的定义:

#elif(CPU_VARIANT == PENTIUM)(修改此行后的 DEFAULT_BOOT_LINE)

#define DEFAULT_BOOT_LINE \

"elt(0,0)主机标识名:vxWorks h=主机 IP e=目标机 IP u=登录用户名 pw=口令 tn=目标机名"

例如:#define DEFAULT_BOOT_LINE \

"elt(0,0)comps:vxWorks h=10.132.101.88 e=10.132.101.82 u=x86 pw=xxx tn=x86"

新安装的 Tornado2 要拷贝文件 01FAE. cdf 到目录

D:\Tornado\target\config\comps\vxWorks。

注意 对于 PCI 网卡,无需步骤 2,即不用修改网卡的 I/O 地址和中断号。

(2)制作启动软盘。

准备一张已格式化的空盘插入软驱;在 Tornado 集成环境中点取 Build 菜单,选取 Build Boot Rom,选择 BSP 为 PcPentium,选择 Image 为 bootrom_uncmp,OK。

进入 DOS 命令提示符,执行命令 D:\tornado\host\x86-win32\bin\torvars;

改变目录到 D:\tornado\target\config\pcpentium;

执行命令:mkboot a: bootrom_uncmp。

(3)新建 Bootbable 工程。

宿主机上的文件\\Tornado\target\config\pcPentium\config. h 同样按照 1.10.1.0 所示修改;然后在 Tornado 环境中新建 Bootbal 工程:

在第一步中设定"Location"为 c:\myprojects\BootPen\Project0;

在第二步中选择"A BSP"为 pcPentium;

Build 新建的工程,生成 VxWorks。

注意 Workspace→Vxworks 属性页,对于 PCI 网卡 Include 两项 hardware→buses→PCI configures;network devices→END Ethernet driver→FEI end driver(82559)。

(4)启动 Tornado 组件 FTP Server。

启动 Tornado 组件 FTP Server,在 WFTPD 窗口中选择菜单"Security"中的"User/right...",在其弹出窗口中选择"New User...",根据提示信息输入登录用户名和口令,用户名为 X86,密

码为 * * *；

指定下载文件 VxWorks 所在根目录，在此为 c：\myprojects\BootPen\Project0。

还必须选取主菜单"Logging"中的"Log options"，使 Enable Logging，Gets，Logins，Commands，Warnings。

最后，将系统制作盘插入目标机软驱，加电启动目标机即可通过 FTP 方式从主机下载到 VxWorks 系统。

3.5.3 网口通信时硬盘 VxWorks 的启动

（1）制作启动文件。

在目标机上安装 Dos，并且在其根目录 C：\下编辑 Config. sys 和 Autoexec. bat。内容如下：

①Config. sys

```
[menu]
    menuitem=DOS
    menuitem=VXWORKS
    menudefault= VXWORKS,2
[DOS]
    FILES=128
    LASTDRIVE=H
    STACKS=9,256
    BUFFERS=40
[VXWORKS]
    DEVICE=C:\DOS\HIMEM. SYS
    dos=high,umb
    shell=c:\vxload. com c:\bootrom. dat
[COMMON]
switches=/f
```

②Autoexec. bat

```
@ECHO OFF
goto %config%
:DOS
      rem LH /L:0;1,45456 /S C:\DOS\SMARTDRV. EXE /X
      rem c:\dos\smartdrv. exe
       PROMPT  $p$g
      PATH C:\;C:\DOS;d:\tools;c:\irmx\batch;
    SET PATH=%PATH%;c:\dos
    SET TEMP=C:\temp
    doskey
    goto END
:VxWorks
```

```
goto END
:END
```

(2)配置。

①将 Host 的 tonado 的安装路径 host\x86-win32\bin\vxload. com 拷贝到 DOS 系统的根目录下。

②将制作的 Bootrom 程序 bootrom_uncmp 拷贝到 Dos 系统的根目录下,并重命名为 bootrom. dat,重启 Target 即可进入到启动菜单,选择 VxWorks 便可进入"VxWorks boot"。

3.5.4 主机 Tornado 开发环境的配置

(1)在 Tornado 集成环境中点取"Tools"菜单,选取"Target Server",选择"config..."。

(2)在"Configure Target Servers"窗口中先给目标服务器命名。

(3)在配置目标服务器窗口中"Change Property"窗口中选择"Back End",在"Available Back"窗口中选择"wdbrpc",在"Target IP/Address"窗口中输入目标机 IP。

(4)在配置目标服务器窗口的"Change Property"窗口中选择"Core File and Symbols",选择"File"为 BSP 目标文件所在目录的 VxWorks,并选取为"All Symbols"。

(5)在配置目标服务器窗口的"Change Property"窗口中,其他各项可根据需要选择。

3.5.5 连接的建立

(1)点击"Launch"按钮,连接主机和目标机,全部出现 successed 后即可进入应用程序调试。

(2)点击图形按钮中下拉框,选择和主机相连的目标机。

(3)选择"Debugger"菜单项中"Download...",下载应用程序到目标板。

(4)选择"Debugger"菜单项中"Run...",调试应用程序中某一任务或功能函数。

3.6 系统开发、编译和调试环境的建立

完成操作系统的移植后,下一步在其基础上根据前面章节的设计方案进行应用程序的开发。本节主要介绍系统的开发、编译及调试方法。

3.6.1 工程的创建

Downloadable Application:可重定位的对象模块集合,需要下载并动态链接到 VxWorks,并利用 Shell 或 Degugger 启动。

Bootable Application:包括 VxWorks 映象和链接到该映象的应用。Bootable application 不需要与 Tornado 开发工具的交互作用,在 Target 启动时开始运行。

(1)创建 DownLoadable 工程。

在 Tornado IDE 中选择菜单"File"→"New Project",弹出如图 3.10 所示的对话框。

选择"Create Downloadable application … "后点击"OK",如图 3.11 所示。

输入新建工程名及工程路径,修改 Workspace0. wsp 文件名,在缺省情况下,此文件路径为新建工程的上级目录,可根据需要修改,然后点击"Next",弹出如图 3.12 所示的对话框。为新

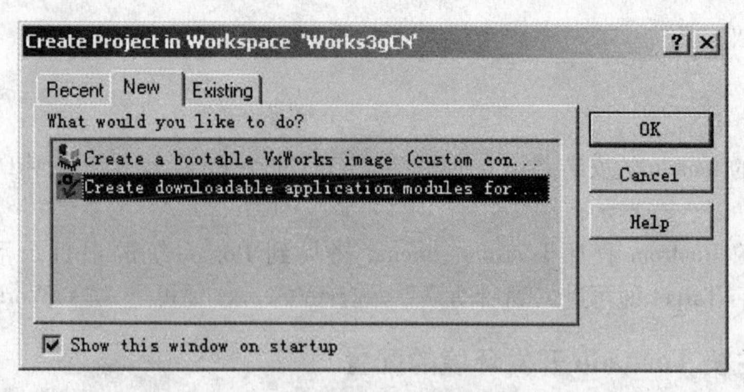

图 3.10　创建新工程对话框

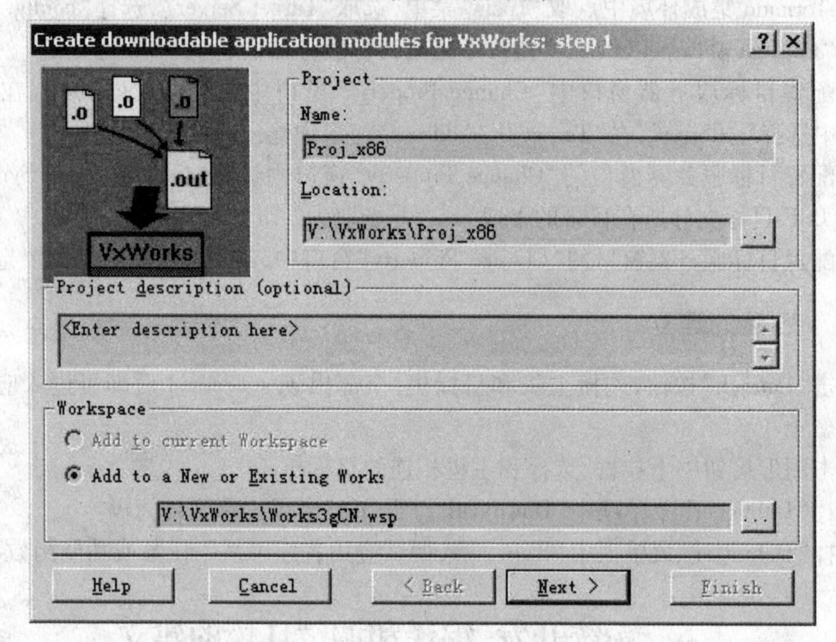

图 3.11　工程定位

建 Downloadable 工程选择目标板。

An existing project：根据已经存在的工程创建新工程，将从该工程拷贝相关部分，创建工程的速度更快。

A Toolchain：根据目标板的配置文件创建新的工程。

选择完成后点击“Next”，在接下来的窗口中选“Finish”；工程创建完毕，接下来可以在新工程中创建文件或添加已存在的 C 文件。

添加文件：“Project”→“Add”→“File”；添加时只需添加 C 源文件，然后在“Properties”窗口中指定源文件中使用的头文件路径，如图 3.11 所示。点击菜单“View”→“Properties”，打开“Properties”窗口，如图 3.13 所示。

输入正确的头文件路径，点击“OK”。

选择菜单“Build”→“Dependencies”，Tornado 会自动搜寻源文件中使用的头文件并将其加入“External Dependencies”下。

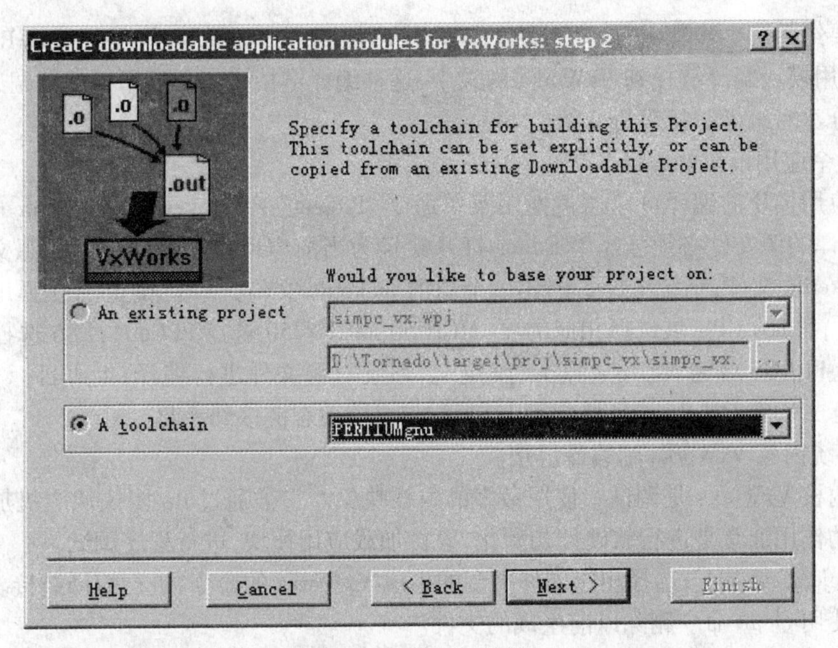

图3.12　选择工具链

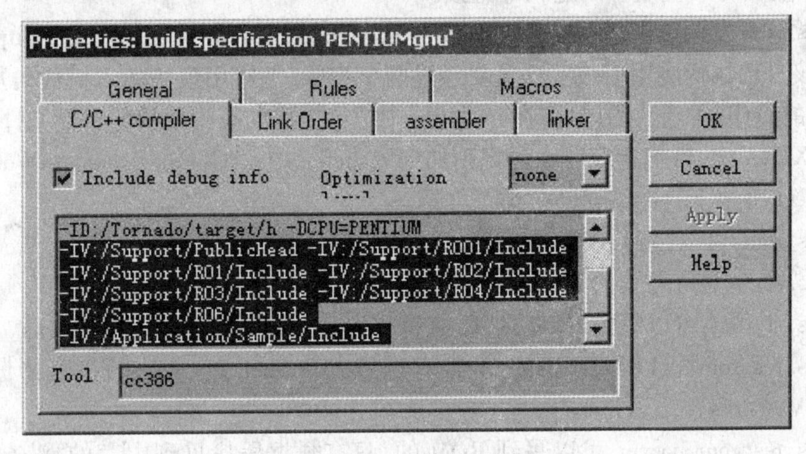

图3.13　创建属性页

（2）创建Bootable工程。

创建Bootable工程的方法类似于创建Downloadable工程，创建完成后可以在“Workspace”对话框中的“VxWorks”属性页中修改VxWorks组件。

3.6.2　编译链接

VxWorks的开发调试环境可以把VxWorks内核和应用分开，分别加载。VxWorks内核在目标机启动过程中通过ftp协议加载到目标机中运行，应用模块在调试中动态下载，目标代理把下载的应用模块动态链接到系统中，应用模块的调试是通过在用户执行运行命令时提供入口函数实现的。这样做的好处是需要调试哪个模块就下载哪个模块调试，不需下载其他模块。前期调试一般使用这种编译方式。

VxWorks的开发调试环境也提供把应用模块与系统内核链接在一起，通过ftp协议加载执行。这需要经过两个步骤:把应用模块的入口代码加到 usrConfig. c 文件中的 usrRoot 函数的尾部;把应用模块编译链接到 VxWorks 内核中,这种编译链接方式一般用于后期调试。

下面分类对编译链接进行介绍。

(1)单个应用模块的编译。

单个应用模块的编译可以通过使用菜单命令"Project"→"Make Current Source File"进行编译,要编译的源文件必须已经用 Editor 打开并且为当前窗口。如果要编译的源文件所在目录没有 makefile 文件,系统会提示创建一个新的 makefile 文件,点击"确定",在弹出的创建缺省 makefile 窗口的 CPU 域选择相应的项(MCP750/MCPN750 选择 PPC604,X86 选择 I80486),在 ADDED_FLAGS 域输入"-g",点击"确定"。系统对源文件进行编译,生成目标文件(.o)。生成的目标文件在 Debugger 环境中动态加载,与内核动态链接到一起。

(2)系统内核 VxWorks 的编译链接。

系统内核 VxWorks 是调试中使用最多的内核映象。它被通过 ftp 协议从主机加载到目标机中。它的作用通常是进行软硬件初始化,等待加载应用模块,进行程序调试。

在"Project"菜单下,选择相应硬件平台的生成 VxWorks 的命令,进行编译链接。在编译链接之前先使用 clean 命令删除以前生成的文件。

(3)应用模块与系统内核一起编译链接。

VxWorks 的开发调试环境也提供把应用模块与系统内核链接在一起,通过 ftp 协议加载,VxWorks 内核自动执行应用模块。这需要经过两个步骤:把应用模块的入口代码加到 usrConfig. c 文件中的 usrRoot 函数的尾部;在 makefile 中把待生成的应用模块的目标文件名加到宏定义 MACH_EXTRA 中,再把相应的编译规则加到 makefile 中。编译链接生成 VxWorks 映象。

(4)Project 菜单下其他编译链接命令介绍。

VxWorks_rom:可以写到 ROM 的、没有带符号表和 Shell 的、没有压缩的 VxWorks。

VxWorks. st:带有符号表的 VxWorks。

VxWorks. st_rom:可以写到 ROM 的、带有符号表和 Shell 的、压缩的 VxWorks。

VxWorks. res_rom:可以写到 ROM 的、带有符号表和 Shell 的、只有数据段拷贝到内存的、没有压缩的 VxWorks。

VxWorks. res_rom_nosym:可以写到 ROM 的、只有数据段拷贝到内存的、没有压缩的 VxWorks。

bootrom:压缩的 bootrom。

bootrom_uncmp:没有压缩的 bootrom。

3.6.3 系统的调试

VxWorks 具有两种调试模式:一种是系统模式,即对整个应用系统进行调试,可在系统中设置断点等,调试中应用系统必须停下来;另一种是任务模式(即动态调试)。调试是针对系统中某一任务模块进行的,整个系统仍可保留在工作状态。同样在对整个系统调试时,也可一个模块一个模块进行,调好一个运行一个,这样对加速调试速度,方便系统调试提供了很大方便。

(1)系统模式调试。

系统模式有时也称为外部模式(External Mode)。在系统调试模式下,允许开发者挂起整个 VxWorks 操作系统边。系统调试模式下一个值得注意的应用是调试 ISRS,因为 ISR 运行在任务上下文之外,并且对缺省任务模式的调试工具不可见。

在 Tornado1.0 集成环境下,在系统模式下进行程序调试,主机与目标机之间必须使用串口通信。Tornado2.0 集成环境提供了通过网口进行系统模式调试的功能。

系统缺省使用网口通信。在系统调试模式下,run 命令不可用,可以使用 WindSh 调试。

(2)任务模式调试。

在任务调试模式下,同一个集成环境,同一个调试任务,若在另一个任务中设置断点,设置的断点不起作用。这是因为一个调试器只能处理一个 TCB(任务控制块),每个任务都有一个 TCB,因此一个调试器只能调试一个任务,若要调试几个任务就要启动几个调试器。一个集成环境只能启动一个调试器,所以若要调试几个任务就要启动几个集成环境。另外,需要在被调试任务的待调试的第一条语句前加入 taskSuspend(0)语句,挂起该任务,否则任务就可能会在调试前被执行。

在任务调试模式下,在一个任务中调试,当任务运行到此断点时,只有此任务停止,而不是整个系统停止。

(3)任务级与系统级调试模式的区别。

①任务级调试:只能调试任务,不能调试 ISR;在缺省情况下,断点只影响 attached Task;当 attached 任务停止时,系统中的其他任务及 ISRs 继续运行;Target Server 与 WDBAgent 中的任务模块的通信方式是中断驱动方式。

②系统级调试:可以调试任务、ISRs 以及核前(pre-kernel)的 VxWorks 执行;断点使整个系统停止;当系统停止时,外部 WDB 代理运行在中断锁定方式,在此期间,与 WDB 代理的通信方式为 Polled 模式;通过以太网调试时,为了支持 Polled 模式通信需使用 END 网卡。(注:Tornado 串行驱动也支持 Polled 模式及系统级调试)

(4)系统调试模式下使用 WindSh。

sysSuspend( ):进入系统模式,并停止目标机系统。

sysResume( ):返回系统模式,并恢复目标机系统的执行。

以下命令用于显示系统和代理的状态:

agentModeShow( ):显示代理模式(System or Task)。

sysStatusShow( ):显示系统上下文状态 (Suspended or Running)。

以下 Shell 命令在系统调试模式下有所不同:

b( ):设置系统范围的断点,当任务、内核或者中断遇到断点后会停止执行。

c( ):恢复系统的执行。

i( ):显示系统上下文的状态。

s( ):单步执行。

sp( ):发起任务。

小 结

船载航行数据记录仪专门用于记录和保存船舶航行过程重要信息参数的智能化记录设备,必须具备大信息量采集、信息联网与传送、信息记录、信息加密、信息备份、事故分析和其他辅助功能等。该系统必须满足记录信息量大、信息各类多、实时性好、安全可靠性高等要求,针对这一特殊应用需求，依据开发过程和实际开发经验，本章首先从系统的需求分析入手，明确了设计者的工作内容和目标，以此为前提，进一步向读者展示了系统功能的细化过程，然后依次对完成所需功能必须经历的硬件平台选型、硬件模块原理图设计和PCB图设计、系统软件的概要设计和详细设计等关键步骤进行了详细阐述；最后对实现阶段的主要问题，包括针对X86硬件平台及VxWorks操作系统的bootloader移植、编译和调试环境建立等进行了具体描述。通过本章的学习，读者可以了解航行记录仪及类似的嵌入式系统的设计过程和有关问题的解决方法。

思考题

1. VDR系统采用何种工具做需求分析？

2. 简述如何构建基于socket的TCP网络传输模型。编写代码实现两个VxWorks系统直接的网络通信。

3. 简述VxWorks系统BootLoader有几种引导方式？如何配置？

4. 在Tornado中新建工程时bootable和downloadable两种类型有何区别？

5. VxWorks的映象文件有哪几种类型？各自的作用是什么？

6. VxWorks有几种调试模式？有何区别？

第4章 汽车导航监控系统设计

随着近年来国内经济的不断发展,人民生活水平的不断提高,公路交通拥挤程度越来越严重,汽车工业的发展在给我们带来巨大的经济效益的同时,也给我们带来很多的社会问题,由于汽车保有量的急剧增加使得交通事故频繁发生,这就需要一种能够记录非规范驾驶、超速行驶并能再现机动车行驶状态的智能装置。这样,不但能够提高司机的驾驶水平,还能有效地降低事故率,从而保障人们的生命和财产安全。早在20世纪80年代,美、日等先进国家就开始了以导航、查询为目的,应用于交通管理等领域的数字化公路地图的研制。20世纪90年代,电子导航装置开始用到汽车上。其主要目的是方便用户,使其能容易而快捷地到达目的地,国外的车载导航设备技术已经很成熟,而在我国,以导航和监控为目的的电子地图系统的研制开展较晚,直到海湾战争后,随着GPS技术的发展,导航技术在我国的应用才逐步得到认识和重视。GPS车载导航仪是通过接收卫星信号,配合电子地图数据,随时掌握驾车者自己的方位与目的地的高科技产品。曾经由于1.5万到3万元的高价而在后装市场上受到"冷遇",但这种情形正在发生改变。我国汽车导航市场尚处于启动期,因此后装市场在未来几年内将是市场主流,市场规模将以30%～50%的速度增长。对此,据合众思壮调研机构对国内私家车主所作的一项价格调查显示:有71.79%的被调查者期待8000元以下的GPS车载导航仪投放市场。另外,随着中国市场价值逐渐被发掘,有很多国内家电企业也开始竞相试水尝鲜。业内人士指出:产业链的完善以及品牌的全面开花将有助于产品普及。虽然车载导航系统在中国市场刚刚起步,但谁也不否认,这个方兴未艾的市场具有无限的升值潜力。

本章在研究汽车安全驾驶方面的信息的同时提供了一种基于ARM920T的多功能车载GPS记录仪的设计方案。

4.1 汽车导航系统的需求分析

1. 汽车踪迹监控的功能

只要将已编码的GPS接收装置安装在汽车上,该汽车行驶到任何地方都可以通过计算机控制中心的电子地图指示出它所在的位置。

2. 驾驶指南的功能

车主可以将各个地区的交通线路电子图存储在软盘上,只要在车上的接收装置中插入软盘,显示屏上就会立即显示出该车所在地区的位置及目前的交通状态,既可输入要去的目的地,预先编制出最佳行驶路线,又可接受计算机控制中心的指令,选择汽车行驶的路线和方向。由于系统功能较为简单明了,可以省去对功能性需求细化的分析,进行系统的概要设计。

4.2 系统概述

汽车导航系统主要由两部分组成:一部分是由 GPS 接收机和显示设备组成;另一部分由计算机控制中心组成,它们通过卫星定位进行联系。目前世界上广泛应用的自主导航,其主要特征是车载导航设备自带电子地图,定位和导航功能全部由车载设备完成。

由于 ARM 处理器具有体积小、低功耗、低成本、高性能的优点,非常适用于小的便携系统(关于 ARM 的具体描述参见第 2 章)。此外,ARM 芯片还获得了许多操作系统的支持,比较知名的有:Linux,WinCE,VxWorks 等。综合以上因素,车载导航系统选用 ARM 硬件平台较合适。

嵌入式软件的开发流程,主要涉及代码编程、交叉编译、交叉连接与下载到目标板等几个步骤。

1. 操作系统选择

专用嵌入式操作系统(如 Windows CE/VxWorks 等)与嵌入式 Linux 的比较见表 4.1。

表 4.1 Linux 与其他操作系统的比较

项目	专用嵌入式实操作系统	嵌入式 Linux 操作系统
版权费	每生产一件产品需交纳一份版权费	免费
购买费用	数十万元(RMB)	免费
技术支持	由开发商独家提供有限的技术支持	全世界的自由软件开发者提供支持
网络特性	另加数十万元(RMB)购买	免费且性能优异
软件移植	难(因为是封闭系统)	易,代码开放(有许多应用软件支持)
应用产品开发周期	长,因为可参考的代码有限	短,新产品上市迅速,因为有许多公开的代码可以参考和移植
实时性能	好	须改进,可用 PT_Linux 等模块弥补
稳定性	较好	较好,但在高性能系统中须改进
开发工具	好,单一	好,多

通过比较分析可知,嵌入式 Linux 操作系统具有如下显著优点:

(1)免费。

(2)内核完全开放,可以设计和开发出自己的操作系统。

(3)强大的网络支持功能及多文件系统支持。

(4)具备一套完整的开发工具链。

(5)技术支持好。

2. GUI 开发工具的选择

面向嵌入式 Linux 系统的图形用户界面(GUI)有:MicroWindows/OpenGUI/ Qt/Embedded/MiniGUI 等。

选择图形用户界面需要考虑的因素有:

(1)有无硬件加速能力。

(2)图形引擎中是否存在有效算法,是否经过代码优化。

(3)该项目是否有一个强有力的核心代码维护人员,代码的质量问题及可移植性。

几种 GUI 的比较见表4.2。

表4.2 几种 GUI 的比较

项目	MicroWindows	Qt/Embedded	OpenGUI	MiniGUI
版权费	MPL	免费/商业版	LGPL	免费/商业版
购买费用	免费	贵	免费	便宜
技术支持	自由软件开发者提供支持和开发	自由软件开发者提供支持和开发	自由软件开发者提供支持和开发	自由软件开发者提供支持和开发
开发语言	C 和汇编	C++	C++	C
可移植性	好	难	差	好
支持硬件	多种	多种	X86	多种
支持操作系统	X Window/WinCE 等	Linux	DOS/QNX/Linux 等	Linux/VxWorks 等

其中:

①MicroWindows(http://microwindows.censoft.com/)是一个开放源码的项目,目前由美国 Century Software 公司主持开发。该项目的开发一度非常活跃,国内也有人参与了其中的开发,并编写了 GB2312 等字符集的支持。但在 Qt/Embedded 发布以来,该项目变得不太活跃,并长时间停留在0.89Pre7 版本。

②OpenGUI(http://www.tutok.sk/fastgl/)在 Linux 系统上存在已经很长时间了,目前的发展也基本停滞。

③Qt/Embedded 是著名的 Qt 库开发商 TrollTech(http://www.trolltech.com/)发布的面向嵌入式系统的 Qt 版本。因为 Qt 是 KDE 等项目使用的 GUI 支持库,所以有许多基于 Qt 的 X Window程序可以非常方便地移植到 Qt/Embedded 版本上。如果要开发商业程序,TrollTech 也允许用户采用另外一个授权条款,这时,就必须向 TrollTech 交纳授权费用。

④MiniGUI(http://www.minigui.org/)是由国内许多自由软件开发人员支持的一个自由软件项目(遵循 LGPL 条款发布),其目标是为基于 Linux 的实时嵌入式系统提供一个轻量级的图形用户界面支持系统。目前,MiniGUI 已经正式发布了稳定版本2.0.1。

4.3 汽车导航系统设计

汽车导航系统主要由两部分组成:一部分是由 GPS 接收机和显示设备组成;另一部分是由计算机控制中心组成。采用自主导航,无需额外的费用,其主要特征是每套车载导航设备自带电子地图,定位和导航功能全部由车载设备完成。本章设计的车载导航系统的整体设计方案如图4.1所示。

在这里主要将系统分成硬件和软件程序设计。

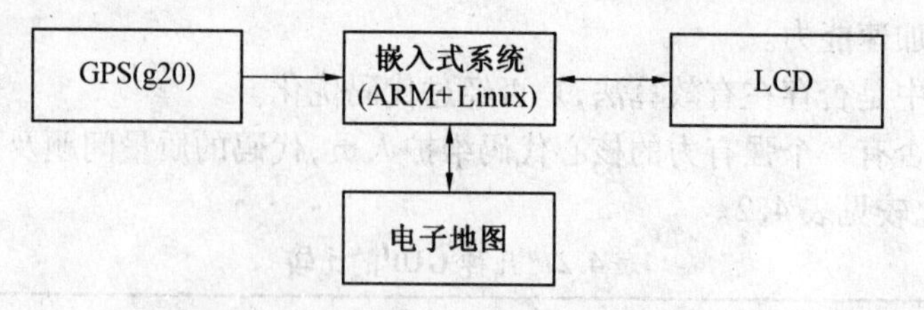

图 4.1　汽车导航系统整体框图设计

4.3.1　系统硬件的总体设计

系统从功能上主要分为 4 大模块：数据处理模块、串口通信模块、显示模块和无线射频模块。各模块的具体关系如图 4.2 所示。

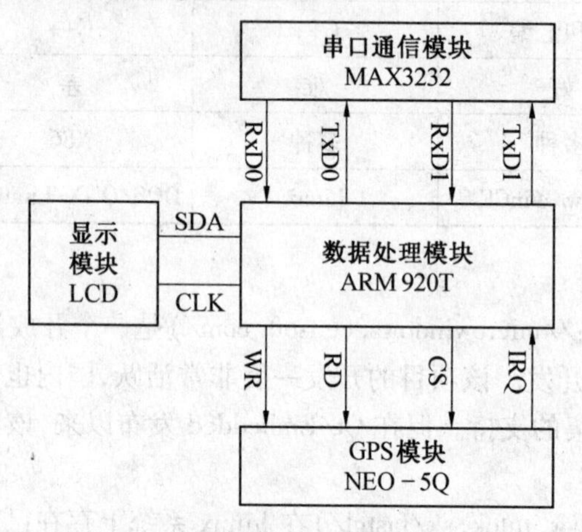

图 4.2　阅读器硬件总体设计框架图

(1)数据处理模块。

本章所考虑的系统的功能，数据处理模块采用 ATMEL 公司的 AT91RM9200 芯片。YL9200 是一款 ARM920T 内核的工业级的开发板，CPU 内嵌 100 M 以太网，带有 USB2.0 协议的 USBHOST 和 Device 接口，支持 SD 卡、IIS 音频和全功能 9 线串口等；主频 180 MHz，带有 MMU 存储器管理单元；性能稳定，功能强大，是工业控制、网络通信等应用的首选。并且它具有功耗低、性能高、片内资源丰富的特点，适用于各种工控场合，可以在标准汽车记录器的基础上对其他功能进行扩展，可以实现一个多功能的应用系统。

数据处理模块主要由两部分组成：内部电路和外部电路。其中内部电路包括 FLASH 和 SDRAM。外部电路包括时钟电路、复位电路和电源电路。

(2)串口通信模块。

在嵌入式系统中，越来越多的处理器和控制器用不同类型的总线集成在一起，目前最流行的通信一般采用串行或并行模式，而考虑到串行模式要求的引脚数比较少且应用广泛，因此采用串行模式。

串行通信的原理：当发送数据时，CPU 将并行数据写入 UART，UART 按照一定的格式在一根信号线上串行发出；当接收数据时，UART 检测另一根信号线，将串行收集放在缓冲区中，CPU 可读取这些数据。

串口通信模块最简单的连线方法只有 3 根信号线：TxD——用于发送数据；RxD——用于

接收数据;GND——用于给双方提供参考电平,将串口的2,3连接在MAX3232芯片的7,8引脚,将MAX3232芯片的9,10,11,12引脚分别对应地接在ARM芯片的GPK13,GPK14,GPK16,GPK17引脚上。其具体的接线如图4.3所示。

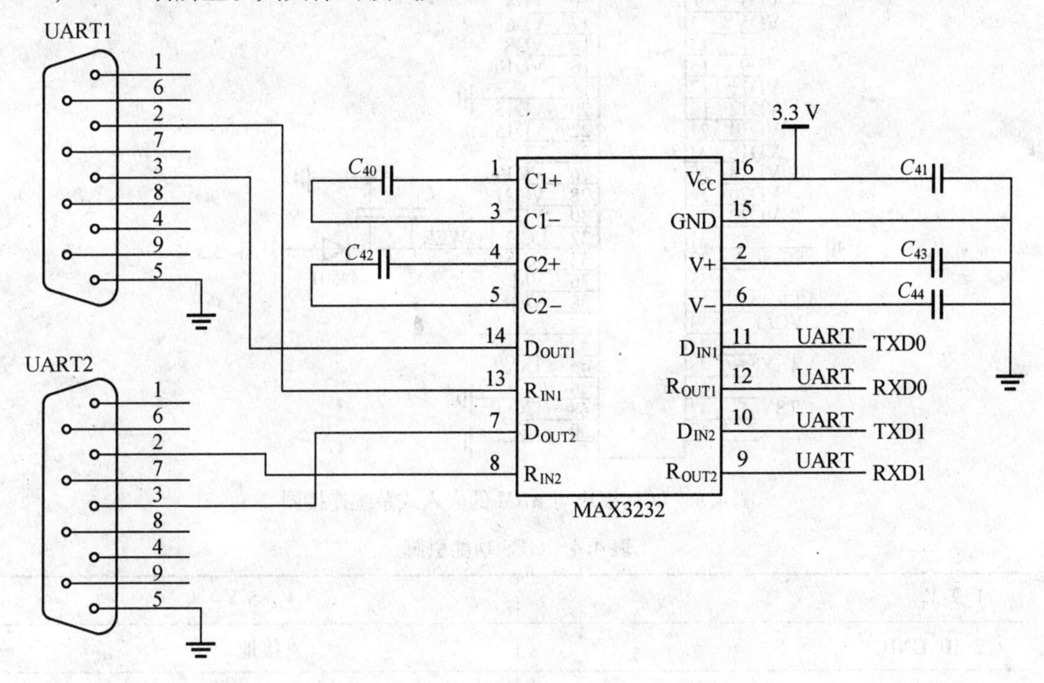

图4.3 串口通信模块硬件设计电路图

(3)显示模块。

显示模块主要是指LCD显示屏,由于LCD显示屏具有坚固耐用、反应速度快、节省空间等许多优点,因此,LCD显示屏被大量使用。在LCD的电路设计中,ARM920T为核心的处理器内部集成了LCD控制器,故只需直接引出引脚,接在LCD显示模块上。在引出的引脚中,有40针和50针两种,由于50针的设计实时精度更高,所以选择50针的接口设计。将数据线VD1,VD2,VD23分别对应地接在ARM芯片的GPC,GPD的相关引脚上。其接线图如图4.4所示。

(4)GPS定位模块。

该GPS定位模块主要采用瑞士u-blox公司的NEO-5Q主芯片,此芯片为多功能独立型GPS模组,以ROM为基础架构,成本低,体积小,并具有众多特性,如采用u-blox的最新Kick-Start微弱信号攫取技术,能确保采用此模块组的设备在任何可接收到信号的位置及任何天线尺寸都能够有最佳的初始定位性能并进行快速定位。

此外,该模块具有50个通道卫星的接收功能,拥有100万个以上的相关引擎,可同步追踪GPS及伽利略导航卫星信号,而且它提供了丰富的外围接口,如UART,USB,IIC,SPI等。该模块的主要引脚功能见表4.4。

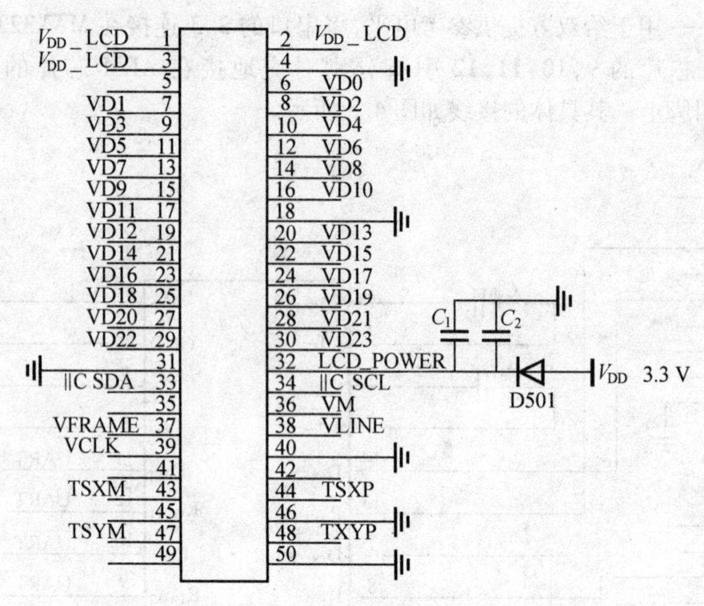

图 4.4　LCD 模块与 ARM 的嵌入式系统连接图

表 4.4　GPS 功能引脚

1、9：V_{CC}	V_{CC} 5 V
2、10：GND	接地
3、11：TXD	串口发送(TTL)
4、12：RXD	串口接收(TTL)
5：DP	USB+
6：DM	USB-
7：INT	外部中断
8：TP	时间脉冲
13、14：NC	Not Connect
15：GND	接地
16：V_{CC}3.3 V	V_{CC} 3.3 V

4.3.2　系统的程序设计

根据汽车行驶记录仪中的国标的要求，需要在汽车启动的同时开始记录汽车的信息，之后将这些信息分别存入自动创建的文件夹中，将这些文件归类整理，以便插入 U 盘时保存，方便数据分析。因此可将程序分为以下基本模块：初始化模块、线程定时器模块和数据分析保存模块。各个模块的先后顺序关系为：在汽车开启系统初始化后，开启线程 1 定时器，计算出平均车速后将信息存储；检测到刹车信号后开启线程 2 定时器，每 200 ms 存储一次定时器信息；当汽车开启 3 个小时后，且在中途不停车的情况下，将司机疲劳驾驶的信息记录到汽车记录仪中。具体的程序设计流程图如图 4.5 所示。

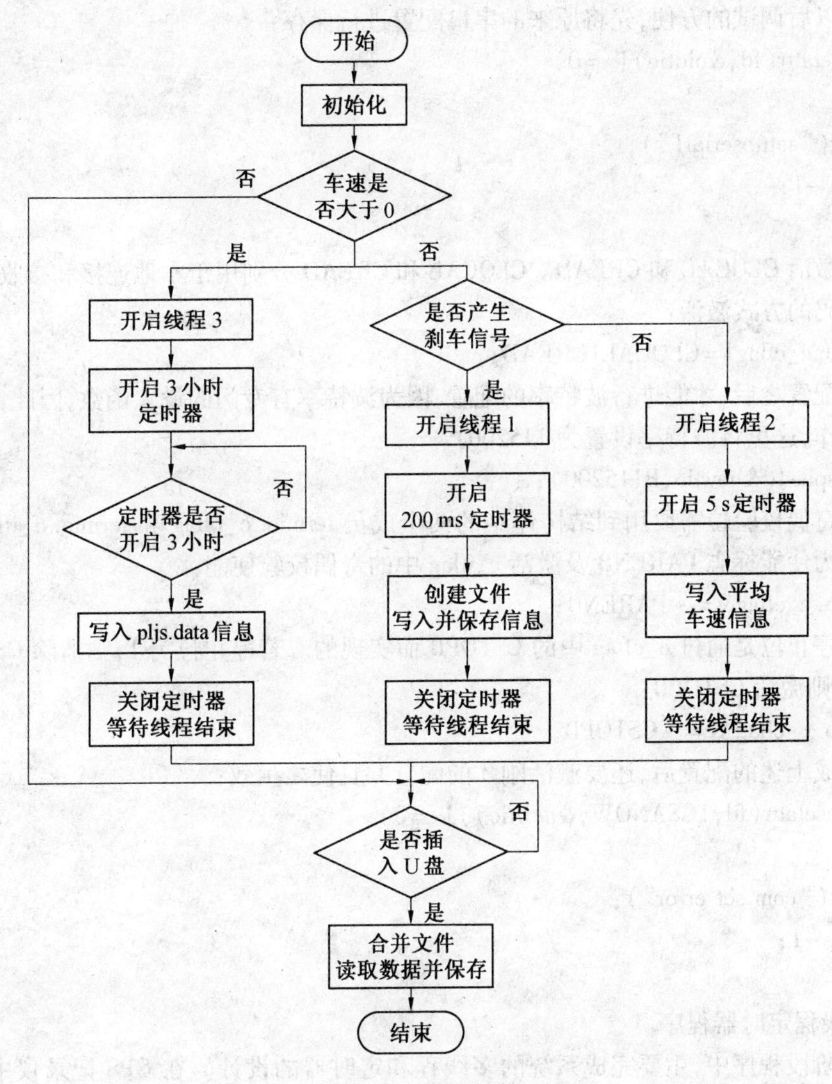

图4.5　主程序流程图

(1)初始化程序。

系统初始化就是将系统内部的各个模块初始化,由于记录仪系统需要进行串口通信,所以应将串口初始化。在本模块程序中,主要完成系统的波特率、奇偶校验位设置,激活串口,设置串口的速度等。其具体的程序如下:

通过结构体函数进行基本的设置:

```
struct termio
{
unsigned short c_iflag;/＊输入模式标志＊/
unsigned short c_oflag/＊输出模式标志＊/
unsigned short c_cflag/＊控制模式标志＊/
unsigned short c_lflag/＊本地模式标志＊/
}
```

为了以后调试的方便，先将原来的串口配置进行保存：

```
if( tcgetattr( fd, &oldtio) ! =0)
{
perror(“setupserial1”);
return -1;
}
```

之后激活 CLOCAL 和 CREAD。CLOCAL 和 CREAD 分别用于本地连接和接收使能，因此，要通过掩码的方式激活：

```
newtio. c_cflag| = CLOCAL|CREAD;
```

上述配置之后，才能进行波特率的配置，因为波特率有专门的设置函数，因此，用户不能通过掩码操作，这里将波特率设置为 115200：

```
cfsetispeed( &newtio, B115200);
```

设置奇偶校验位需要用到结构体中的两个成员 termio. c_cflag 和 termio. c_iflag。首先要激活校验为使能标志 PARENB 及激活 c_iflag 中的奇偶校验使能：

```
newtio. c_cflag& = ~PARENB;
```

设置停止位是通过 c_cflag 中的 CSTOPB 而实现的。若停止位为 1，则清除 CSTOPB；若停止位为 0，则激活 CSTOPB：

```
newtio. c_cflag &= ~CSTOPB;
```

在完成上述的配置后，还要激活刚才的配置并且使之生效：

```
if( ( tcsetattr( fd, TCSANOW, &newtio) ) ! =0)
{
perror(“com set error”);
return -1;
}
```

(2) 线程定时器程序。

在本阶段程序中，主要完成系统的多线程和定时器的设计。在 GPS 记录仪中，由于需要用到不同的定时器进行同时定时，从而进行不同的操作，这就需要用到多线程的操作。Linux 系统正好能够提供这种多线程的操作。而且在定时器中，Linux 还提供了多种定时器程序，可以提供纳秒级的定时。因此，本模块主要完成系统的开线程、关线程和进行各种精度定时器的定时。

线程操作的程序设计包括创建线程、等待线程结束、线程退出等。

创建线程就是要确定所调用线程的程序入口地点以及进行出错处理。其创建的方法为：

```
ret = pthread_creat (&id1, NULL, (void * ) thread, NULL);
```

在线程运行完成后，该线程就该退出，为了尽量不占用系统过多的资源，在本系统中采用主动退出的方式。

由于系统中多个线程是共享数据段的，退出线程所占用的资源并不会随着线程的终止而得到释放，可以使用系统调用来同步终止，释放资源。

```
pthread_jion( &id1, NULL);
```

Linux 定时器的使用非常方便，只需要执行一些初始化的操作，设置一个超时时间，然后激活定时器就可以了。但是由于有些函数是内核定时器函数,在系统内部定时的时候会造成整个系统的阻塞,因此我们采用信号阻塞的方法。这样既能阻止整个系统的阻塞,还具有定时精度高、实时性好的特点。

其定时器设计的程序如下所示:

```
sigset_t block;
struct itimerval itv1;
sigemptyset(&block);
sigaddset(&block, SIGALRM);
sigprocmask(SIG_BLOCK,&block,NULL);
itv1.it_interval.tv_sec = 0;
itv1.it_interval.tv_usec =200000;                /*定时200 ms*/
itv1.it_value = itv1.it_interval;
setitimer(ITIMER_REAL, &itv1, NULL);
sigwaitinfo(&block, NULL);
sigwaitinfo(&block, NULL);
```

(3)数据分析保存程序设计。

在数据分析保存程序中,依据《汽车行驶记录仪国家标准 GB/T19656-2003》的要求,需要将汽车记录仪的数据分别归类来保存,具体要求为:

①事故疑点数据单独作为一个文件存储,文件名为 sgyd. data。数据格式:开始时为#55H,7AH 的起始头,后面是 BCD 码的数据。

②最近 360 小时所对应的车辆行驶速度数据,该数据单独存成一个文件名为 xssd. data 的文件。

③当天里程数据,用于存储当天的总里程数,按要求也要存放在一个名为 lcsj. data 的独立文件中。

④最近 360 小时内车辆累计行驶里程数据,该数据可通过 GPS 推算获得,每分钟的平均速度算出一分钟的里程,将这些里程累加在一起,也存储在 lcsj. data 文件中。

⑤最近 2 个月日历天内的车辆累计行驶里程,该数据也是从 GPS 推算获得,由每分钟的平均速度算出一分钟的里程,将这些里程累加,存储在 lcsj. data 中。

⑥最近 2 个日历天内同一驾驶员连续驾驶时间超过 3 小时的所有数据记录该数据单独存成一个文件,文件名为 pljs. data。

⑦车辆识别代号、车牌号码、车牌分类、车辆特征系数、驾驶员代码、驾驶证证号,这些数据作为一个配置文件单独存储文件名为 automobile. cfg,按照特征系数数据,车辆 VIN 号、车辆号码、车牌分类、驾驶员代码、驾驶证号,数据头尾的顺序连续存储。

⑧超速数据存储在 cssj. data 中。

记录仪在存储数据时按照每一个驾驶员的行驶证号建立一个文件夹,每一个文件夹单独存储该驾驶员的各种数据信息,包括 sgyd. data, xssd. data, cssj. data, pljs. data, lcsj. data 等文件。在用户插入 U 盘从记录仪读取数据时,将 sgyd. data, xssd. data, cssj. data, pljs. data, lcsj. data 合成一个新文件,文件名以车牌号命名,在文件头加入车牌号、记录仪编号。将该文件放入用户的 U 盘中,回放软件解析该文件可将数据显示在回放的界面中。对于驾驶员月行驶里程和车辆月行驶里程这两组数据,可以从当天行驶里程累加推算出月行驶里程数据,这个目前由回放软件进行计算和显示,因为如果数据处理量较大,会影响记录仪的处理速度。

由于要保存的数据太多,鉴于篇幅的限制,下面以事故疑点数据为例,其具体的程序设计如下:

```
if((fp=fopen("what","wb"))= =NULL)/*创建文件*/
{
fprintf(fp,"Cannot open the what");/*出错处理*/
   return 1;
}
for(i=0;i<SIZE;i++)
fwrite(&stud[i],sizeof(struct student_type),1,fp); /*写入文件并保存*/
fseek(fp,SEEK_SET,0);/*文件指针定位在文件开头*/
fp=fopen("what","rb");
for(i=0;i<SIZE;i++)
{
fread(& hdyxssd[i],sizeof( struct hdyxssd360),1,fp); /*把文件中的数据读出并显示*/
printf("%-10s%4d%4d%-15s\n",hdyxssd[i].qishitou,stud[i].minglingzi,stud[i].data_length,stud[i].reverse);
}
fclose(fp);
return 0;
```

(4)检测 U 盘合并数据并保存。

当检测到车速为 0,并且用户插入 U 盘读取数据时,如果 Linux 检测到 U 盘,将出现如图 4.6 所示的信息。

出现"/dev/scsi/host0/bus0/target0/lun0: p1"信息,说明 U 盘被正确检测到,此时可进行 U 盘挂接操作。命令如下:

```
mkdir /tmp/1   /*建立一个用来挂接U盘的目录*/
mount -t vfat /dev/scsi/host0/bus0/target0/lun0/part1 /tmp/1   /*将U盘挂接到/tmp/1目录下*/
ls /tmp/1   /*查看U盘下的文件和目录*/
```

这里程序会将数据合并成一个文件并且统计出各里程的值,然后将该文件拷贝到用户的 U 盘中。此时所有这些驾驶员和车辆的值都从该文件中读取。

4.3.3 YL9200 开发板的使用与相关资源的测试

(1)启动 Linux。

我们将已经 Linux 固化在 YL9200 的存储器中,下面将做一些准备工作。先用串口线将开发板的串口 P2 与 PC 机的串口连接起来,打开串口工具超级终端或 DNW.exe。串口工具的参数:波特率 115200,8 位,无奇偶位,停止位 1,无硬件流。接好电源,上电,将启动开发板中的

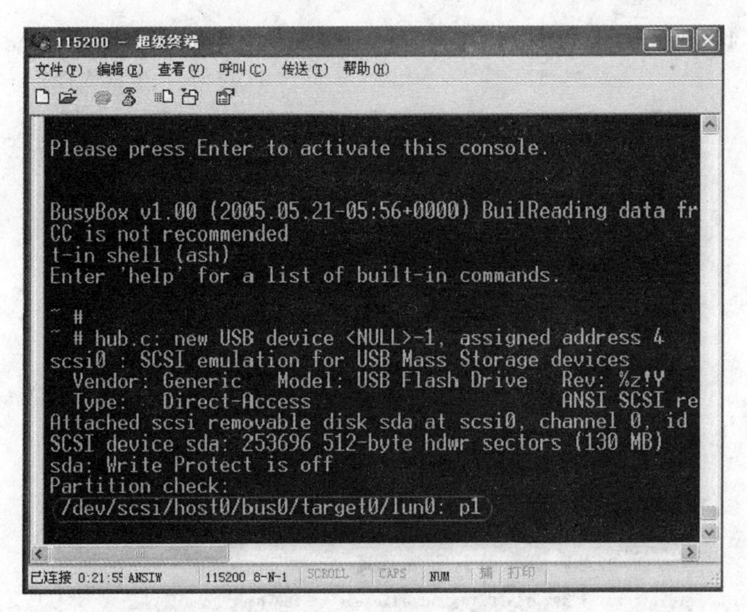

图4.6　U盘检测示意图

Linux,这时D2LED指示灯不停地闪烁,并且在超级终端或DNW.exe里面有Linux启动的相关信息。

(2)BIOS下测试部分资源。

在这里我们测试网络是否连通,以便于我们后面的操作实验,在上电后,在蜂鸣器响过一声后,立即按住开发板上的S3按键,将停止装载Linux,进入BIOS的命令状态,如图4.7所示。

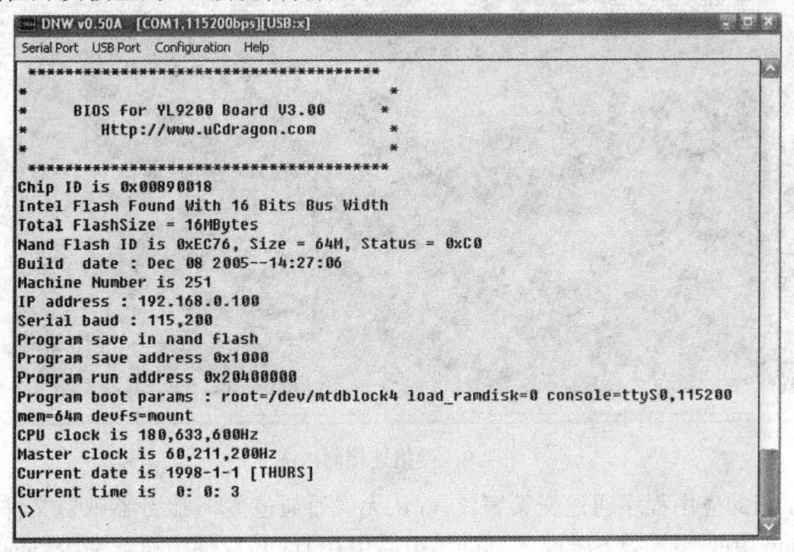

图4.7　BIOS测试图

BIOS启动后,可以在BIOS的启动信息中看到开发板的IP address:192.168.0.100信息,说明开发板的IP地址为192.168.0.100,这时PC机的IP地址与开发板的IP地址要在同一网段,这里的PC机的IP地址为192.168.0.7。另一种方法是将开发板的IP地址设置成与PC机的IP地址在同一网段,用交叉网线将PC机的网络接口与开发板的网络接口相连。IP地址设置命令:ipcfg 192.168.0.100,然后输入保存命令:senv,接着输入命令:netload,出现如图4.8所示的界面。

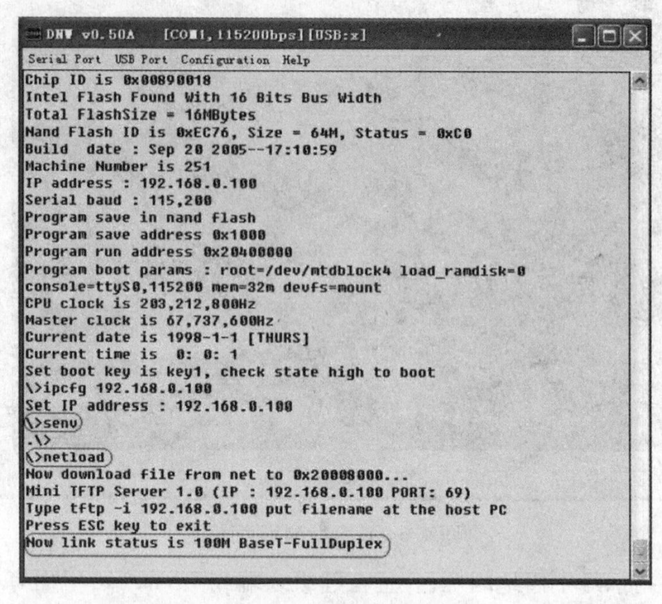

图4.8　网络测试图

这时,在PC机端打开命令窗口,在命令窗口输入ping-t 192.168.0.100来测试开发板的网络是否是通的,如图4.9所示。

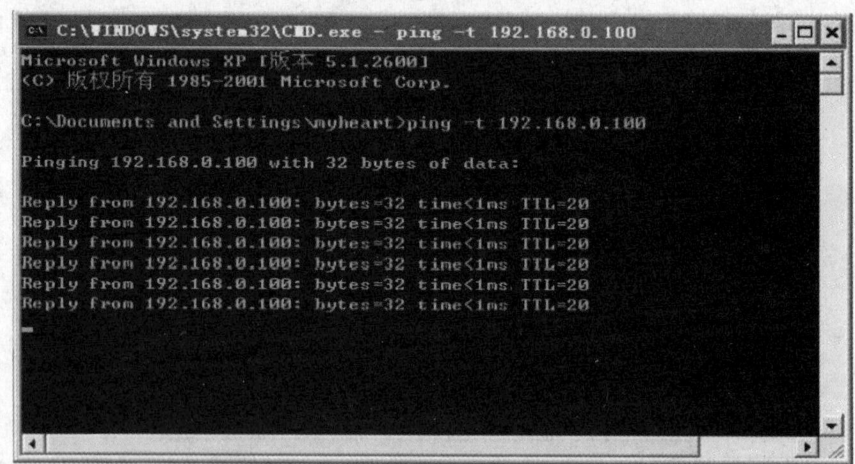

图4.9　网络连接测试图

然后将系统的应用程序通过交叉编译,确认无误后通过NFS服务器映射文件。

通过Linux中的NFS服务器映射到硬件电路中在DNW软件中执行命令:mount-o nolock-t nfs 192.168.0.77:/home/lixiaoyu /mnt/nfs后就将程序直接映射到硬件电路中了。

当映射到/mnt/nfs后由于最后要在终端中执行,需要将文件先复制到/var/tmp中,复制文件后,执行交叉编译后的.o文件,即可找到相应的sgyd.data, xssd.data, cssj.data等文件。

4.4　系统 Boot Loader 的移植

4.4.1　VIVI 简介

基于 ARM 的 Boot Loader 也有很多种,如 VIVI,U-Boot,Redboot,Blob 等。U-Boot 功能比较强大,适用于多种处理器和硬件平台,通用性好,但是较复杂。VIVI 比较小巧,移植难度小,适用于快速开发。因此本产品选用 VIVI 作为 Boot Loader。

(1) VIVI 的功能

① 分区管理。

② 参数管理。

③ 启动 Linux 操作系统。

④ bon 文件系统的管理。

⑤ 支持网络。可以使用 TFTP,NFS 等网络功能。

⑥ VGA/TV 显示初始化函数。

⑦ 引导 Windows CE 以及其他操作系统得引导函数。

⑧ 支持 Logo,用户可以方便地添加自己得 Logo。

⑨ 通过串口下载程序到 Flash 或者 RAM。

(2) VIVI 的体系结构。

① Arch:在 Make Menuconfig 的时候装载配置文件和汇编程序。

② Cvs:用于源码管理。

③ Document: VIVI 的说明文档。

④ Drivers:目标板的相关驱动文件,主要有 mtd(nand flash 和 nor flash)和 serial 驱动。

⑤ Include:VIVI 头文件,Configs 子目录下与开发板相关的配置头文件是移植过程中经常要修改的文件。

⑥ Init:硬件初始化和启动内核。

⑦ Lib:处理器体系相关的文件。

⑧ Scripts:开发板的脚本文件。

⑨ Test:可在 VIVI 下运行的示例程序。Util 启动方式:选择 nand flash 或 nor flash 启动。

(3) VIVI 的启动过程。

VIVI 启动过程通常包括以下步骤(按执行的先后顺序):

① 基本的硬件初始化。

这是 VIVI 一上电就开始执行的操作,其目的是为随后的执行准备好一些基本的硬件环境。它包括以下步骤(按执行的先后顺序):

a. 屏蔽所有的中断。

b. 设置 CPU 的速度和时钟频率。

c. RAM 初始化。

d. 初始化 LED。

e. 关闭 CPU 内部指令/数据 cache。

② 为加载 BootLoader 的 stage2 准备 RAM 空间。

③ 拷贝 BootLoader 的 stage2 到 RAM 空间中。

④ 设置好堆栈。

⑤ 跳转到 stage2 的 C 入口点。

4.4.2 VIVI 的配置、编译与移植

(1) VIVI 交叉编译环境的建立。

在配置编译之前,首先要建立交叉编译环境,这是由编译器、连接器和 libc 库等组成的开发环境。关于交叉编译,简单地讲是指在一个平台(操作系统)上可以生成能在另一个平台上可执行的代码。

编译 VIVI 使用 cross-vivi-2.95.3.tar.bz2 工具,在/usr/local/arm 下执行:

```
# tar  - jxvf cross-vivi-2.95.3.tar.bz2
# export PATH=/usr/local/arm/2.95.3/bin
```

①VIVI 的配置与编译。

VIVI 支持 menuconfig 文本模式、选项驱动的配置界面,因此使用工具 menuconfig,在命令行模式下执行下面的命令:

```
# make menuconfig
```

在闪过几行字之后就出现如图 4.10 所示的界面。

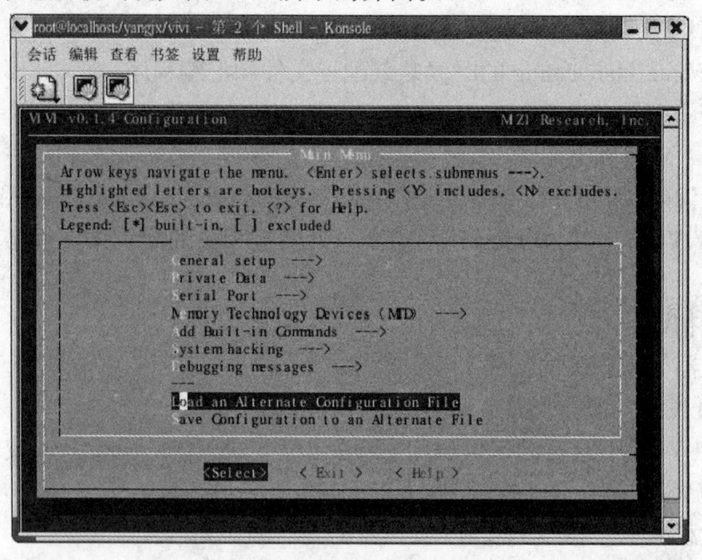

图 4.10 VIVI 配置面板界面

选择"Load an Alternate Configuration File",按下"Enter",接着编译执行 make 命令,出现如图 4.11 所示的界面。

②分析 arch/def-configs/smdk2410 配置文件。

System Type:选择支持的 CPU。

Implementations:配置文件为 smdk2410 和 nand flash 启动。

General setup:通用配置项。

Private Data:是否支持自定义数据。

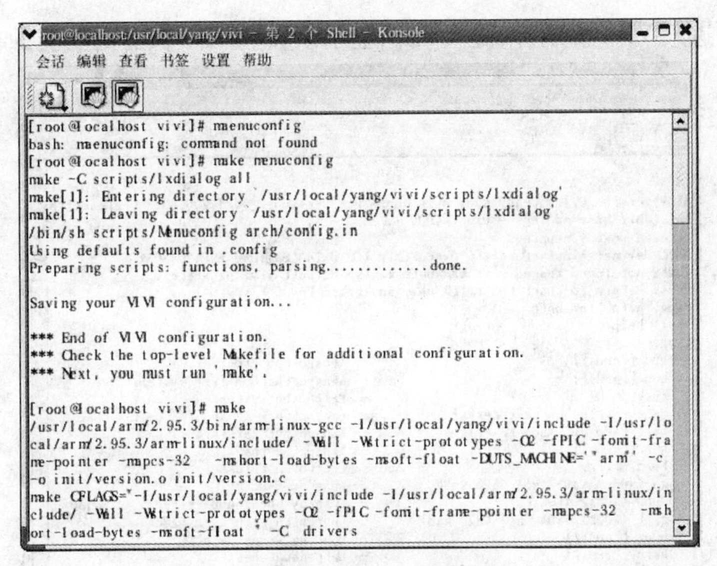

图4.11　编译界面

Serial Port:是否支持串口、串口提示符及串口协议。

Memory Technology Devices (MTD):是否支持 mtd 技术。

NOR Flash chip drivers:是否支持 nor flash。

NAND Flash Device Drivers:支持 nand flash。

Add Built-in Commands:支持内嵌的命令选项。

System hacking:是否支持 test 程序。

Debugging messages:是否支持调试信息。

修改需要支持的选项,填写 arch/def-configs/smdk2410,按下"Enter"键,接着开始编译 make,则在 VIVI 下生成 VIVI 的 bin 文件。

(2)VIVI 的移植、运行。

最后通过开发板 Jtag 口和 PC 机并口建立连接,把 VIVI 下载到 ARM 目标机上,重加电,则可通过 Linux 下的 minicom 看到如图 4.12 所示的界面。

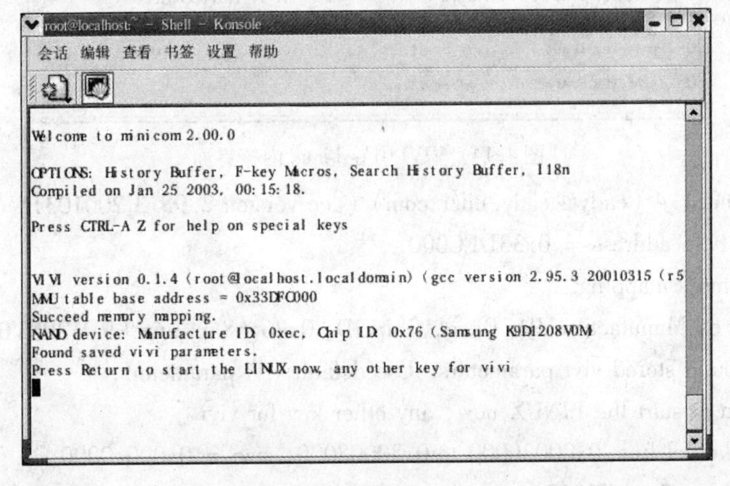

图4.12　VIVI启动界面

敲入空格键进入 VIVI 提示符，键入 help，显示该版本 VIVI 具有的功能，如图 4.13 所示。

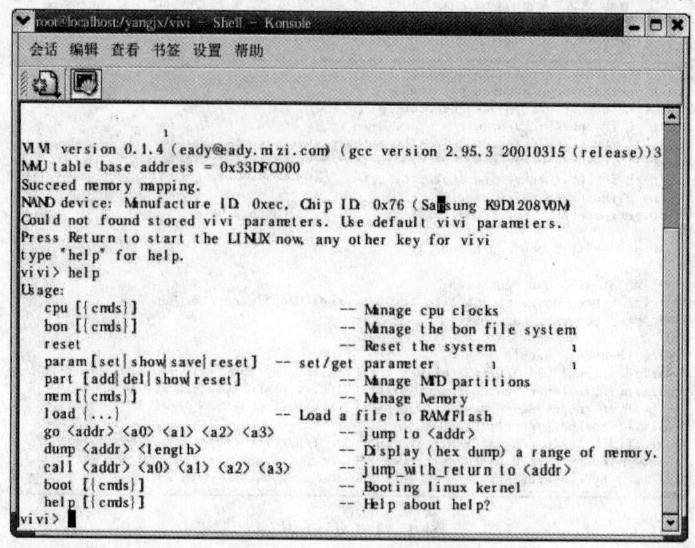

图 4.13 VIVI 功能界面

键入 boot 命令，引导 Linux 内核，如图 4.14 所示。

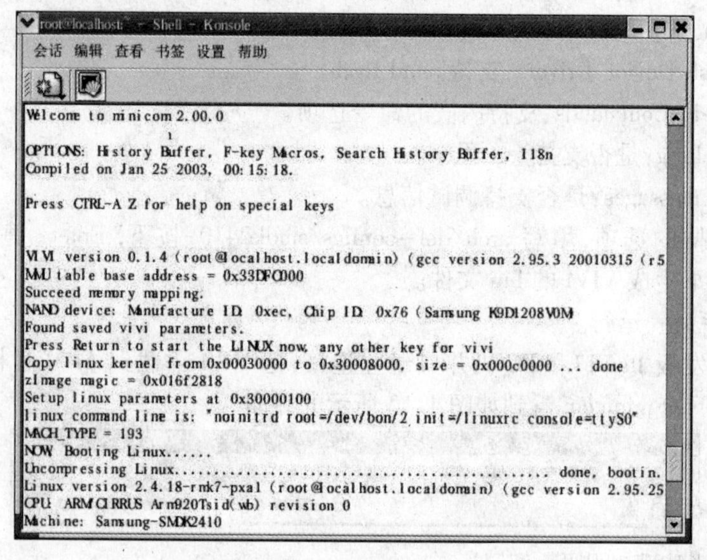

图 4.14 VIVI 引导 Linux 内核界面

VIVI version0.1.4 (eady@eady.mizi.com) (gcc version 2.95.3 20010315 (release))3
MMU table base address = 0x33DFC000
Succeed memory mapping.
NAND device: Manufacture ID: 0xec, Chip ID: 0x76 (Samsung K9D1208V0 m)
Could not found stored vivi parameters. Use default vivi parameters.
Press Return to start the LINUX now, any other key for vivi
Copy linux kernel from 0x00030000 to 0x30008000, size = 0x000c0000 ... done
zImage magic = 0x016f2818

Setup linux parameters at 0x30000100

linux command line is: " noinitrd root=/dev/bon/2 init=/linuxrc console=ttyS0"

NOW, Booting Linux......

Uncompressing Linux.. done, booting the kernel.

这说明 VIVI 已经在开发板上运行起来了。

4.5　嵌入式 Linux 的定制与移植

4.5.1　嵌入式 Linux 内核的定制

(1)内核结构。

采用的 Linux 内核是 Mizi Linux v2.4.18-rmk7-pxal 版本,可用韩国 Mizi 公司的网站下载。内核文件的结构组织如图 4.15 所示。

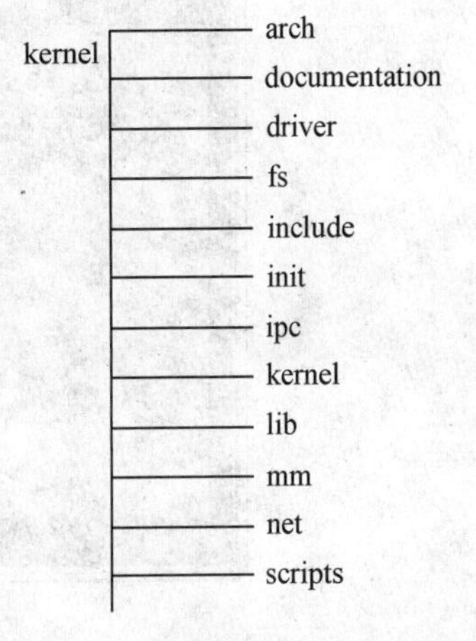

图 4.15　内核文件的结构组织图

①arch 子目录包括所有和体系结构相关的核心代码,它的每一个子目录都代表一种支持的体系结构。例如,ARM 就是关于嵌入式处理其 CPU 及与之相兼容体系结构的子目录。

②documentation 子目录包括各种文档文件。

③drivers 子目录放置系统所有的设备驱动程序,每种驱动程序又各占用一个子目录。例如,/block 下为块设备驱动程序,硬盘 ide. c 驱动程序。

④fs 子目录存放所有的文件系统代码和各种类型的文件操作代码。它的每一个子目录支持一个文件系统,如 fat 和 ext2,它所支持的文件类型如 ramfs,romf 等。

⑤include 子目录包括编译核心所需要的大部分头文件。与平台无关的头文件在 include/linux 子目录下,与 ARM 相关的头文件在 include/asm-arm 子目录下,而 include/pcmcia 目录则是有关 pcmcia 设备的头文件目录。

⑥init 子目录包含核心的初始化代码(注:不是系统的引导代码),包含两个文件 main. c 和 Version. c。

⑦ipc 子目录包含进程间通信文件,如 msg。

⑧kernel 子目录是主要的核心代码,此目录下的文件实现了大多数 Linux 系统的内核函数,其中最重要的文件当属 sched. c。例如,和 ARM 体系结构相关的代码在 arch/arm/kernel 中。

⑨lib 子目录存放核的库代码。

⑩mm 子目录包括所有独立于 CPU 体系结构的内存管理代码,如页式存储管理内存的分配和释放等。而和体系结构相关的内存管理代码则位于 arch/ * /mm/,如 arch/arm/mm/Fault. c。

⑪ net 子目录包含与网络相关的代码。

⑫ scripts 子目录包含用于配置核心的脚本文件等。

一般地，在每个目录下，都有一个. depend 文件和一个 Makefile 文件，这两个文件都是编译时使用的辅助文件。

(2)内核的配置。

在 Linux 操作系统下：

cd ../v2.4.18-rmk7-pxal/kernel

make menuconfig

在闪过几行字之后出现一个基于文本的菜单系统来配置内核，如图 4.16 所示。

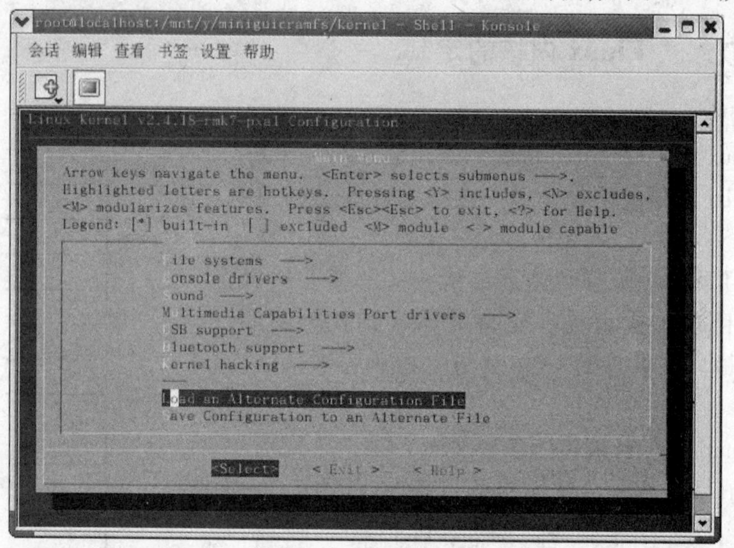

图 4.16　配置界面

对内核配置主要选项分析：

①Loadable Module Support：选择对模块的支持，这样内核在启动时有能力，自己装入必需模块。

②Processor Type and Features：处理器类型和特色选择 ARM。

③General Setup：常规内核选项选择网络、热插拔设备、PCMCIA、System V IPC 支持（MiniGUI 需要）等。

④Memory Technology devices（MTD）：配置存储设备选择 nand flash。

⑤Plug and Play configuration：即插即用支持打开。

⑥Networking options：网络协议选项打开。

⑦Network Device support：网络设备支持。

⑧ATA/IDE/MFM/RLL support：配置对 ATA，IDE，MFM 和 RLL 的支持。

⑨IrDA（infrared）support：配置红外线（无线）通信支持。

⑩Character Devices：支持字符设备。

⑪ Console Drivers：配置控制台驱动。

⑫ Sound Sound：配置声卡驱动。

⑬ USB Support：配置 USB 支持。

⑭ Frame-buffer Support：选择支持（MiniGUI 需要）。

一般不直接这里配置各个选项，而是写好一个配置文件装载进去即可，选则“Loader an Alternate Configturation File”，进入如图 4.17 所示界面。

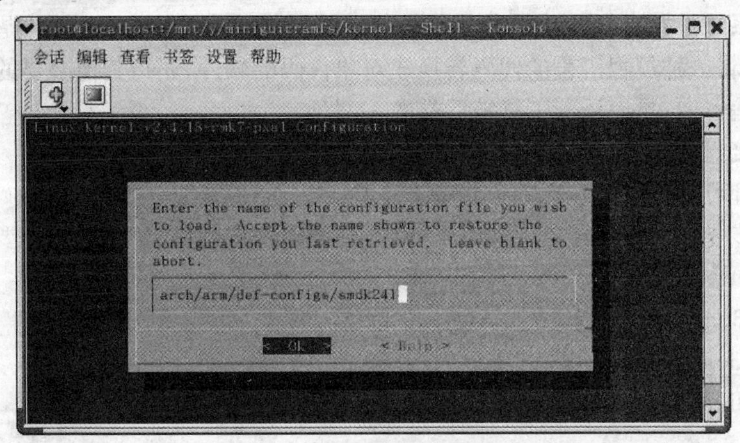

图 4.17　选则配置文件

在此键入配置文件路径 arch/arm/def-configs/smdk2410，按下“Enter”键，选择“Save Configuration to an Alternate File”，进入如图 4.18 所示界面。

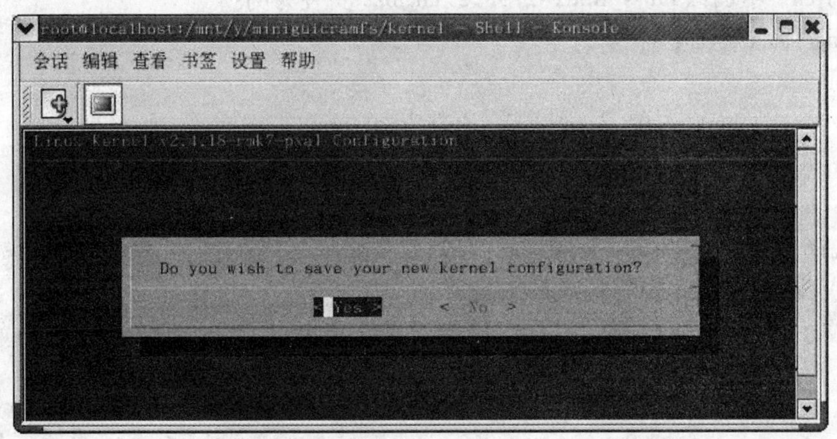

图 4.18　配置生效

接着执行：

```
# make clean
# make dep
```

由于编译的内核要在 ARM 上运行，因此需要交叉编译命令。

4.5.2　Linux 交叉编译环境的建立

通常，程序是在一台计算机上编译，然后再发布到将要使用的其他计算机上。当主机系统（运行编译器的系统）和目标系统（产生的程序将在其上运行的系统）不兼容时，该过程就称为交叉编译。简单地说，交叉编译就是在 PC 机上编译能够在 ARM 处理器上运行的程序。

除了兼容性这个明显的好处之外，交叉编译还由于以下两个原因而非常重要：

(1) 当目标系统对其可用的编译工具没有本地设置时。

(2)当主机系统比目标系统要快得多,或者具有多得多的可用资源时。

当编译器运行在一个为另一个系统产生可执行程序的系统上,而且两个系统使用不同的操作环境时就会出现交叉编译。另外,当目标系统不具有它自己的编译工具时,或者当开发者可以平衡主机系统潜在更好的性能或更多的资源时,交叉编译是有用的。当提到交叉编译器时,不仅仅是指将一种编程语言的代码转换成对象代码的软件,还指其他必要的开发工具:

①一个汇编器,它是编译器工具链后端的一部分。

②一个链接器,它是编译器工具链后端的另一部分。

③用于处理可执行程序和库的一些基本工具。

如果想一步步建立编译环境下载以下资源,则可以安装即可(这个过程需要不断修改):

binutils-2.11.gz

gcc-2.95.3.gz

glibc-2.2.3.gz

glibc-linuxthreads-2.2.3.tar.gz

linux-2.4.5.gz

patch-2.4.5-rmk7.gz

另外可以下载集成好的交叉编译工具 cross-linux-2.95.3.tar.bz2 或者 ARMV4I 的 RPM 安装包 *.rpm。下面以 cross-linux-2.95.3.tar.bz2 安装为例:

```
# cd /usr/local
# mkdir arm
# cp ./ cross-linux-2.95.3.tar.bz2  /usr/local/arm
# cd /usr/local/arm
# tar - jxvf  cross-linux-2.95.3.tar.bz2
```

交叉编译命令安装在 /usr/local/arm/2.95.3/bin。

交叉编译时用到的库安装在 /usr/local/lib。

```
# cd  /etc
# vi profile
```

增加一行 pathmunge=/usr/local/arm/2.95.3/bin

至此交叉编译环境建立完成。

4.5.3 内核的生成与下载运行

(1)内核生成。

修改 kernel 目录下 Makefile 文件,找到 CROSS_COMPILE 行,改 CROSS_COMPILE=/usr/local/arm/2.95.3/bin

```
# make zImage
```

则在/kernel/arch/arm/boot 目录下生成了 zImage。

(2)下载运行。

设置 NFS 服务器:

①在 Linux 以运行"setup",在"system services"里面选中 nfs 服务,然后保存退出。

②执行 vi /etc/exports,在里面添加一行/home/yangjx (rw)(/home/yangjx 为共享目录,rw

为读写权限)。

③执行/etc/init. d/nfs restart 重启 nfs 服务。

④设置主机 IP:192. 168. 1. 0。

⑤设置 ARM 目标机 IP 为 192. 168. 1. 1。

在文件系统得目录下增加一行:

/usr/local/etc/rc. local mount 192. 168. 1. 0:/home/nfs /tmp

这样一来开发机上/home/yangjx 目录共享到 ARM 目标机/tmp 目录下。

把 zImage 和 imagewrite 可执行程序拷到/home/yangjx。

ARM 目标机上电,进到/tmp 目录,执行:

#./imagewrite /dev/mtd/0 zImage:将 zImage 烧到 192 kB 的地址空间,按下 ARM 目标机复位键,Linux 运行界面如图 4. 19 所示。

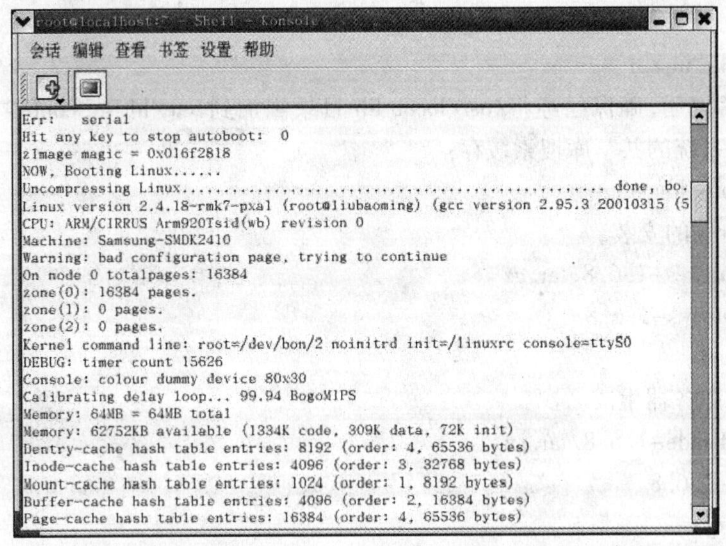

图 4. 19 Linux 运行界面

Linux 操作系统在 ARM 目标机上运行为在 Linux 上运应用程序奠定了基础。

4.5.4 图形开发工具 MiniGUI

(1)MiniGUI 概述。

MiniGUI(http://www. minigui. com)由北京飞漫软件技术有限公司开发,是国内为数不多的自由软件之一。MiniGUI 是面向实时嵌入式系统的轻量级图形用户界面支持系统,1999 年初遵循 GPL 条款发布第一个版本以来,已广泛应用于手持信息终端、机顶盒、工业控制系统及工业仪表、便携式多媒体播放机、查询终端等产品和领域。

(2)MiniGUI 的安装。

在安装好 MiniGUI 的上述依赖库之后,就可以编译并安装 MiniGUI 了。首先从增值版光盘内复制 MiniGUI 的函数库包、演示程序包和资源包:

libminigui-1. 6. 8. tar. gz

minigui-res-1. 6. 8. tar. gz

mde-1. 6. 8. tar. gz

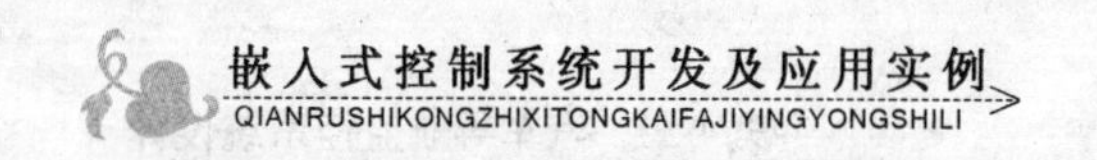

①编译并安装 libminigui。

解开 libminigui-1.6.8.tar.gz 和 minigui-res-1.6.8.tar.gz 软件包:

tar zxf libminigui-1.6.8.tar.gz

进入 libminigui-1.6.8 目录,并运行 ./configure 命令:

cd libminigui-1.6.8

建立 configure 文件,--enable-xxx 可以配置 MiniGUI 函数库打开某项功能,--disable-xxx 则可以禁止某项功能。

./configure

根据自己的需求确定好 MiniGUI 库中要包含的功能特色之后,就可以运行类似上面的命令生成定制的 Makefile 文件。如果运行./configure 脚本的时候没有出现问题,就可以继续运行 make 和 make install 命令编译并安装 libminigui,注意要有 root 权限才能向系统中安装函数库。

make

su -c make install

在一切正常之后,确保已经将/usr/local/lib 目录添加到/etc/ld.so.conf 文件中,运行 ldconfig 命令刷新系统的共享库搜索缓存:

su -c /sbin/ldconfig

②minigui-res 的安装。

tar minigui-res-1.6.8.tar.gz

cd minigui-res-1.6.8

make install。

③mginit 的服务器生成。

tar - zxvf mde-1.6.8.tar.gz

cd mde-1.6.8

./configure

make 在/mde-1.6.8/mginit/下生成了 mginit

小 结

汽车导航监控系统是目前最通用的汽车电子产品之一,在此基础上,可进行同类其他目标系统的研发工作。因此,该系统以 Linux 为操作系统平台,能够保障目标产品的可扩展性、可移植性和安全性。本着低功耗和高运算性能的原则,该系统以 ARM 微处理器为核心基础,使用 MiniGUI 作为图形界面开发工具,针对特定的软件开发环境和硬件微处理器,本章向读者详细地展示了项目从需求、设计到具体实施的整个过程,尤其对本书首次使用的 Linux 平台开发环境的建立,以及硬件关键模块的设计过程进行了重点描述。

思 考 题

1. 简述 ARM9200 串口工作原理。编写代码实现 ARM9200 基于 Linux 系统下的串口通信。

2. 简述什么是 VIVI? 如何对 VIVI 进行配置和编译。

3. Linux 源代码中 drivers 和 Kernel 目录下代码的功能是什么?

4. 简述如何对 Linux 内核进行裁剪和编译。

第5章 机车运行监控系统设计

机车运行监控记录装置(以下简称机车监控装置)是在分析我国铁路设施状况和运输实际需求的基础上研制的一种以保障机车运行安全为主要目的的机车运行速度控制装置。该装置通过采集机车运行中的各种状态信息,如运行速度、制动管压力、轨道信号灯、解锁次数等,结合车载存储线路参数进行分析处理,以控制机车的运行,实现安全速度的控制。同时,将机车运行过程中采集到的数据,包括机车运行状况、信号设备状况等记录下来,以便在乘务人员交班或者认为需要时通过便携式转储装置把记录的数据转录下来,送交地面处理软件处理,得到有关机车运行质量、电务和工务设备质量、车务及调度工作质量、乘务人员操作水平等相应数据,它不仅能为事故分析提供准确的数据,也为机务部门提供一种现代化管理手段。可以说,监控装置的使用,可以促进机车运行管理的自动化、规范化,确保行车安全。

5.1 机车监控系统的总体设计方案

5.1.1 机车监控装置的功能分析

机车监控系统的功能性需求如下:

(1)速度控制功能。

防止列车越过关闭的信号机,防止列车超速,防止列车溜逸,控制列车不超过临时限速。

(2)运行记录功能。

记录运行过程中的各种参数,包括开机记录、输入参数记录、运行参数记录等。

(3)显示报警功能。

显示运行前方地面信号机的种类和编号、当前限制速度和机车实际运行速度、当前机车信号状态。对超速、某些机车的信号状态变化等以语音的方式进行报警和提示。

(4)参数测试功能。

实时检测机车信号的状态、机车运行工况、机车制动主管压力等。

功能建模是用抽象模型的概念,按软件内部数据传递、变换的关系,自顶向下逐层分解,直到找到满足功能要求的所有可实现的软件为止,而数据流图有助于表示功能依赖关系。机车监控系统的数据流图建立过程如下:

(1)系统的输入输出。

根据系统的输入输出可画顶层数据流图。顶层流图只包含一个加工,用以标识被开发的系统,如图5.1所示。

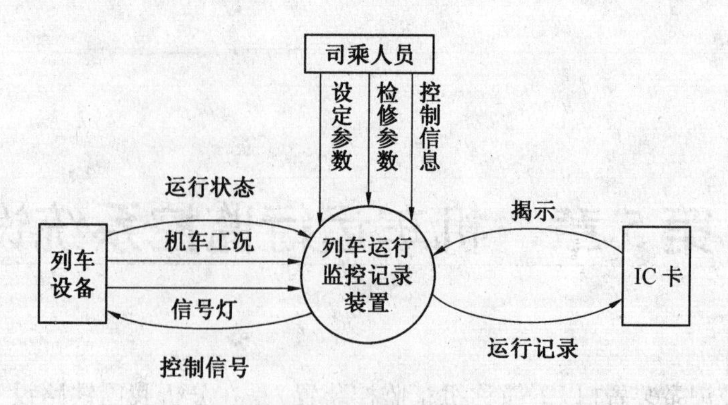

图5.1 监控记录装置系统的顶层数据流图

(2)系统内部结构。

根据系统内部结构可画下层数据流图。画0层数据流图时,按系统应有的外部功能,分解顶层流图的系统为若干子系统。本系统的0层图如图5.2所示。

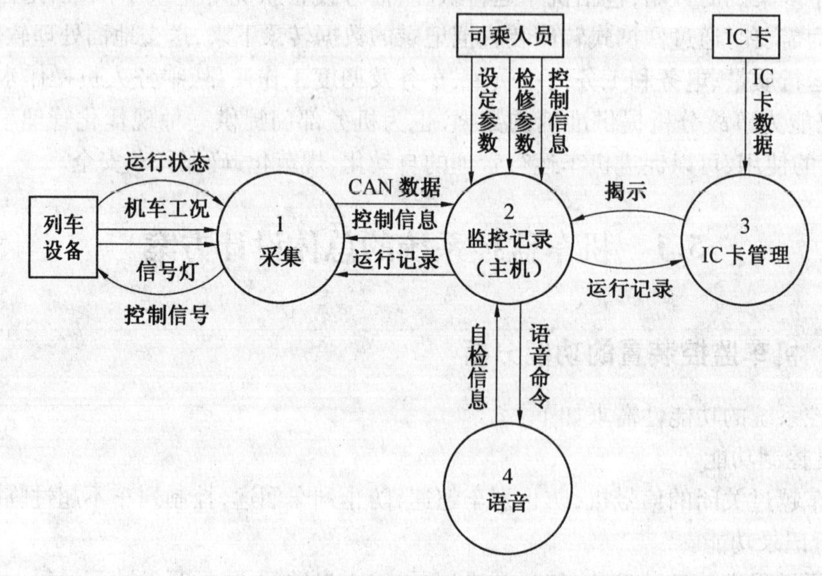

图5.2 监控记录装置系统的0层数据流图

对0层图中的2加工进行分解,画出1层数据流图,如图5.3所示。

在这里,将2加工继续分解为7个更小的加工,分别是CAN数据接收、处理、显示刷新、文件管理、语音处理、转储、键盘管理及CAN数据发送。每个加工完成主机的一部分功能,加工之间以数据流为联系。由于采集装置与机车设备相连,制动信息由主机发给采集装置后转换为机车信号,由此控制机车设备。

5.1.2 机车运行监控系统的组成

通过对监控记录装置的功能分析,在实现相关标准的同时考虑到经济性、先进性、可扩展性、可升级性以及装置的成本等要求,初步确定设计方案。

装置主要分为主机、采集装置两大部分。采集装置主要完成对所有信号的检测、数据分析、处理、控制输出等操作,并及时通过CAN总线发送至主机。主机接收数据后,结合路段数

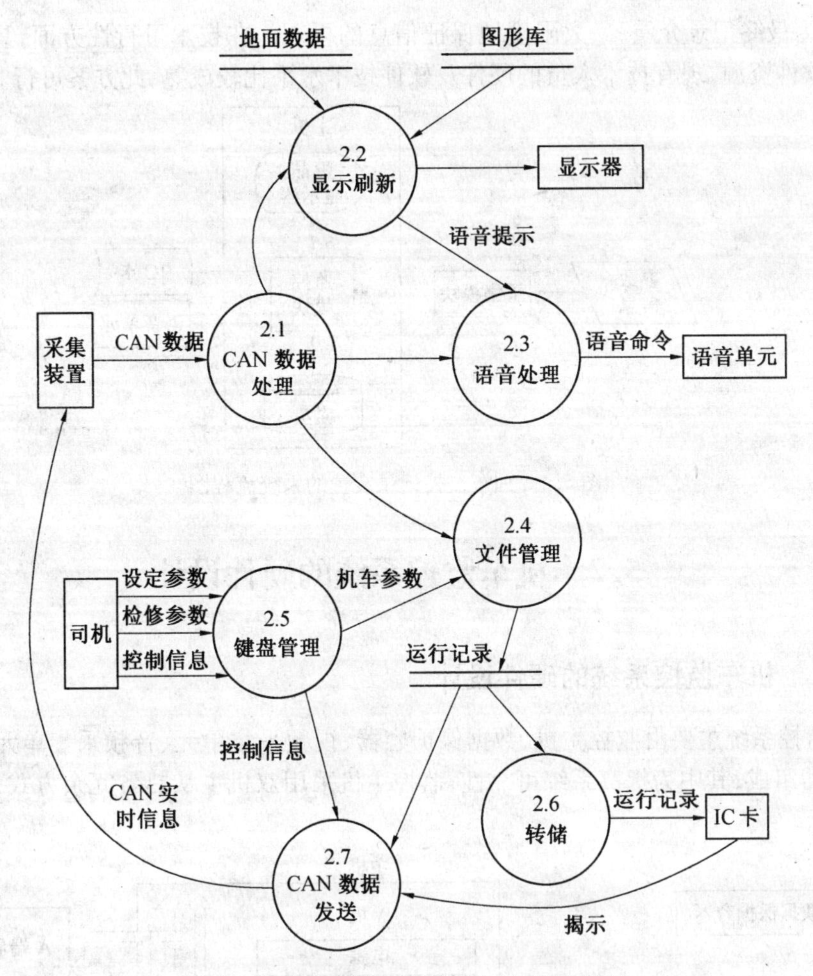

图 5.3　监控记录装置系统的 1 层数据流图

据库完成数据分析、制动计算、界面显示、数据存储、报警等功能，提供给乘务员需要的各种状态信息，并且可以接受控制操作及实现转储功能。简单的系统流程图如图 5.4 所示。在主机及采集装置中可以选用基于 PC104 总线标准的 CPU 板以及相关的扩展板卡。

本设计方案采用了以下主流技术：

(1) PC/104 是嵌入式 PC 机的机械电气标准，它的制定为嵌入式应用提供了标准的系统平台。它秉承了 IBM-PC 开放式总线结构的优点，为设计应用系统的工程师提供了标准的、高可靠的、功能强大的、方便使用的系统组件。嵌入式 PC/104 产品不是简单地缩小了的 PC 机，也不等同于一般意义上的靠后期加固的工业 PC 机。它具备嵌入式控制的特殊功能要求，工业级、高品质、长寿命的器件选择，精益求精的可靠性设计。

(2) 即插即用的模块化设计。采集装置采用模块化设计，各模块即插即用，非常灵活方便，有利于功能的扩展以及后期的维护。

(3) 主机及采集装置之间的通信采用了 CAN 总线技术，保证了数据实时、可靠的快速传输。可以将采集到的数字量、模拟量、开关量通过 CAN 总线可靠的传送到主机。

(4) 采用大容量固态存储技术，与机械硬盘相比，克服了机械硬盘在耐高温、抗震及低温启动等方面的不足，极大地提高了可靠性。本项目选择在该领域中稳定性最高的固态存储器

(Flash)作为最终记录介质,最大限度地保证信息的再现。在技术可行性方面,具备建立系统的硬件和软件资源,现有技术人员的硬件及软件技术水平比较成熟,此方案可行。

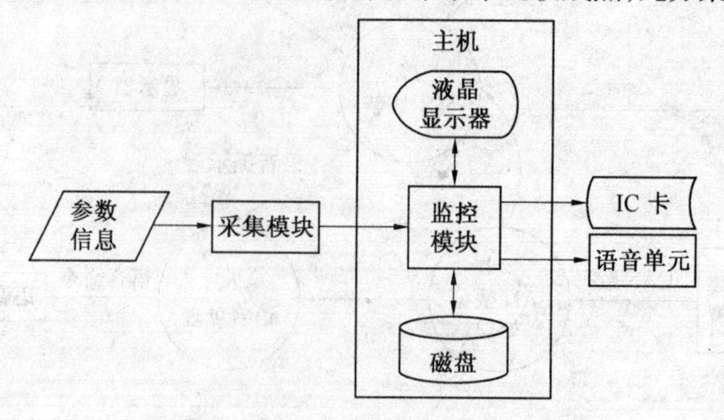

图 5.4 列车监控记录装置的系统流程图

5.2 机车监控系统的硬件设计

5.2.1 机车监控系统的硬件设计

机车监控系统主要由监控主机、数据保护容器、视频采集单元、音频采集单元、显示主机、IC 卡转储器组成,其中为提高系统可靠性,监控主机采用双机主从热备冗余方式,系统结构如图 5.5 所示。

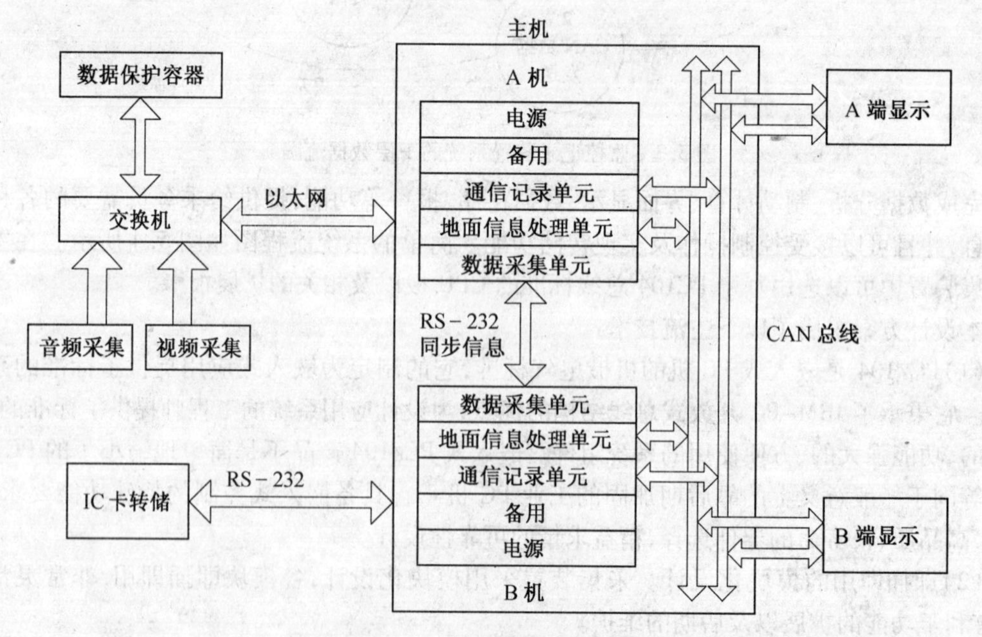

图 5.5 机车监控系统结构框图

主机安置在机车上,它是系统的核心,用来存储线路参数,检测记录机车运行状态,并对机车实时监控。主机包括电源、数据采集单元、通信记录单元和地面信息处理单元,其中数据采集单元采用奔腾(133)微处理器,并带有开关量、脉冲量、模拟量等数据采集卡,可以实时采集数据，并通过CAN总线把数据传输至主机显示。

显示主机和键盘安装在机车两端的司机操纵台上，司机要告知计算机的信息通过键盘输入，计算机要告知司机的信息则通过显示主机输出，显示主机与主机间通过通信口保持同步工作。

通信记录单元记录的信息利用IC卡和地面转储器进行转储，转储从通信记录插件面板的RS-232接口插座进行。

数据保护容器为最终数据存储体，它具有耐高温、耐高压、抗冲击等特点。主机与数据保护容器之间通过以太网连接。

5.2.2　ARM的嵌入式系统的外围电路设计

1. 电源电路

S3C44B0X嵌入式处理器需要使用两组电源，I/O口供电电源为3.3 V，内核及片内外设供电电源为2.5 V，所以系统设计为3.3 V应用系统。首先由外部电源接口输入9 V直流电源，二极管D_1防止电源接反，经过C42，C44滤波，然后通过LM1117-5.0开关电源芯片，再经滤波后输出稳定的5 V电压。电路图如图5.6所示。

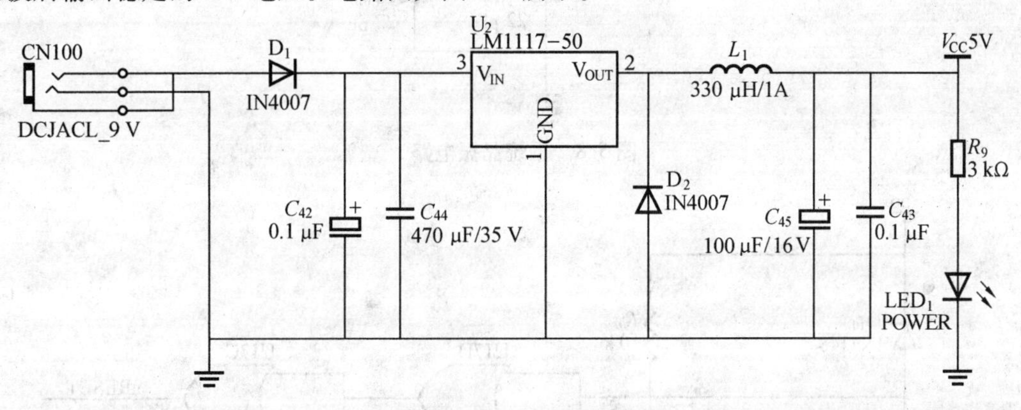

图5.6　5 V电源电路

3.3 V和2.5 V电源由5 V电源进行转换得来。分别使用LM1117-3.3和LM1117-2.5芯片进行转换，图5.7为3.3 V转换电路。2.5 V转换电路与之类似。

LM1117系列电源芯片输出电流可达800 mA，输出电压精度高，稳定性好，还具有电流限制和热保护功能，广泛应用在手持式仪表、数字家电和工业控制等领域。

以ARM为核心的系统晶振电路、复位电路、存储器电路、串行接口电路、LCD接口电路、JTAG接口电路、以太网接口电路，如图5.8～5.15所示。

5.2.3　嵌入式主控制器的冗余结构设计

硬件的双机冗余设计是在一个主机箱中插有两组完全相同的模块，每组都是一个完整的系统。在机车监控系统中，共有两组完全相同的模块同时工作，但只有一组处于工作状态，另一组只是处于热备状态。当实施控制的一组出现故障时，它会自动切换到热备机上。这种模块故障后整套切换的冗余技术一般称为系统级冗余。

当两组模块中各有一个子模块出现故障时，系统级冗余便无能为力。如图5.16所示，即

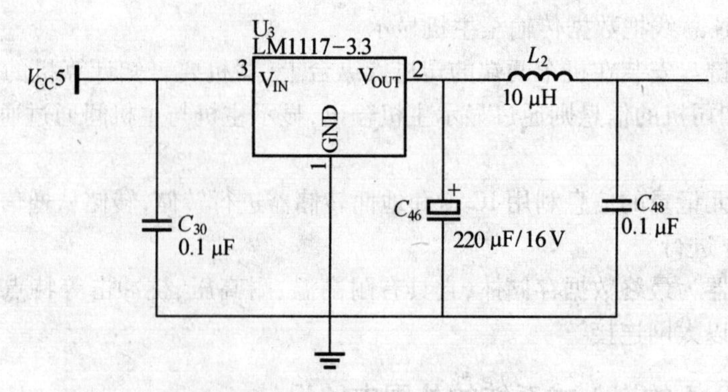

图 5.7　3.3 V 电源电路

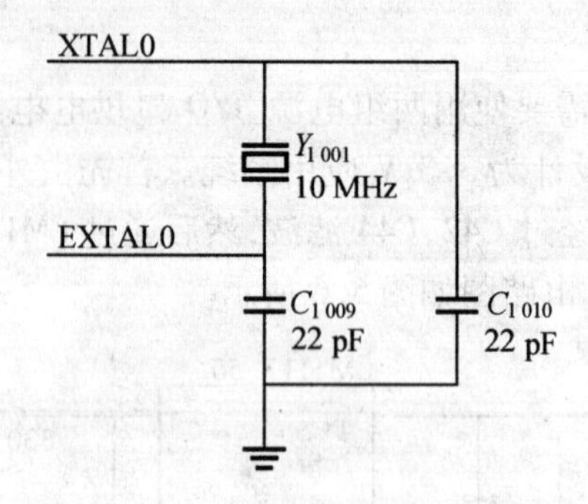

图 5.8　系统晶振电路

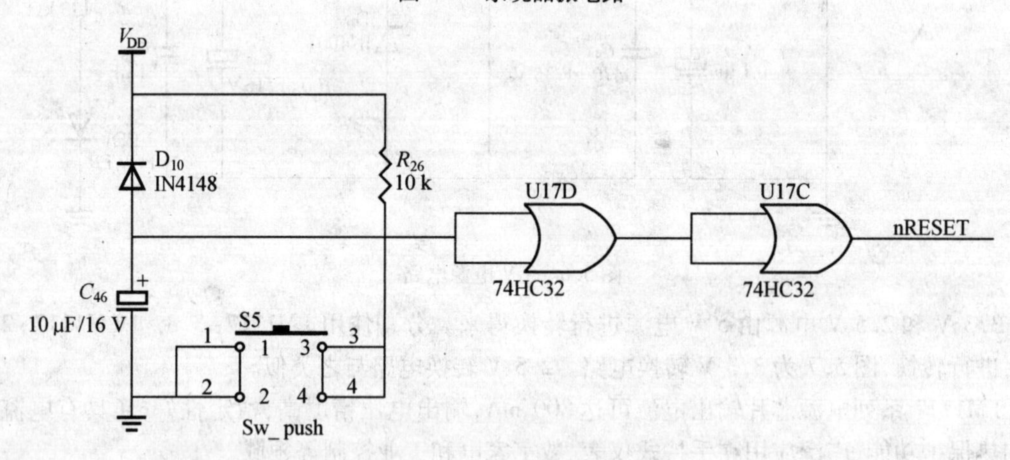

图 5.9　系统复位电路

为此监控装置主机箱内的模块结构以及系统中各模块之间的通信连接。

主机箱中插有两组相同的模块,左边的一组共用同一组电源,称为 A 机或 A 子系统,右边的一组共用另一组电源,称为 B 机或 B 子系统。A 机和 B 机电源相互隔离。主机箱中任一带 CPU 的模块相对本子系统或另一子系统中其他带 CPU 的模块来说是完全等同的,都是通过双 CAN 总线(CAN−A 和 CAN−B)进行串行通信,因此它们属于模块级冗余。假设 A 机的地面信息处理模块出现了故障,A 机的其他模块和 B 机的地面信息处理模块仍可组成一个完好的系统。这类模块包括监控记录模块、地面信息处理模块、通信模块和备用模块。此外,A 机和 B 机的监控记录模块之间还有第 3 条串行通信通道——同步口。主机箱中所有不带 CPU 的模

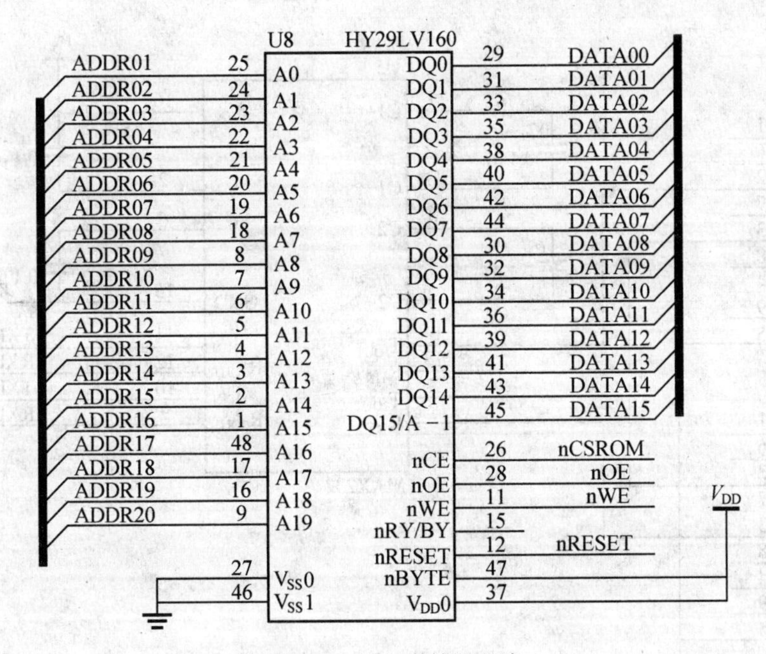

图 5.10　Flash 存储器电路

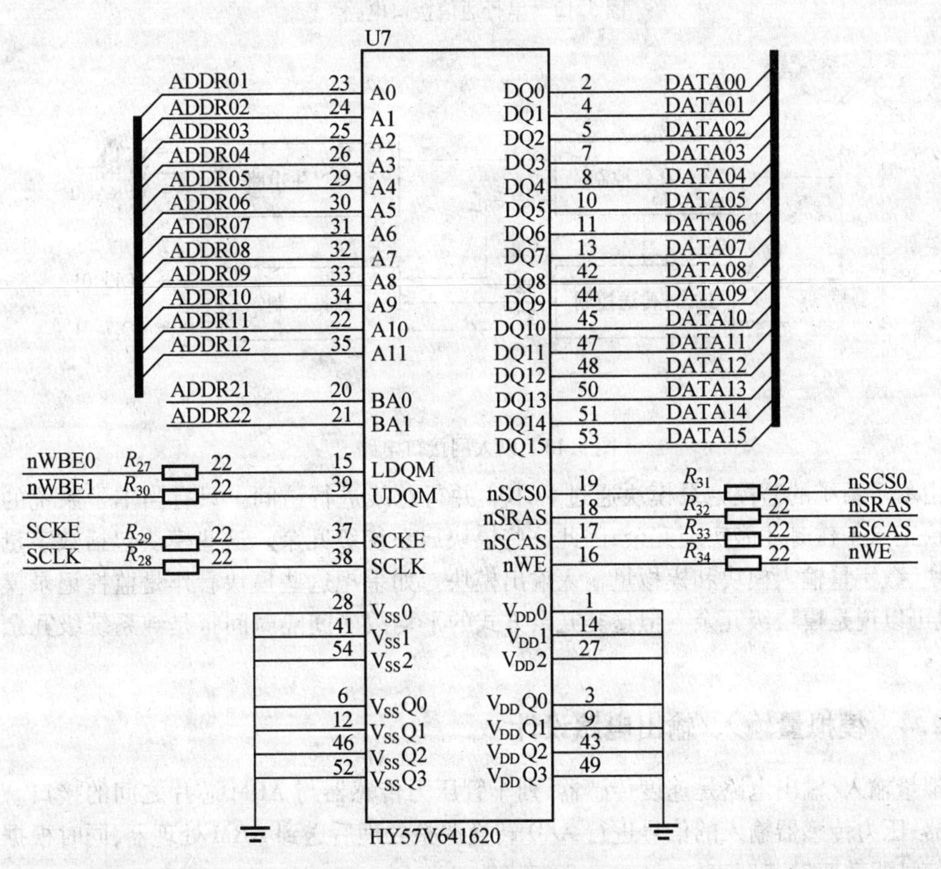

图 5.11　SDRAM 存储器电路

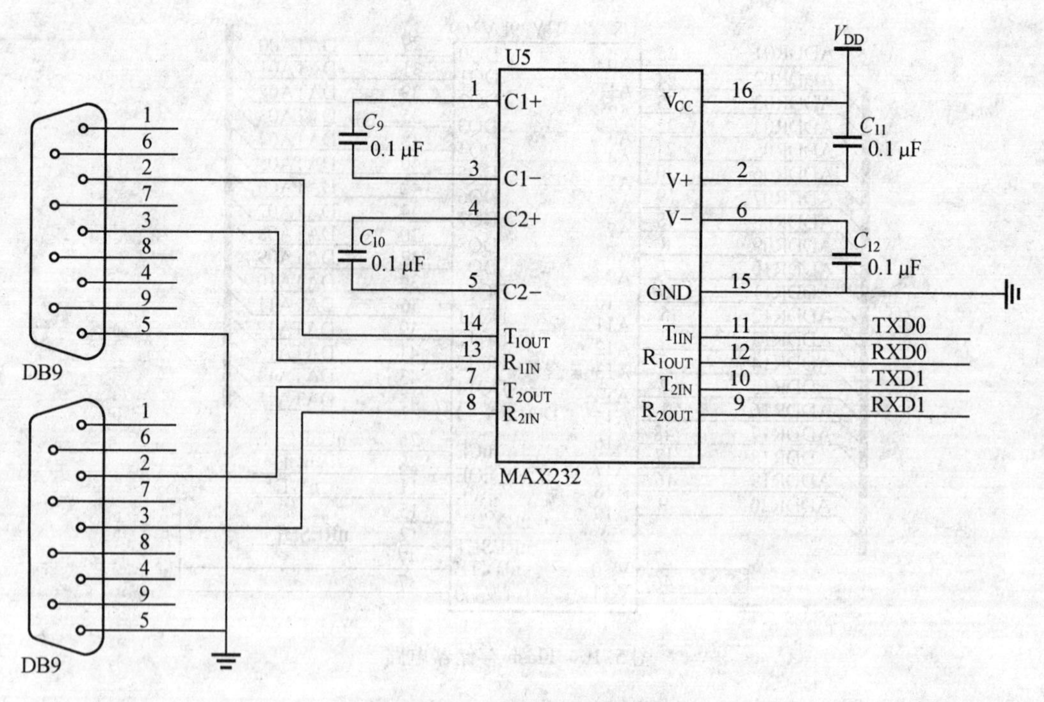

图 5.12　串行通信接口电路

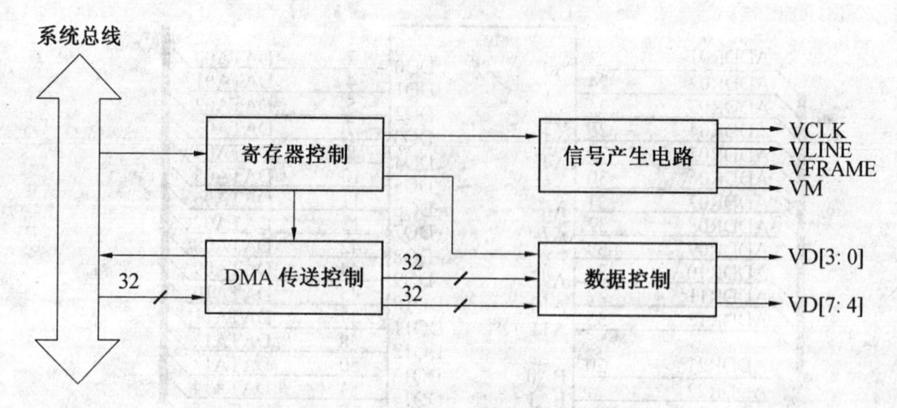

图 5.13　以太网接口电路

块只能由本子系统的监控记录模块通过 PC104 并行总线进行访问。只有当本子系统的监控记录模块正常工作时才能实现冗余，因此这些模块属系统级冗余。这些模块包括数字量输入输出模块、数字量输入模块和模拟量输入输出模块。如果把这些模块看作是监控记录模块的扩展，也可以说是模块级冗余。但这类冗余方式的平均故障间隔时间将是纯系统级冗余方式的 2 倍。

5.2.4　模拟量输入/输出电路设计

模拟量输入/输出电路是速度传感器、列车管压力传感器与 ARM 芯片之间的接口。将速度传感器、压力传感器输入的信号进行 A/D 转换调整处理后送到 ARM 处理器，同时根据送出的电流信号驱动双针速度表。

GY 为列车管压力传感器的电压输出信号，其变化比为 1000 kPa : 5 V。压力信号 GY 经

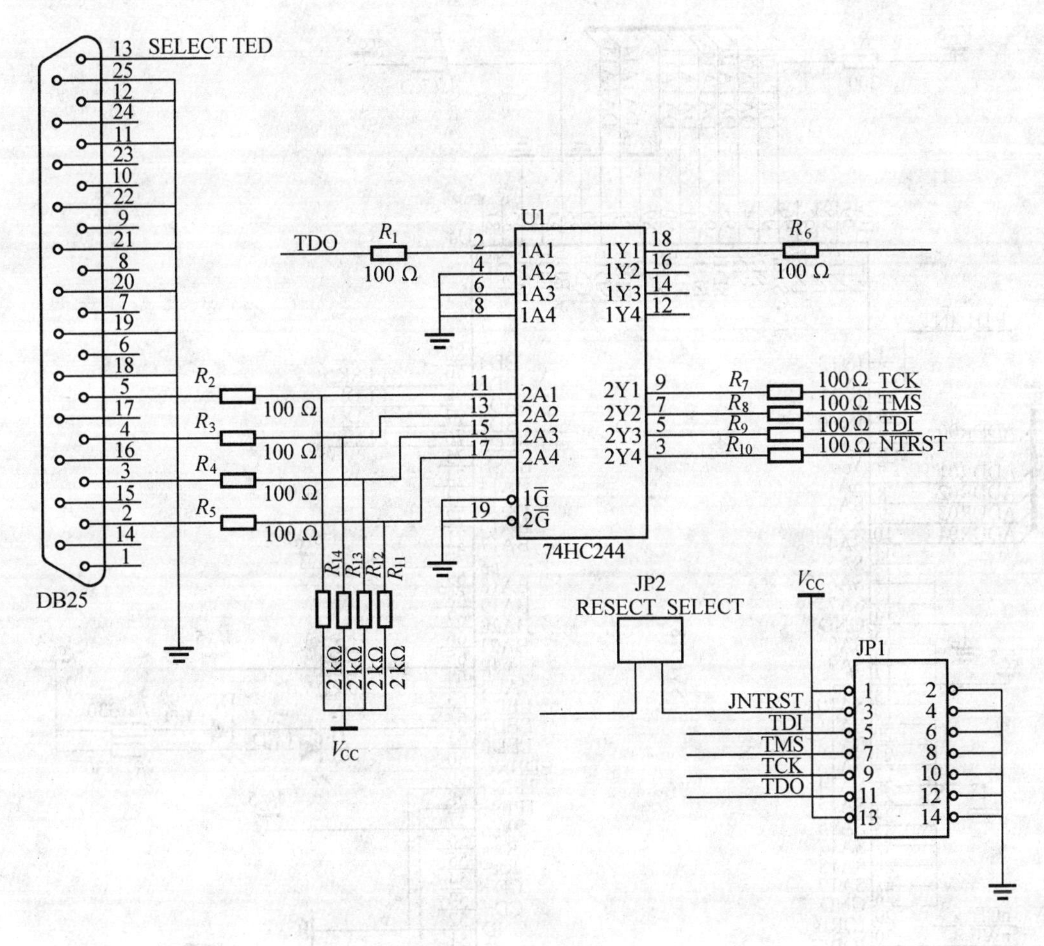

图 5.14　JTAG 接口电路

过 RC 滤波，进入差分输入级，该放大器的放大倍数为 1，然后经过 A/D 转换后变为数字信号，再由单片机将采集的数据进行处理得到压力值。电路图如 5.17 所示。

机车速度信号 VT 来自机车上的测速电机或光电式速度传感器，如图 5.18 所示。速度信号 VT 经 RC 滤波器（R53，C38）滤波和限幅保护电路（D1，D2）后由施密特比较器整形成方波，方波信号通过光电耦合器 OP 隔离后经施密特反相器 74HC14 整形变为信号 V。

5.2.5　数字量输入信号采集电路

数字量输入电路主要完成对机车色灯信号的采集，并将转换后的电平送到数据总线，供 CPU 进行采样。该电路共有 8 路开关量输入通道，这 8 路信号如表 5.1 所示。

表 5.1　机车色灯信号分配

L	LU	U	U2	UU	HU	H	B
绿灯	绿黄灯	黄灯	黄 2 灯	双黄灯	红黄灯	红灯	白灯

以第一路 L（绿灯）信号通道为例，输入通道电路如图 5.19 所示。L（绿灯）50 V 信号经过顺向二极管 V33、限流电阻 R18、限幅稳压管 V25 分压，流过光耦 OP2 输入端的 1，2 脚的电流近 3 mA，光耦的光敏三级管导通，OP2-15 为高电平。74HC14 的输入端为高电平，经反相整形

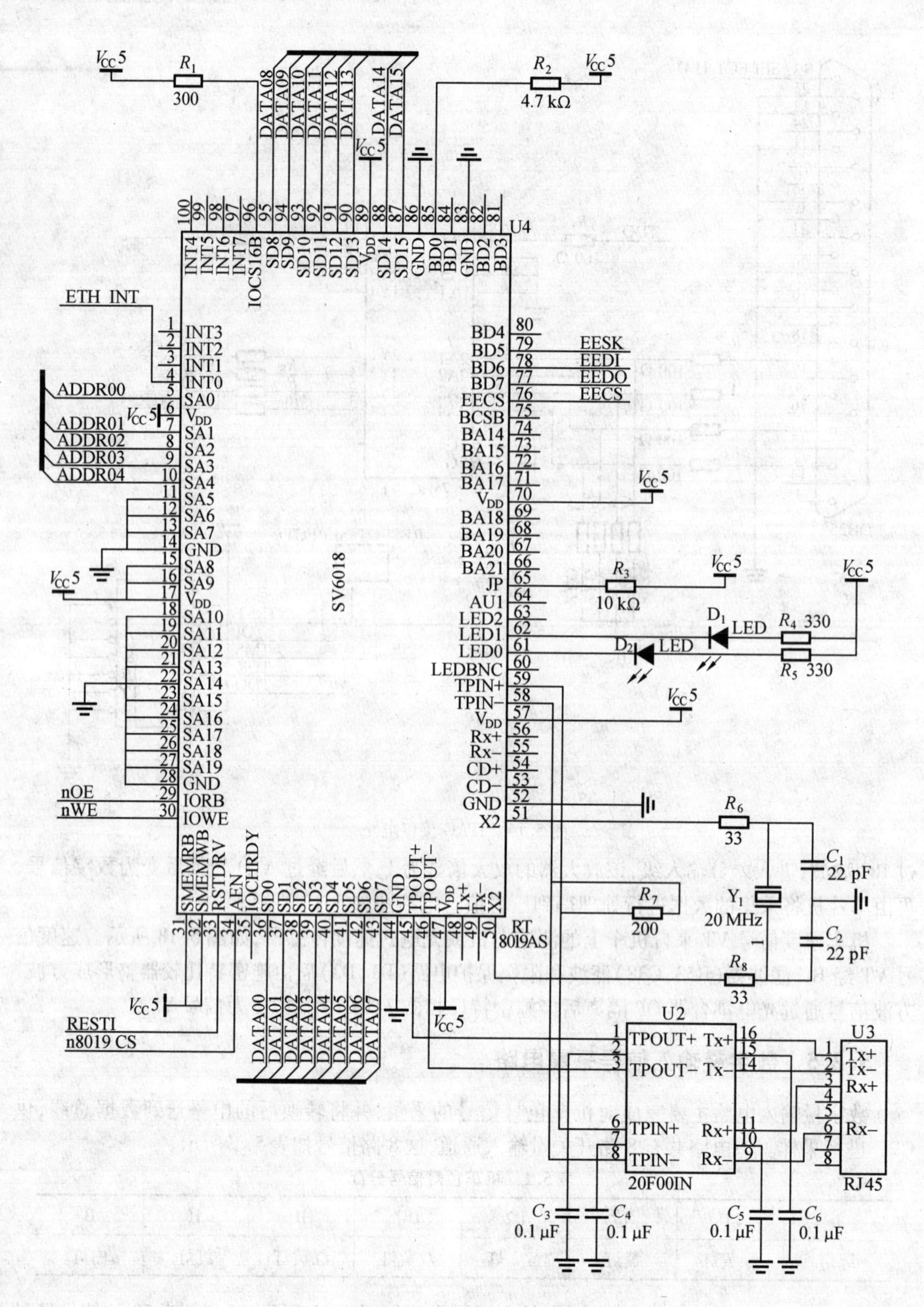

图 5.15 LCD 控制器内部结构图

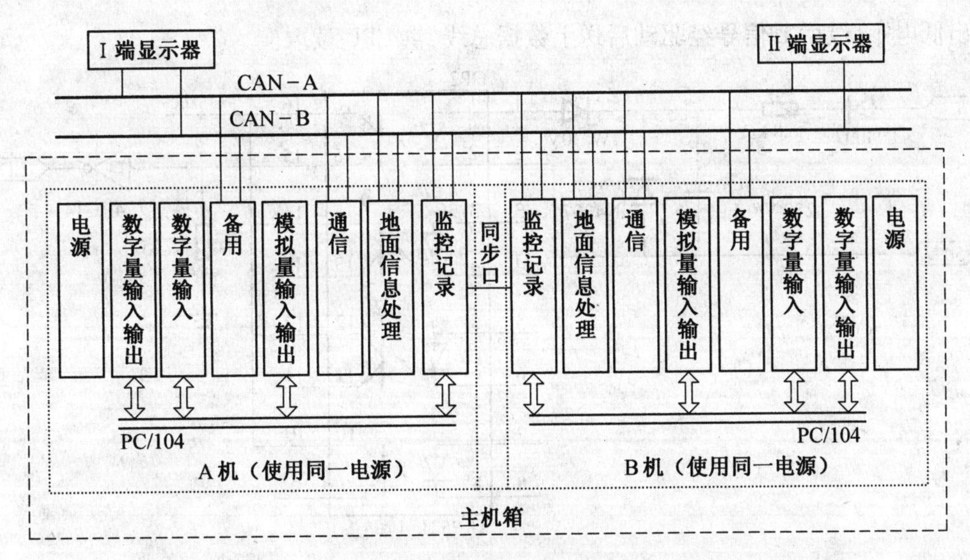

图5.16　主控器冗余示意图

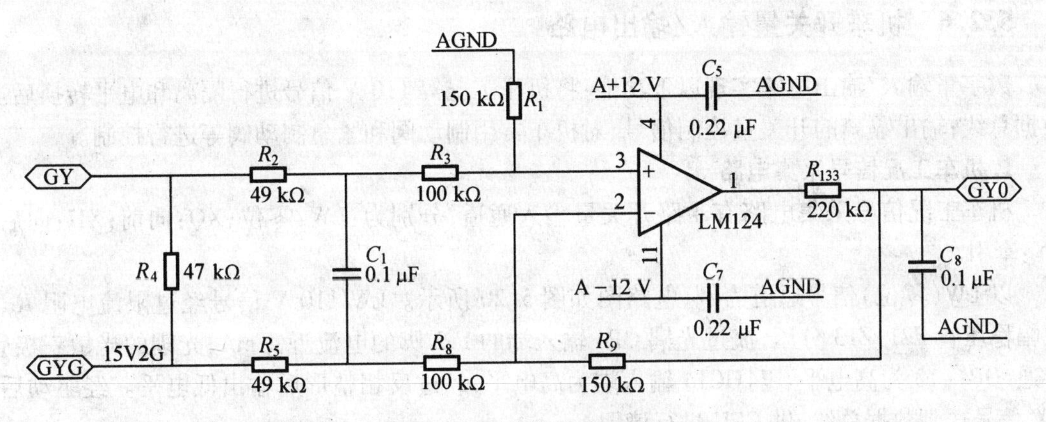

图5.17　压力信号采集电路

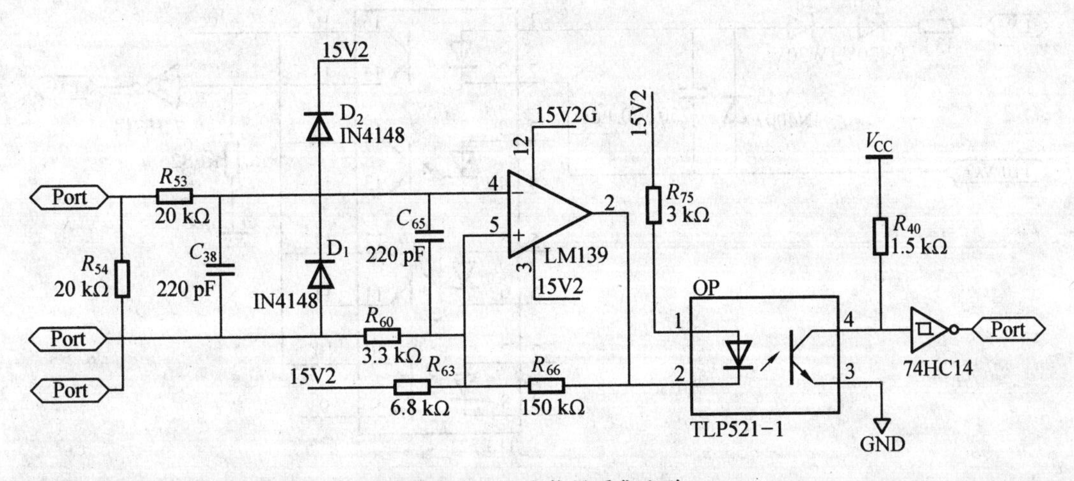

图5.18　速度信号采集电路

后输出低电平，最后L信号经驱动后送上数据总线，供CPU读取。

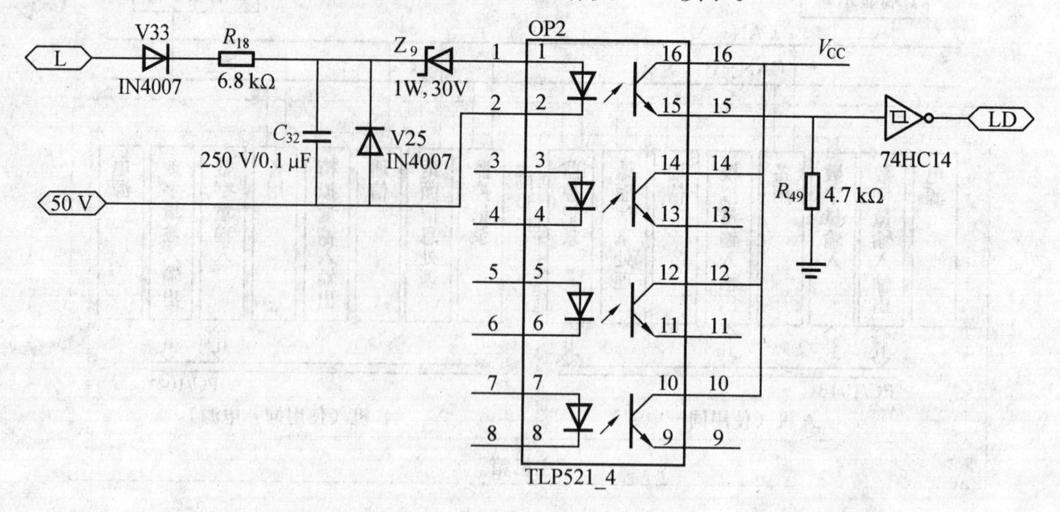

图5.19　绿灯信号输入通道电路

5.2.6　机车开关量输入/输出电路

数字量输入/输出电路实现以下功能：将机车工况等110 V信号进行隔离和电平转换后送数据总线；输出隔离的开关量控制信号，对机车常用制动阀和紧急制动阀等进行控制。

1. 机车工况信号采集电路

机车工况信号采集电路有4路开关量输入通道，分别为：LW：零位；XQ：向前；XH：向后；QY：牵引。

以LW(零位)信号通道为例，电路图如图5.20所示。LW′110 V信号经过限流电阻R_{55}、限幅稳压管Z21，Z13分压，流过光耦OP4输入端的1，2脚的电流近4 mA，光耦的光敏三极管导通，OP4-15为高电平。74HC14输入端为高电平，经过反相整形后输出低电平。经驱动后，LW信号送到数据总线，供CPU进行读取。

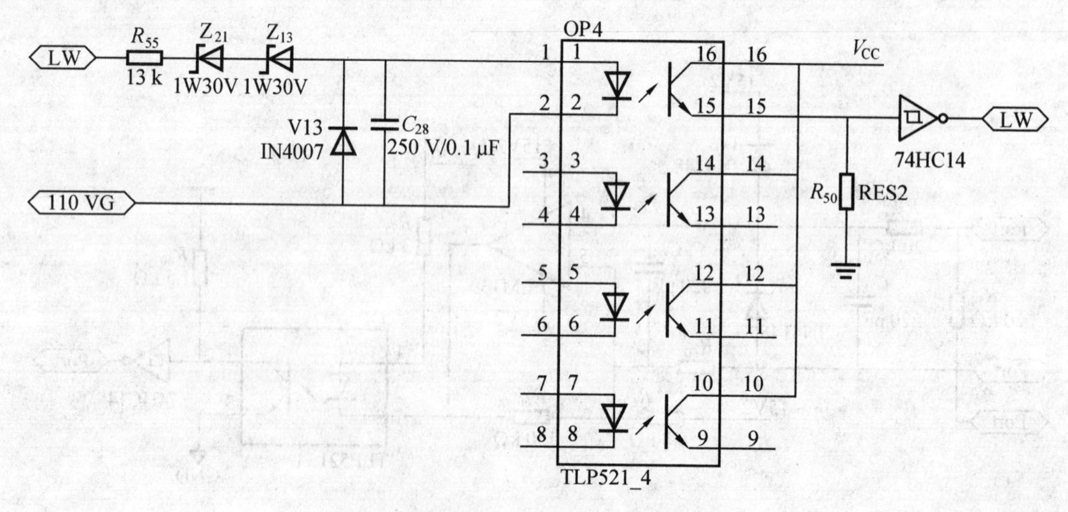

图5.20　机车工况零位信号采集电路

2. 机车开关量输出电路

开关量输出电路提供4路继电器输出接口,其分别为:卸载:XZ;减压:JY;关风:GF;紧急停车:JJ。

这4路电路完全相同,这里以JJ(紧急制动)通道为例,如图5.21所示。在要控制机车紧急制动继电器动作时,使数据总线D0D2=10,译码电路送出D12(74HC373)的锁存信号DOCS为高电平,D12输出Q0Q1=10,光耦OP6的16,15脚导通,OP6-15送出近24 V的电信号JJ′。JJ′通过R37使三级管Q8(2N5551)导通,继电器RL2吸合。RL2用于紧急制动,RL2动节点(JJI′)接机车110 V,RL2常开节点(JJO′)接机车紧急制动继电器,当RL2吸合时,+110 V通过RL2的动接点、常开节点送到机车紧急制动继电器,紧急制动继电器动作,完成机车制动。

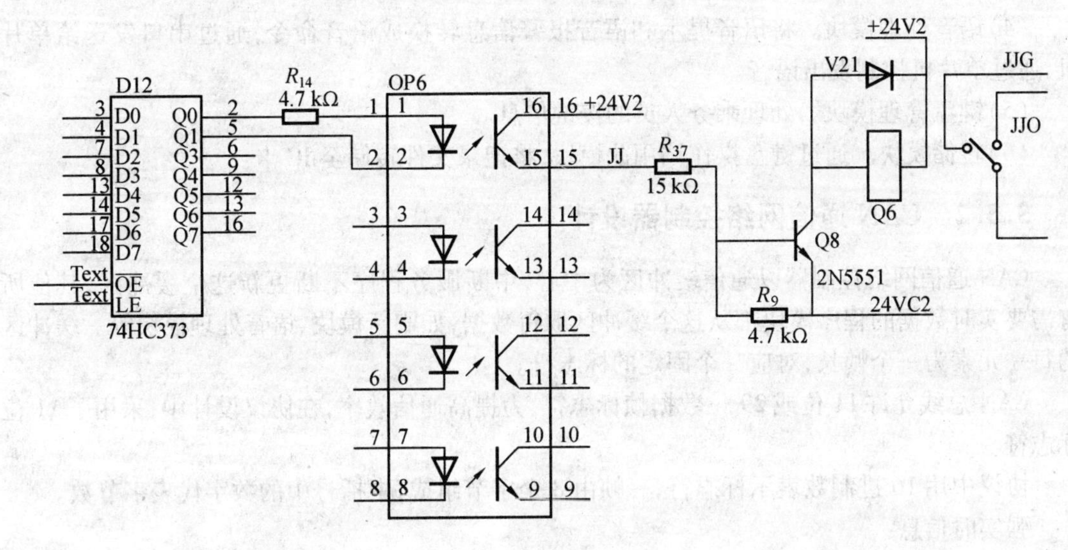

图5.21　紧急制动电路图

5.3　机车监控系统的软件设计

5.3.1　嵌入式Linux系统的软件框架

根据5.1.1中对系统进行的需求分析、1层数据流图以及软件模块化高内聚低耦合的原则,将软件按功能进行模块的划分可以得到6个独立的功能模块:CAN总线实时数据处理模块、运行记录文件管理模块、显示刷新模块、语音处理模块、键盘管理模块及转储模块。模块间关系框图如图5.22所示。

下面简单介绍各个模块功能及相互关系。

(1)CAN总线实时数据处理模块。它和采集装置之间进行通信,完成CAN数据的接收和发送,通过中断服务实现。

(2)运行记录文件管理模块。负责整个文件系统的建立、文件的生成、文件内容的写入和读出。能够根据记录文件产生的条件判断是否需要产生一个新文件。

(3)显示刷新模块。实时显示色灯、速度、速度等级限速曲线等。

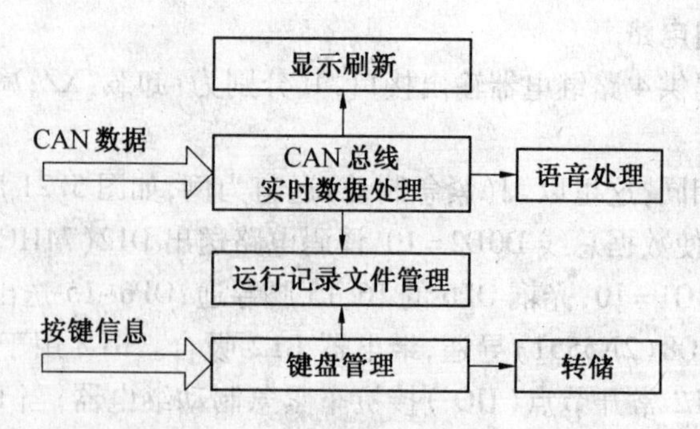

图5.22 软件模块间关系框图

(4)语音处理模块。将语音提示和语音报警信息转换成语音命令,通过串口发送给单片机,通过单片机控制发出语音。

(5)键盘管理模块。处理乘务人员的按键信息。

(6)转储模块。通过键盘操作调用此模块,将记录文件转储至IC卡。

5.3.2 CAN通信网络控制器设计

CAN通信网络控制器以通信缓冲区为中心,中断服务程序不断更新这个缓冲区,其他所有需要实时数据的程序模块都从这个缓冲区取得数据,如刷新模块、语音处理模块等。缓冲区的每一元素为一个帧长,对应一个固定的标志符。

CAN总线允许11位或29位数据帧标志符,为提高通信效率,在协议设计中,采用了11位标志符。

协议中用16进制数表示标志符,一帧由8个字节组成,中括号中的数字代表字节数。

强实时信息:

0x11 速度[2],限速[2],时[1],分[1],秒[1]

0x12 机车工况[1],机车信号[2](信号灯[1],速度等级,UM71,绝缘节[1])

0x13 公里标[3],距离[2],信号机编号[2],信号机类型[1]

0x14 列车管压力[2],制动缸压力[2],均衡风缸I压力[2],均衡风缸II压力[2]

0x15 自检电压[3],原边电压[3]

0x16 原边电流[3],加速度计[3]

0x17 原边功率[3]

以上信息每1秒发1次,循环发送。

弱实时信息:

0x21 司机号[3],副司机号[3]

0x22 区段号[1],车站号[1],总重[2],计长[2],辆数[1]

0x23 载重[2],客车[1],重车[1],空车[1],非运用车[1],代客车[1],守车[1]

0x24 轮径[2],机车号[2],装置号[2],机车型号[2]

0x25 最大质量[2],最大计长[2],最大量数[1],柴油机脉冲数[1],制动机型号[1]

0x26 年[1],月[1],日[1],双针表量程[2]

0x27 车次[3],车次扩充[4],本补客货[1]

0x2A 柴油机转速[2]

以上信息每5秒发1次，循环发送。

运行记录数据：0x5N

目录：0x6N

目录、文件传输结束标志：0x71

CAN总线数据处理模块除了中断接收数据，还应该提供通过CAN总线发送数据的接口函数，供其他模块调用。

5.3.3　运行记录文件管理模块设计

运行记录文件管理模块首先要判断是否需要产生新纪录，当满足下列条件之一时，产生一次参数记录：

(1)实际速度变化2 km/h；

(2)限制速度变化2 km/h；

(3)列车管压力或机车制动缸压力变化20 kPa；

(4)柴油机转速变化100 r/min；

(5)机车信号显示及平面调车灯显信息变化；

(6)机车工况变化；

(7)机车过闭塞分区(轨道绝缘节)；

(8)装置控制指令输出；

(9)司机操作装置：

(10)地面传输信息变化；

(11)装置报警；

(12)装置异常。

如果产生新纪录，还要判断是否需要生成新文件，产生新文件的条件是当司机号或者车次发生变化，而且当前文件的长度大于2048 B。当满足以上条件时运行记录文件管理模块产生一个新文件，并生成该新文件的文件头。如果不需要生成新文件，则跳过这一操作。接着要向目录文件追加记录，并且按照规定格式逐条记录。当完成记录时，还需要将此文件关闭。

运行记录文件管理模块的程序流程图如图5.23所示。

5.3.4　显示刷新模块设计

显示刷新模块完成以下5个方面内容的刷新显示：

(1)刷新数据显示。需要刷新的数据包括速度、限速、公里标、时间等，同时如果有工况显示窗口，还要刷新各种工况数据。如果有临时限速窗口，则要刷新当前的临时限速显示值。

(2)刷新状态指示显示。包括当前色灯、速度等级以及屏幕右边的各种状态指示。

(3)地面数据刷新。根据当前的各种数据计算机车位置，调出前方4~6 km的地面数据和限速。

(4)刷新图形显示。根据当前的图形坐标数据画出前方4 km和后方1 km的速度、限速曲线，以及站中心、信号机、纵断面、弯道、道桥隧的位置。

(5)刷新语音提示。将刷新数据或图形时需要发出的语音提示的代码形成一个语音序列表，以便语音模块调用。

显示刷新模块的程序流程图如图 5.24 所示。

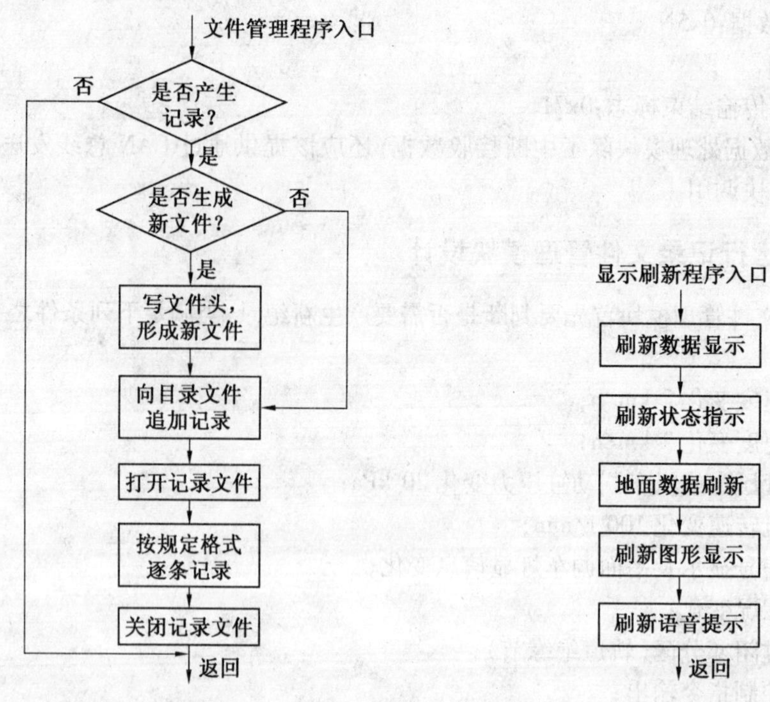

图 5.23　运行记录文件管理模块程序流程图　　　图 5.24　显示刷新模块程序流程图

5.3.5　语音处理模块设计

语音处理模块的主要功能是对刷新模块产生的语音提示和制动计算模块的语音报警信息进行处理,转换成语音命令,并且按照一定的协议与控制发出语音的单片机进行串口通信。

每条语音都分配了一个代码,当主机软件需要发出某条语音时,只要将对应的代码、重复次数发送给语音从机即可。

主机发往从机的命令共有 6 个字节:首字节、正文 3 个字节、尾字节及全文校验。

首字节及尾字节分别为 5AH 和 A5H。

如果正文第 1 字节的最高位是 0,表示本次命令为语音命令;若是 1,则表示本次命令为特殊命令;次高位是 0,表示本次语音命令要求播放单段语音;若是 1,则表示本次语音命令要求播放组合语音;最后 3 位表示语音重复次数。

正文第 2 字节代表组合语音中限速值/距离值的代码或零(单段语音)。

正文第 3 字节在第一字节为 0×H 时,表示单语音地址;第一字节为 01×××××B 时,前 5 位为组合语音第 1 段的代码,后 3 位为组合语音第 3 段的代码。

全文校验采用前 5 字节累加和的后 8 位。

5.3.6　键盘管理模块设计

键盘管理模块的主要功能是扫描键盘,把扫描到的按键扫描码转换为相应的键值,根据键值完成相应的功能。键盘管理模块又分为扫描键盘、参数输入、功能键处理和各种显示状态下的按键处理等多个子模块。

参数输入时应具备显示功能,即可以看到输入的数字。如果输入的是密码,则应该以

“＊”代替。

功能键有如下几个：转储、设定、查询、记录号、警惕、解锁、缓解、巡检、向前、向后、自动校正、调车、车位、开车、出入库、定标。

键盘模块的程序流程图如图 5.25 所示。

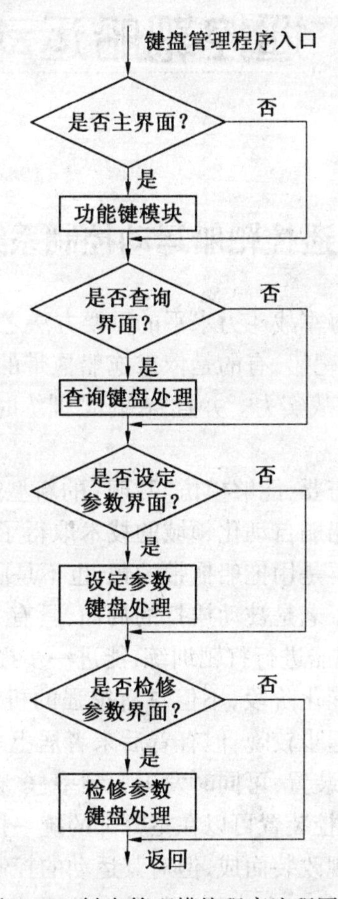

图 5.25　键盘管理模块程序流程图

小　结

随着信息的形式越来越丰富，音视频信息处理需求也越来越多，与前面两章的嵌入式系统比较而言，机车监控系统涉及更多的音视频数据采集、处理与通信等内容。因此，本章在分析系统功能的基础上，设计了基于 ARM 的常规外围电路，重点对基于 ARM 处理器的 CAN 总线通讯网络、以太网、音视频采集、系统双冗余备份等硬件配置方案进行了阐述，详细介绍了针对该硬件方案和基于 Linux 操作系统的 CAN 总线通信模块、文件管理模块、显示刷新模块、语音处理和键盘管理模块的软件设计。

思 考 题

1. 简述 ARM 的嵌入式系统中 JTAG 接口的作用。
2. 简述 CAN 总线以及 CAN 总线的特点。
3. 通过本章和第 4 章开发实例的介绍，请归纳 ARM 的嵌入式系统开发过程的主要工作。

第6章　遥控靶船运动控制系统设计

6.1　遥控靶船运动控制系统分析

海上打靶是和平时期检验海军战斗力水平的重要方法之一,靶船是海军不可或缺的装备。长期以来,海军舰艇打靶使用的靶船,有的是依靠拖船拖带的拖靶,有的是安放于固定位置的"死靶",很难反映海军真实的作战实力。并且,在打靶训练时,炮弹和导弹会有打中拖船的可能,所以存在一定的危险性。

为了适应海军打靶训练的需要,能够模仿"敌舰"的新型遥控靶船就应运而生。而且近年来,无线通信领域、远程控制及船舶自动化领域的技术取得了飞速发展,这些也使得遥控靶船的实现成为可能。遥控靶船不再是用拖船拖带的靶,也不是固定不动的死靶,而是采用超视距控制的移动靶。靶船从此改变了老是被动挨打的局面,具有一定的机动性。这样的靶船和真正的"敌舰"更加接近,用这种靶船进行打靶训练,能进一步提高海军的作战实力。

国外的靶船已经发展到智能化阶段,不但具有很强的机动性,而且在遭遇"险情"时还能紧急避让。我国的遥控靶船虽起步较晚,但有着后来者居上之势。靶船除了具有很强的机动性外,在其上加装电磁干扰发生装置,可同时发出大频率、多频段电磁干扰信号,从而逃避雷达搜索和火力打击;加装的远程遥控装置可以在指挥部的统一指挥下,随时变向1变速航行。

遥控靶船一般由退役的军舰改装而成,但对其运动的控制不能像控制"航模"那样过分随意,靶船至少要具有航迹保持功能。由于国内外的一些专家学者在常规船舶运动控制领域做了大量工作,取得了很多成果,因此,本章对遥控靶船运动控制的研究可以借鉴常规船舶控制领域的若干成熟的理论和方法。

本章的目的就是研究遥控靶船的系统组成并对遥控靶船运动控制方法进行介绍。

6.1.1　遥控靶船运动控制系统的功能分析

遥控靶船是海军打靶训练用的设备,根据不同的训练科目,对其功能会存在不同的要求。本文讨论的是其最基本的功能,即在靶船运动状态下进行导弹、鱼雷等武器的打靶训练。因此,遥控靶船应具备如下基本功能:

(1)在打靶训练过程中,靶船按照遥控设备的指挥航行;

(2)遥控设备可以随时改变靶船的航向、航速;

(3)遥控装置可以实时监视靶船的航向、航速、位置等信息。

6.1.2　遥控靶船运动数学模型的建立

靶船运动数学模型是其运动仿真与控制问题的核心。建立靶船运动数学模型的目的有两个:一个是为设计靶船运动控制器服务;另一个是在对控制算法仿真时,有一个比较能够反映真实系统的模型。本章将建立一个较为合适的靶船运动模型,以期为控制算法的设计和仿真打下基础。

(1)坐标系与运动学变量。

常规船舶的实际运动非常复杂,在一般情况下具有6个自由度。在附体坐标系内,这种运动包括沿着3个附体坐标轴的移动及围绕3个附体坐标轴的转动,前者以前进速度 u、横漂速度 v、起伏速度 w 来表述;后者以首摇角速度 r、横摇角速度 p 及纵摇角速度 q 表述。在惯性坐标系内,船舶运动可以用它的3个空间位置 x_0,y_0,z_0 和3个姿态角即方位角 ψ、横倾角 φ、纵倾角 θ 来描述。显然,这两个坐标系中的变量之间存在着某种联系,但这并不等于说要把6个自由度上的运动全部加以考虑。

考虑到靶船的吨位和体积较小,可忽略起伏运动、纵摇运动及横摇运动,而只需讨论前进运动、横漂运动和艏摇运动,这样就简化为只有3个自由度的平面运动问题。本文也是针对3个自由度进行考虑。

如图6.1所示,建立靶船运动坐标系,$X_oO_oY_o$ 为固定于地球表面的惯性坐标系统,O_o 为起始位置,O_oX_o 指向正北,O_oY_o 指向正东;xoy 为原点位于靶船某指定点的附体坐标系,规定 ox 沿船中线指向船首,oy 指向右舷,G 为靶船重心;u,v,r 分别为靶船运动速度的分量及转艏角速度;ψ 为航向角;δ 为舵角(以右舵为正)。设 X,Y,N 分别为船体上的外力和外力矩,靶船重心 G 与附体坐标系中心点 o 重合,x,y 分别为靶船重心 G 在固定坐标系中的坐标。

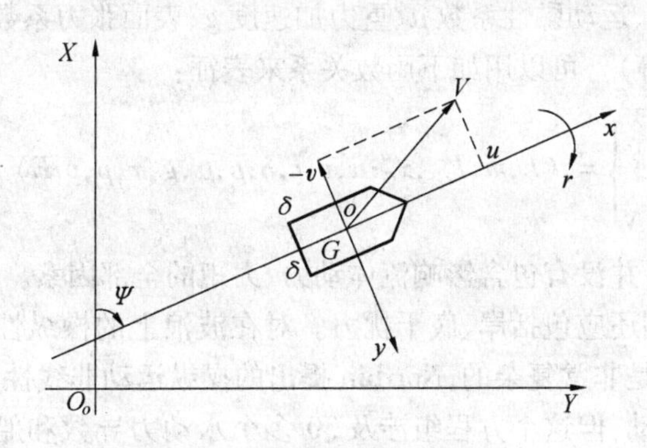

图6.1　靶船平面运动示意图

由图6.1可以得出两坐标系运动参量之间的关系:

$$\begin{cases}X_o = X\cos\psi - Y\sin\psi \\ Y_o = X\sin\psi + Y\cos\psi \\ N_o = N\end{cases} \tag{6.1}$$

$$\begin{cases}\dot{x} = u\cos\psi - v\sin\psi \\ \dot{y} = u\sin\psi - v\cos\psi \\ \dot{\psi} = r\end{cases} \tag{6.2}$$

在平面运动中转首角速度 r 为航向角 ψ 的时间导数。

(2) 平面内靶船操纵运动方程的建立。

如果附体坐标系 o 不在靶船重心上,并将靶船视为刚体,则其平面运动的动态方程为:

$$\begin{cases} X = m(\dot{u} - vr - x_G r^2) \\ Y = m(\dot{v} + ur + x_G \dot{r}) \\ N_G + Y_H x_C = I_{ZZ}\dot{r} + m x_G(\dot{v} + ur) \end{cases} \tag{6.3}$$

其中,m 为靶船的质量;x_G 为重心距靶船重心的距离(重心在前为正);I_{ZZ} 为绕 Z 轴的转动惯量;X,Y,N_G 为总的流体动力和动力矩的分量。式(6.3)中第3个方程出现了 $Y_H x_c$,其原因是模型试验时,测量流体动力矩是相对靶船中心进行的,因此需要将测量流体力矩修正到相对于重心的力矩,故而作该项变动。x_c 是船舶中心在坐标系 x 中轴的坐标值。

运动方程式(6.3)等号左端的项,都表示在运动过程中作用于靶船的外力和力矩。通常可以把作用于靶船的外力分成两类。一类是水动力,它是由于靶船的运动,推动周围的水产生一定的运动,而使水对船产生一个反作用力。显然,水对靶船的这种反作用力的大小、方向及其分布,都取决于靶船本身的运动,它反过来又影响靶船的运动。另一类是非水动力的外力,是除水动力之外船舶所受到的外力。属于这类外力的可能有风、波浪或水流对靶船的作用力以及靶船所受到的其他外力。

对于一般的靶船,除特殊情况外,可以认为其重力和水的静浮力始终平衡。不考虑它们,不会影响讨论在水平面中的运动。如果考虑单独一艘靶船处于无风情况下,在静止水的自由表面上运动时,则作用于靶船的外力只有水动力。

一般说来,作用于船体的水动力、力矩将与其本身几何形状有关(以船长 L、质量 m、转动惯量 I_{ZZ}、形状参数等表征),与船体运动特性有关(如 u,v,r,转速 n、舵角 δ 等参数),也与流体本身特性有关(如密度 ρ、运动黏性系数 μ、重力加速度 g、表面张力系数 τ、大气压 p、饱和蒸汽压 p_1、流体弹性模数 E 等)。可以用如下函数关系来表征:

$$\left.\begin{matrix} X \\ Y \\ N \end{matrix}\right\} = f(L,m,I_{ZZ},x_G;u,v,r,\delta;\rho,\mu,g,\tau,p,p_1E) \tag{6.4}$$

显然,以上函数关系并没有包含影响流体动力、力矩的全部因素。若研究一般船舶在限制航道中的操纵性问题,则还应包括岸、底干扰力。对在波浪上的操纵性问题,还将涉及波浪扰动力等。船舶操纵运动是非常复杂的,Norrbin 提出的操纵运动非线性方程组较好地反映了船舶在舵作用下的操纵运动,但这个方程组涉及 30 多个水动力导数和船舶参数,一般不能被自动舵控制系统设计直接利用。本文研究的靶船的吨位、体积都比较小,其操纵性也比一般船舶要强,所以在研究靶船运动控制时,可以大胆地省略一些研究常规船舶所必需的而对靶船运动影响不大的参数。

Nomoto,Norrbin 和 Bech 等人提出了一些比较简单、实用的船舶操纵运动方程,并成功地应用到许多航向控制系统的设计中。

(3) Nomoto 模型。

1957 年,日本 Nomoto 教授基于操纵运动线性方程,从控制工程的观点来研究船舶操纵性问题。把由于改变舵角而引起的各种操纵运动,看作输出操纵运动对输入舵角的响应关系,由此建立了操舵响应数学模型,提出了表征船舶操纵性的指数。Nomoto 模型省略了一些在研究船舶航向控制问题时的一些不必要的参数,为大多数船舶航向研究问题所采用。靶船航向控制模型的建立,可以借鉴 Nomoto 模型,并根据靶船的特殊性作适当地修改,所以有必要对 Nomoto 模型作简单讨论。

根据牛顿的力学定理可以得到描述船舶运动的方程。如果把船看成一个刚体,则它有6个自由度,则相互之间有耦合效应,对于水面船舶,可以认为这种耦合效应很小,则只研究船舶的平面运动。作用在船舶上的力,都是水动力和力矩。它们是船舶运动的复杂函数。将这些函数按照泰勒级数展开,可以得到便于分析的有用形式,如果只考虑一阶偏导数,就可以导出船舶线性化方程。如果只考虑方位角ψ作为输出,舵角δ作为输入,则可得到舵角——航向运动方程:

$$T_1T_2\dddot{\psi}+(T_1+T_2)\ddot{\psi}+\dot{\psi}=K(T_3\dot{\delta}+\delta) \tag{6.5}$$

式中,K,T_1,T_2,T_3是放大系数与时间常数,可作为表示船舶操纵性的特征参数;ψ为船舶航向角;δ为舵角。此式即为描述船舶转艏操舵响应的一元二阶线性微分方程,也称为二阶$K-T$方程。

在小舵角的情况下,该模型可进一步简化为一阶转艏操舵响应方程,即

$$T\ddot{\psi}+\dot{\psi}=K\delta \tag{6.6}$$

其中,T为时间常数;K为舵增益。一般可表示为$T=T'(L/V)$;$K=K'(V/L)$。其中,L为船长;V为船速;T',K'分别为船型参数、装载状态函数,它们均为船型的无因次系数,一般由实船海上试验获得。

6.1.3 靶船运动干扰力的数学模型

在靶船航行过程中会经常受到风、浪、流的干扰,因此研究靶船在干扰状态下的航行性能是很有必要的。为了研制出适应性好的船舶运动控制器,在控制器的开发过程中也必须考虑到各种环境干扰对控制器控制效果的影响,因此,建立环境干扰的模型也成为靶船运动控制器开发过程中的一个重要环节。

(1) 海风干扰分析。

对于一般船舶而言,海风对船舶运动的影响,除了通过海浪产生相应的力和力矩,它将直接作用于水线面以上船舶的各个建筑,从而产生相应的力和力矩。相对于靶船来说,其体积小,海风对上层建筑的干扰力矩不明显,可以忽略不计。海风对靶船运动的干扰主要体现在其引起的海浪干扰。

(2) 海浪干扰的数学模型。

海浪通常是风浪和涌的统称。通常所说的海浪是指风浪,风浪是海面上分布最广的,是船舶在海上产生摇荡运动的最主要因素。

波浪干扰力一般分为两种:一种是一阶波浪干扰力,也称高频波浪干扰力,这是在假设波浪为微幅波,引起船舶的摇荡不大的情况下,船舶受到与波高呈线性关系并且与波浪同频率的波浪力;另一种是二阶波浪力,也称波浪漂移力,该波浪力与波高的平方成比例。一般来说,二阶波浪理论足以用来推导大多数船舶在海上航行时对波浪的响应。一阶海浪扰动用来描述传播的振荡运动,二阶海浪用来表述波浪的横向推力。对于靶船,可采用二阶海浪作为其干扰模型。

有关海浪谱的描述有多种,有仅使用一个参数的称为单参数波浪谱,使用两个参数的称为双参数谱,甚至有使用6个参数的波谱。

在国际单位制下,由ITTC推荐使用的*PM*双参数波浪谱的修正版为:

$$S_{\zeta\zeta}(\omega)=\frac{173h_{1/3}^{2}}{\omega^{5}T_{w}^{4}}\mathrm{e}^{\left(\frac{-691}{T_{w}^{4}\omega^{4}}\right)} \tag{6.7}$$

式中,T_w 为平均海浪周期;$h_{1/3}$ 为有义波高(不规则波中1/3最大波浪的平均值)。

为简化计算,需要用一个线性海浪模型来代替复杂的非线性海浪模型。式(6.7)给出的海浪谱密度可以线性近似写作:

$$y(s)=h(s)\cdot\omega(s) \tag{6.8}$$

其中,$\omega(s)$ 是零均值高斯白噪声过程,具有的功率谱为 $G_{ww}(\omega)=1.0$;$h(s)$ 是一个二阶波浪传递函数:

$$h(s)=\frac{K_{w}s}{s^{2}+2\zeta\omega_{0}s+\omega_{0}^{2}} \tag{6.9}$$

这里 K_w 被定义为:

$$K_{w}=2\zeta\omega_{0}\sigma_{w} \tag{6.10}$$

式中,σ_w 为一个描述波浪强度的常数;ζ 为阻尼系数;ω_0 是主导海浪频率。

由此,将 $s=\mathrm{j}\omega$ 代入式(3.9),可得:

$$h(j\omega)=\frac{2\zeta\omega_{0}\sigma_{w}\mathrm{j}\omega}{(\omega_{0}^{2}-\omega^{2})+2\zeta\omega_{0}\mathrm{j}\omega} \tag{6.11}$$

其幅值为:

$$|h(j\omega)|=\frac{2(\zeta\omega_{0}\sigma_{w})\omega}{\sqrt{(\omega_{0}^{2}-\omega^{2})^{2}+4(\zeta\omega_{0}\omega)^{2}}} \tag{6.12}$$

$y(s)$ 的功率谱密度函数可以通过下式得到:

$$G_{yy}(\omega)=|h(j\omega)|^{2}G_{ww}(\omega)=|h(j\omega)|^{2}=\frac{4(\zeta\omega_{0}\sigma_{w})^{2}\omega^{2}}{(\omega_{0}^{2}-\omega^{2})^{2}+4(\zeta\omega_{0}\omega)^{2}} \tag{6.13}$$

当 ω 等于主导海浪频率 ω_0 时,可以得到 $G_{yy}(\omega)$ 的最大值为:

$$[G_{yy}(\omega)]_{\max}=G_{yy}(\omega_{0})=\frac{4.85}{T_{w}} \tag{6.14}$$

因而,在 ω_0 处的ISSC功率谱的值是:

$$G_{yy}(\omega_{0})=\frac{173h_{1/3}^{2}}{(4.85/T_{w})^{5}T_{w}^{4}}\mathrm{e}^{\left(\frac{-691}{(4.85/T_{w})^{4}T_{w}^{4}}\right)}=0.0185T_{w}h_{1/3}^{2} \tag{6.15}$$

两个海浪谱在同一个 ω_0 处的最大值应当是相同的,由此 $\sigma_w^2=0.0185T_wh_{1/3}^2$,即 $\sigma_w=\sqrt{0.0185T_w}h_{1/3}$。

(3)海流干扰的数学模型。

海流对靶船运动的影响可以等效为靶船相对于海水的相对速度变化引起的附加干扰力和力矩。一般说来,在短时期内,海流可以认为是恒定不变的,即其流速 V_C 为常数。

对于靶船的航向运动来说,海流的存在将引起一个绕 *OZ* 轴的附加干扰力和力矩,可表示为:

$$\begin{cases} X_C = \frac{1}{2}\rho A_{FW} V_C^2 C_{X_C}(\beta) \\ Y_C = \frac{1}{2}\rho A_{SW} V_C^2 C_{Y_C}(\beta) \\ N_C = \frac{1}{2}\rho A_{SW} C V_C^2 C_{N_C}(\beta) \end{cases} \tag{6.16}$$

其中，ρ 为海水密度；A_{FW} 为水线以下船舶的正投影面积；V_C 为流速；A_{SW} 为水线以下船的侧投影面积；β 为海流的入射角（漂角）；$C_{X_C}(\beta)$，$C_{Y_C}(\beta)$，$C_{N_C}(\beta)$ 分别为与漂角有关的系数。

6.2　系统主要硬件模块设计

6.2.1　GPS 测量定位模块设计

GPS 定位系统是一种以卫星为基础的无线电导航系统。系统可发送高精度、全天时、全天候的导航、定位和授时信息，是一种可供海陆空领域的军民用户共享的信息资源。卫星导航定位是指利用卫星导航定位系统提供位置、速度及时间等信息来完成对各种目标的定位、导航、监测和管理工作。

卫星导航系统的出现，解决了大范围、全球性以及高精度快速定位的问题，最早应用于军用定位和导航，为车、船、飞机等机动工具提供导航定位信息及精确制导；为野战或机动作战部队提供定位服务；为救援人员指引方向。随着技术的发展与完善，其应用范围逐步从军用扩展到民用，渗透至国民经济各部门。

GPS 模块采用 u-blox NEO-5Q 为核心，NEO-5Q 主芯片为多功能独立型模组，以 ROM 为基础构架，成本低，体积小，并具有优异的特性。采用 u-blox 最新的 KickStart 微弱信号攫取技术，能确保采用此模组的设备在任何可接收到的可接收到信号的位置及任何天线尺寸都能够有最佳的初始定位性能并快速的定位。此外，GPS 模块中具有 50 个通道卫星接收功能，100 万个以上的相关系引擎，可以同时追踪 GPS 及伽利略卫星信号，还提供了 UART，USB，IIC，SPI 等多种接口。

作为系统的定位模块，GPS 模块通过 5 针的杜邦线与 ARM 处理器连接，其中 NEO-5Q 模块的 16 个引脚定义为 1，9 接电源 V_{CC}，2，8 接地，3，11 接 TXD 串口发送端，4，12 接 RXD 串口接收端，5 接 DP 为 USB 的正极，6 接 DM 为 USB 的负极，7 接 INT 为中断源，8 接 TP 为时间脉冲，13，14 不连接，15 接地，15 接 3.3 V 电源。其中 NEO-5Q 模块与 ARM 的具体连接图如 6.2 图所示。

在调试 GPS 模块时，先将串口调试助手打开，选择串口，默认为 COM1；波特率为 115200；校验位为 NONE；数据位为 8；停止位为 1；打开串口。再连接 GPS 模块上的 5 V 电源，就可以看到串口调试助手中接收到的数据。其接收到的数据如 6.3 图所示。

6.2.2　远程监测模块设计

（1）整体功能设计。

本系统的基本功能是靶船能够同时通过同一 SMI 口网络转换器与远程的上位机进行通

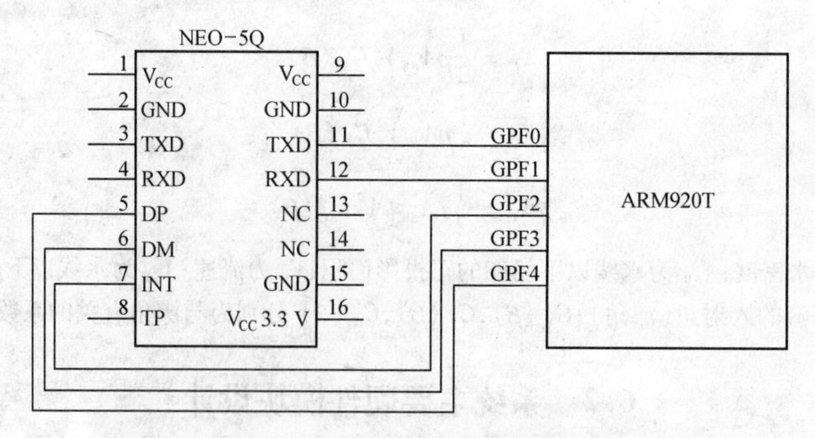

图 6.2　NEO-5Q 模块与 ARM 的连接图

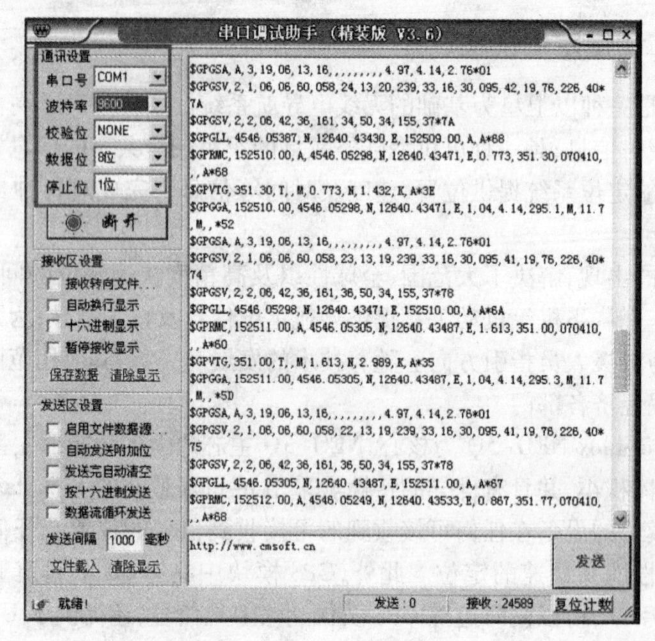

图 6.3　串口连接显示图

信(图 6.4)。转换器完成的具体工作是接收光端机发送过来的测试数据,自动识别其长度和来源,将其转化为网络数据格式,通过以太网发送到上位机,同时接收上位机通过以太网发送过来的控制信息,并自动识别其发送的目标,通过 SMI 口发送给相应的靶船接口。根据实际需要,可以在上位机通过以太网配置 SMI 口网络转换器的 IP 地址。

(2)硬件结构设计。

系统中运用的转换器的硬件电路主要选用基于 ARM7 内核的嵌入式处埋器 LPC2214 芯片进行整体控制,LPC2214 芯片带有 256KB 的高速 FLASH,并带有 16 K 片内 SRAM,为了满足通信过程中的数据缓存和一定的系统运行空间,片外扩展了 512 K 字 SRAM (IS61LV25616AL)。片外通过 IIC 总线扩展了 256 字节的 EEPROM 用于保存好已设置的 IP 地址。选用 IOM 全双工以太网控制器 RTL8O19AS 芯片完成网络通信功能,与外界的通信口选用 UTP RJ-45 接口,HR61101 芯片充当网卡变压器,采用通用的 I/O 口 P0.5 和 P0.6 模拟 SIM 口的时序对 IP113F 进行数据采集,电路整体设计如图 6.5 所示。

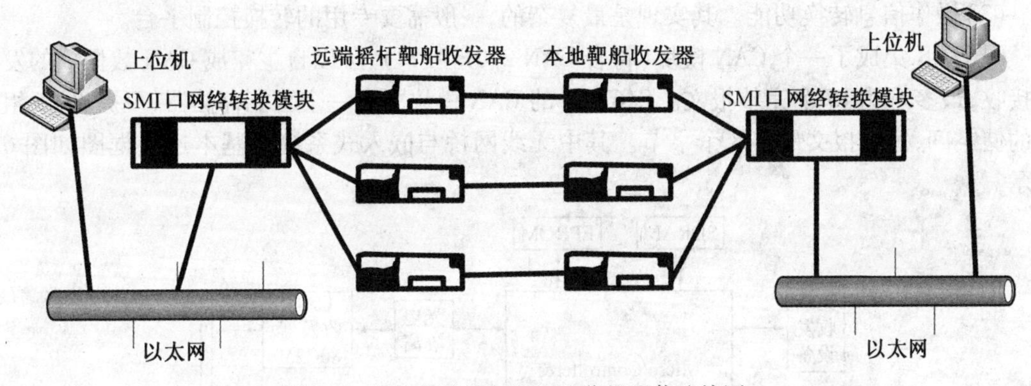

图6.4　网络转换器与远程上位机通信连接图

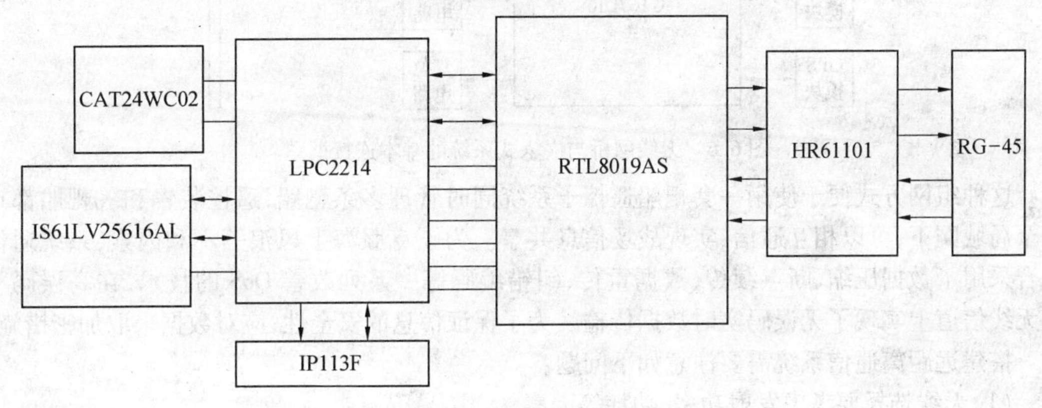

图6.5　电路整体设计

6.2.3　通信模块设计

传统的海上数据通信方式有无线窄带和有线宽带技术两种。无线窄带的实现方法如短波电台、扩频通信电台等,传输速率在1 Mbps以下。而有线宽带采用铠装光缆或铠装电缆实现,通信距离受电缆长度限制。为了将靶船运动状态信息传输到几千米甚至几十千米处的遥控计算机,传统的数据传输方式也许不能满足系统要求,而且为了保证数据传送能力有一定的余量或是由于系统升级、功能增加而导致数据量增多,应该采用无线宽带技术,如802.16、802.11a/b/g等。其中较成熟的技术为IEEE802.11 b。IEEE802.11 b工作在2.4 GHz频段,最高传输速率达11 Mbps,集成TCP/IP的协议,完全可以满足设计带宽要求。

当使用无线网桥作为遥控靶船的无线通信链路后,靶船船体子系统和靶船遥控子系统都是网络中的成员。靶船遥控子系统与靶船船体子系统之间在控制管理方面是主从关系,在数据传输方面是对等关系,在建立通信连接方面是"服务器-客户机"的关系。

在无线网桥的电路设计中,由于和其他总线技术相比,CAN总线具有应用广泛、成本低、通信实时性强的优点,因此,在通信模块中采用了CAN总线技术。由于不同的局域网具有各自的物理特性和数据格式,因此网桥的内部操作非常复杂,需要处理不同的帧格式、数据传输速率并进行帧的最大长度之间的转换。网桥必须具备以下基本功能:

(1)物理接口转换功能。主要实现信号模式转换,这是通信协议转换的基础。

(2)通信协议转换功能。提供不同网络之间的数据连接和通信格式的转换。

(3)操作信息转换功能。其实现是最复杂的,一般需要专用的转换控制平台。

C167CR 集成了一个 CAN 模块(符合 CAN 2.0B 版本),可以自主完成 CAN 数据帧的发送和接收,最多可达 15 个完整报文。C167CR 的 CAN 模块中有一个智能存储器,可提供 15 组报文的储空间,每组报文最多 8 个字节。其中无线网桥与嵌入式系统的基本连接框图如图 6.6 所示。

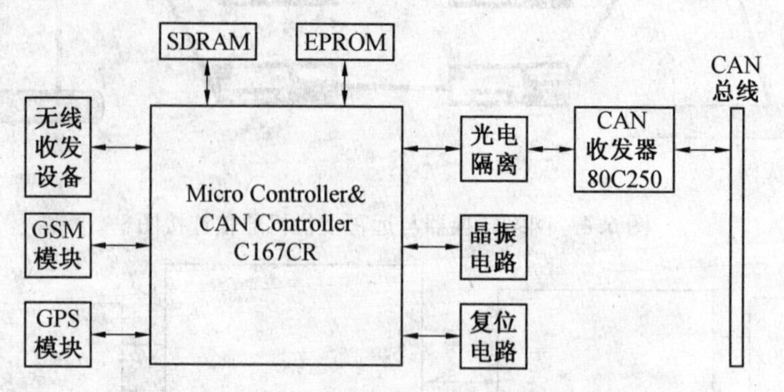

图 6.6　无线网桥与嵌入式系统的基本连接框图

这种组网方式便于使用一套靶船遥控子系统同时管理多条靶船,遥控装置和各靶船都在一个局域网下,可以相互通信,实现战场信息共享。为了克服海上风浪等不利因素,系统通信综合采用了数据压缩、断点续传、数据重传、纠错编码等一系列改善 QoS 的技术,在高误码率的无线信道上实现了无误码实时数据传输。为了保证信息的安全性,应对数据采取加密措施。

搭建远距离通信系统需要注意如下问题:

(1)天线选择要考虑发射功率、功耗等因素。

(2)电源最好选择抗高频干扰能力强、纹波小,并有足够的带载能力及连续工作能力,最好还具有电流电压指示、过流、过压保护及防雷等功能,一般选用线性电源为好。

(3)天线系统一般采用全向高增益天线及低损耗馈线或馈管,并配置优质的高频接插件;天线有条件架高的尽量架高,以确保信号质量;多雷电地区应按要求架设避雷针,配上同轴避雷器。

6.3　靶船航向控制的若干问题

6.3.1　靶船的操纵性

靶船的操纵性是指船、桨、舵在水中运动所产生的水动力,使靶船保持和改变其运动所产生的水动力,使其具有保持和改变其运动状态的性能。靶船操纵性包括航向稳定性和回转性两种含义。

(1)航向稳定性。靶船在直线航行中因受外力(如风浪)的作用而偏离原航向,当外力消除后逐渐稳定于一定航向的能力。

(2)回转性。靶船在舵或其他操纵装置的作用下绕瞬时回转中心做圆周运动的能力。

靶船在舵角δ的作用下,回转率r与舵角δ的静态关系如图6.7所示,其中(a),(b),(c)代表不同操纵特性的靶船。

图 6.7(a):转右舵,船向右转;转左舵,船向左转;舵角增加,回转率r加大。当舵角δ也为

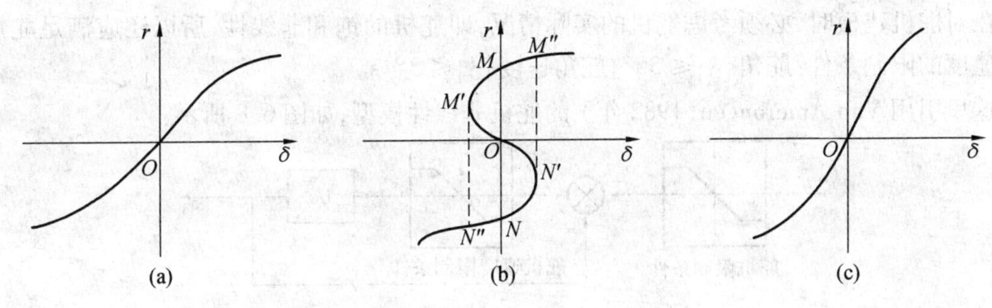

图6.7 回转率与舵角静态关系

零。航向是稳定的,称直线稳定情况。

图6.7(b):存在一个临界舵角δ_k,当$\delta < \delta_k$时,同一个舵角对应3种状态。例如,舵角为零,对应三种状态为:$r=0$,直线航行;一是M点,右转;一是N点,左转。其中,直线航行是最不稳定的,一旦受到扰动,视具体情况,或者左传,或者右转,而且一直要到点N或者点M才平衡。这种靶船称为不具有直线稳定性。因此,靶船将左右摇摆,航迹弯弯曲曲。这就要求频繁操舵来纠偏,以保持航向。

图6.7(c):特性在小舵角区比较陡,小的舵角对应大的回转率。操舵时,靶船过于灵活,因而也不利于航向稳定。

6.3.2 靶船操舵系统概述

一般船舶操舵系统,简称自动舵(Autopilot),是在随动操舵基础上发展起来的一种全自动控制的操舵方式。它是根据罗经的航向信号和指定的航向比较来控制操舵系统,自动使船舶保持在指定的航向上。由于自动舵灵敏度和准确性都较高,它替代人工操舵后,相对提高了航速和减轻了舵工的工作量。

对于靶船的操舵系统应满足以下几个要求:

(1)能给出合适的一次偏舵角,当靶船偏舵角度大于灵敏度规定值时,自动舵应该动作。

(2)若一次偏舵角不足以阻止靶船偏航时,自动舵应给出二次偏舵角以使船回航。

(3)为防止靶船走S形航迹且能迅速回到预定航向上,自动舵能给出合适的反舵角。

(4)舵机的灵活性要好,可在高速航行状态下急转舵强机动。

6.3.3 舵机系统的数学模型

在研究靶船的舵机系统模型时,采用一般船舶的较成熟的舵机模型。舵机伺服系统是一个具有纯迟延、死区、滞环、饱和等非线性特性的电动液压系统,这些因素在很大程度上影响到航向、航迹闭环控制系统的性能。因此,要获得良好的航向和航迹控制质量,不仅要依赖各种"高级的"航向控制算法,还需十分注意操舵伺服系统这一舵角闭环的动态行为及其与舵之间的匹配。通常,舵机用如下模型表示:

$$T_E\dot{\delta} = K_E(u - \delta) \tag{6.17}$$

其中,u为命令舵角;T_E为舵机时间常数,一般约为2.5 s;K_E为舵机的控制增益,一般约为1。经拉氏变换,得到其传递函数为:

$$\frac{\delta(s)}{u(s)} = \frac{K_E}{T_E s + K_E} \tag{6.18}$$

在对舵机建模时,必须考虑舵机的实际情况,即舵机的饱和非线性,所以还应满足舵角及转舵速度的限制条件:舵角 $|\delta|\leqslant 35°$,舵角速度 $|\dot{\delta}|\leqslant 3°/s$。

这里引用 Van Amerongen(1982 年)的舵机非线性模型,如图 6.8 所示:

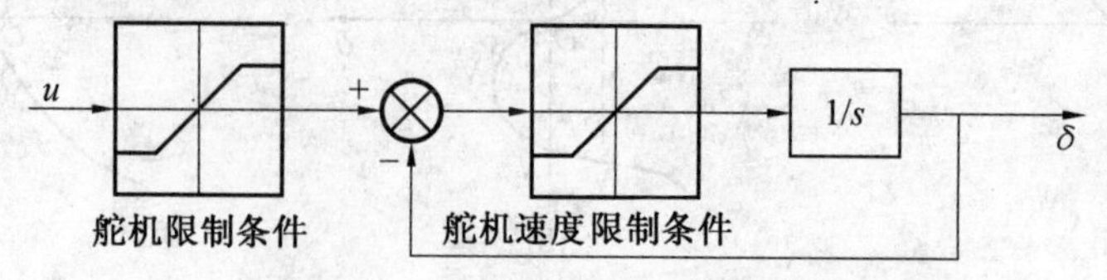

图 6.8　舵机非线性模型加限幅器

6.4　靶船组合定位多任务软件系统设计

6.4.1　多任务软件系统概述

实时多任务软件系统是嵌入式应用软件的基础和开发平台。目前,我国大多数嵌入式软件开发还是基于处理器直接编写,没有采用商品化的实时多任务软件系统,不能将系统软件和应用软件分开处理。实时多任务软件系统是一段嵌入在目标代码中的软件,用户的其他应用程序都建立在实时多任务软件系统之上。不但如此,实时多任务软件系统还是一个可靠性和可信性很高的实时内核,将 CPU 的执行时间、中断、I/O、定时器等资源都包装起来,留给用户一个标准的 API,并根据各个任务的优先级,合理地在不同任务之间分配 CPU 的执行时间。

实时多任务软件系统是针对不同处理器优化设计的高效率实时多任务内核,优秀商品化的实时多任务软件系统可以面对几十个系列的嵌入式处理器如 MPU,MCU,DSP,SOC 等提供类同的 API 接口,这是实时多任务软件系统基于设备独立的应用程序开发基础。因此,基于实时多任务软件系统上的 C 语言程序具有极高的可移植性。据专家测算,优秀实时多任务软件系统上跨处理器平台的程序移植只需要修改 1% ~5% 的内容。在实时多任务软件系统基础上可以编写出各种硬件驱动程序、专家库函数、行业库函数、产品库函数和通用性的应用程序一起,可以作为产品销售,促进行业内的知识产权交流,因此实时多任务软件系统又是一个软件开发平台。

6.4.2　靶船组合定位多任务软件系统设计方案

从目前的定位精度来看,GPS 导航系统要明显优于北斗导航系统。从通信方式来看,北斗导航系统特有的通信功能是 GPS 导航系统所不具备的,且北斗的通信功能也优于海事卫星系统。因此,系统采用基于 GPS 和北斗导航技术的靶船遥测系统设计方案,既利用 GPS 定位,也利用北斗通信的模式。软件的主要工作是接收并显示来自北斗/GPS 组合定位系统指挥型用户机的靶船定位、姿态、授时信息和靶载设备的电源供电状态信息等,同时将这些信息存入数据库中。地面指挥控制中心监控软件主要实现以下功能:

(1)登录功能。可以根据用户名、密码和用户权限进行登录,对不符合要求的用户拒绝登录请求。

(2)位置监控功能。实现靶船位置的远程监控。显示经纬度、时间、日期、速度和航向等信息。

(3)状态信息监控功能。实现靶载设备工作状态的远程监控。如靶载电源的供电状态、一些传感器采集到的工作数据等信息。

(4)数据服务功能。存储靶船相关信息,为试验的后处理提供数据支持。

因此,可以根据具体的功能将整个软件系统分为3个层次:

(1)用户界面层。本层由应用程序主框架、用户登录界面、注册修改用户信息界面、靶船位置监控界面、靶载电源供电状态监控界面和信息查询界面等组成,主要完成信息显示和数据存储功能。

(2)通信服务层。本层中应该实现计算机和北斗指挥型用户机的串口通信,即从串口中以定时或时间驱动的方式读取发送来的数据,解析该数据包,组织成用户界面层所需要的数据包格式,将有效数据提取出来在相应的用户界面层显示。

(3)数据服务层。本层完成数据库的创建、数据表的设计。利用类模块中函数完成数据库有关的操作。数据库选用 SQL Server 2000,利用 ADO 数据库访问技术对数据库进行访问。

其中组合定位多任务软件系统设计方案如图6.9所示。

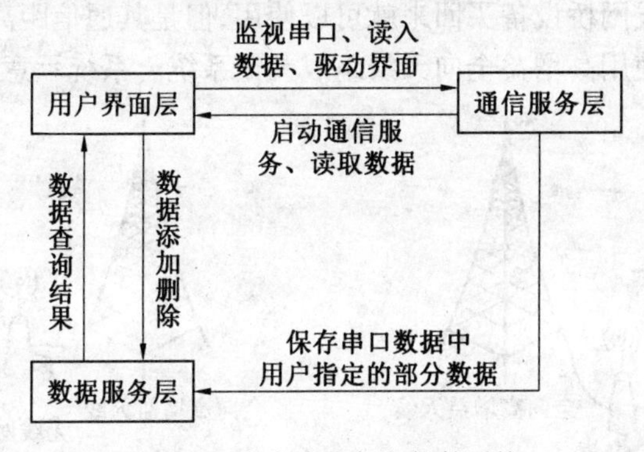

图6.9　组合定位多任务软件系统

6.4.3　靶船转速测速定位模块设计

靶船转速测速定位方法是通过舵机轮轴和雷达测速仪来测量靶船的运行速度。其中,轮轴速度传感器因为精度较高而作为基准速度信息,但是由于舵机的空转和磨损会导致测速误差加大。因此,在舵机速度传感器的基础上引入了雷达测速仪,通过两者结合的方式确保测量的准确性。

整个定位测速系统的功能就是通过速度传感器的信息计算出列靶船的运行速度和行走距离,及在校正行走过程中由空转、水流带来的误差,同时还要接收定位应答器的定位信息对靶船进行最终的精确定位。

速度信息接收模块包含靶船速度信息接收和雷达信息接收两大功能。舵机轮轴传感器的速度信息和雷达测速仪的速度信息都是并通过 RS232 串口连接至嵌入式系统进行数据处理,将处理后的数据由嵌入式系统发送到主机。

位置信息接收模块要接收的位置信息是地面应答器的位置信息。位置信息接收模块接收的定位信息是用来消除靶船行走距离的积累误差。由于定位用的应答器在靶船运行线路上的分布是属于离散式的,靶船运行一段距离后才会根据定位应答器的位置信息对积累的误差进行校正。

当靶船发生空转或由于水流航行发生滑行时,舵机轴速度传感器的测速值将急剧的增大或缩小。若舵机轴传感器的测速值不在雷达测速仪测速值的误差范围内时,可认为发生了空转或是滑行,而空转或滑行是速度和距离产生的主要误差,若检测出靶船发生空转或滑行,则根据空转或滑行的检测校正模型对速度和距离进行最终的校正。其具体的硬件连接框图如图6.10所示。

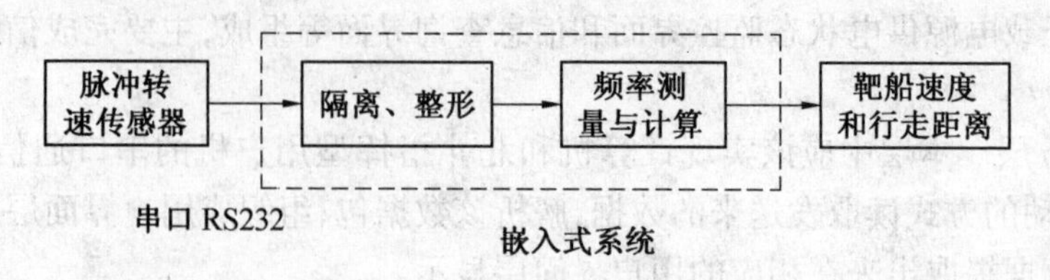

图 6.10　嵌入式硬件连接框图

6.4.4　无线通信模块方案设计

目前,市场上的无线网桥设备买回来就可以使用,但是其通信距离比较有限。为了实现远距离的无线通信,需要使用高增益全向天线组成天馈系统。系统示意图如图 6.11 所示。

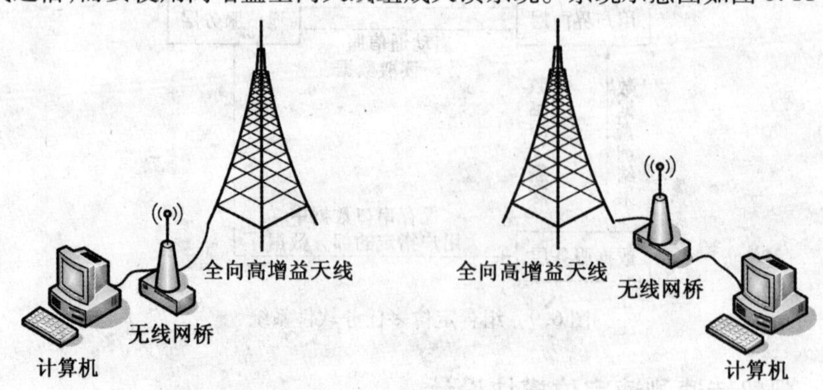

图 6.11　远距离无线通信系统示意图

6.4.5　靶船遥控子系统方案设计

1. 子系统的功能分析

靶船遥控子系统简称遥控系统安装在指挥船上,其主要任务是根据指挥船上的雷达和声呐装置监测到的战场信息,对攻击靶船的武器做到提前预警,然后指挥靶船规避。根据其任务特点,应具有如下功能:

(1)在没有炮弹、导弹或鱼雷的攻击时,指挥靶船在安全区域以低速航行,并且远离礁石、海岸和其他舰船。

(2)当声呐或雷达监测到有炮弹、导弹或鱼雷攻击时,可根据不同的攻击武器采取相应的措施。

下面以常规炮弹、反舰导弹、声导鱼雷的攻击为例,简要分析应对措施:

(1)当检测到炮弹攻击。在使用炮弹打靶时,首先计算靶船的未来航迹,然后根据炮弹飞行时间和靶船在炮弹飞行时间段的航迹,将炮弹打到靶船未来的航迹点上。此时,遥控系统根据雷达监测并计算得到的炮弹可能的攻击目标区域(很小),指挥靶船先转舵,然后改低速为高速,驶离该区域。

(2)当检测到导弹攻击。规避导弹攻击的方法和(1)基本相同,但是考虑到导弹大多具有跟踪能力,此时除了指挥靶船驶离导弹落点外,还应启动靶船上的电磁干扰装置将导弹诱偏。

(3)当检测到鱼雷攻击。鱼雷大多采用声制导,针对鱼雷的攻击可采取先停机,然后急转舵的措施,使靶船借助惯性迎向鱼雷方向,使鱼雷无法探测到船尾的浪花,以躲避鱼雷攻击,同时启动电磁干扰装置,诱偏鱼雷。当鱼雷离开靶船的危险区域后,立刻启动靶船继续航行。

以上只是针对一些常见的武器攻击方式的规避原则,当使用新式武器打靶训练时,可根据其特点适当增加规避方式。

2. 子系统的结构设计

通过上述分析,得知靶船遥控子系统应由如下设备组成:

(1)无线网桥,用于实现与靶船的无线通信功能。

(2)计算机,用于数据处理、指令发送和信息存储并显示。

(3)雷达和声呐设备,用来发现并计算来袭炮弹、导弹和鱼雷可能攻击到的区域,并将信息传给计算机。

靶船子系统组成示意图如图6.12所示。

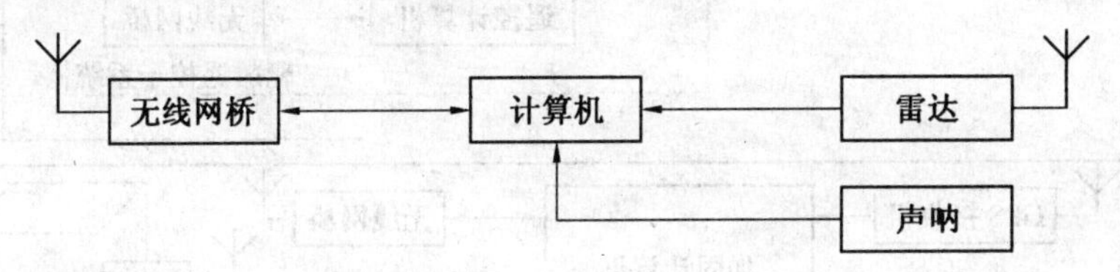

图6.12　靶船遥控子系统组成示意图

6.4.6　遥控靶船船体子系统方案设计

靶船的任务是根据遥控指令航行,以完成打靶训练。为了提高系统的可靠性,便于维护,采用模块化设计。根据需求,可以分为以下几个模块:

(1)通信模块:由无线网桥实现,实现与遥控主机的无线通信。

(2)导航定位模块:由GPS接收机实现,用于实时测量自身船位信息。

(3)信息处理模块:出于工作环境和稳定性考虑,由加固计算机实现,进行航海计算,与航向控制器配合实现靶船的航迹控制。

(4)靶船运动姿态测量模块:由数字罗盘实现,用于测量靶船的实际航向。

(5)控制模块:由DSP实现,运行航向控制算法,实现对靶船的航速和航向控制。

(6)供电模块:由蓄电池、电源箱、电源板实现,为靶船上的各个模块提供电能。

(7)伺服模块:由伺服电机组成,实现靶船运动推进和驱动舵机输出转角的功能。

(8)干扰模块:由大功率电磁干扰装置实现,用于将来袭的导弹和鱼雷等武器诱偏。

系统的结构示意图如图6.13所示。

综上,可得到遥控靶船运动控制系统整体结构如图6.14所示。

为了提高遥控靶船运动控制系统的可靠性,防止由于通信中断而产生意外,需要设置遥控装置和靶船之间1次/s的握手信号。采用遥控装置询问,靶船回答的方式。要是遥控装置在3 s内没收到靶船的回答信息,立刻发出警报;要是靶船在3 s内没有收到询问信号,则立刻停

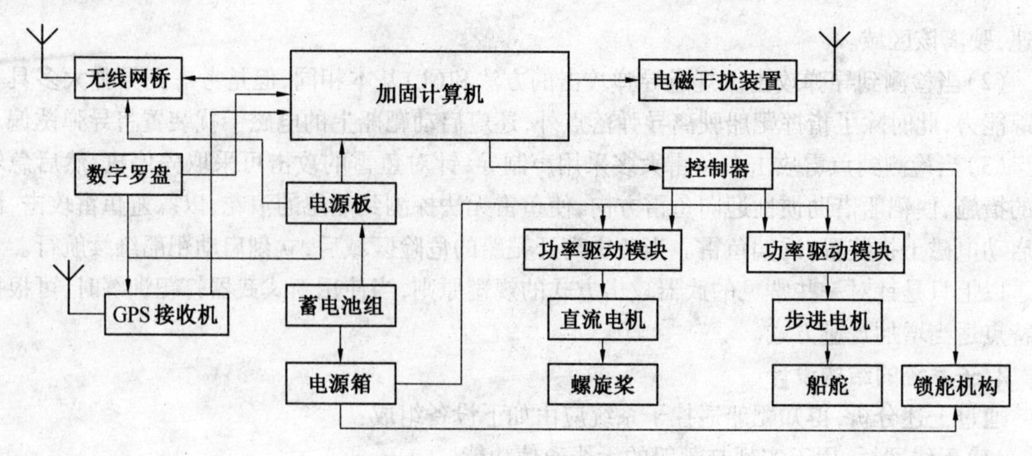

图6.13 靶船子系统结构示意图

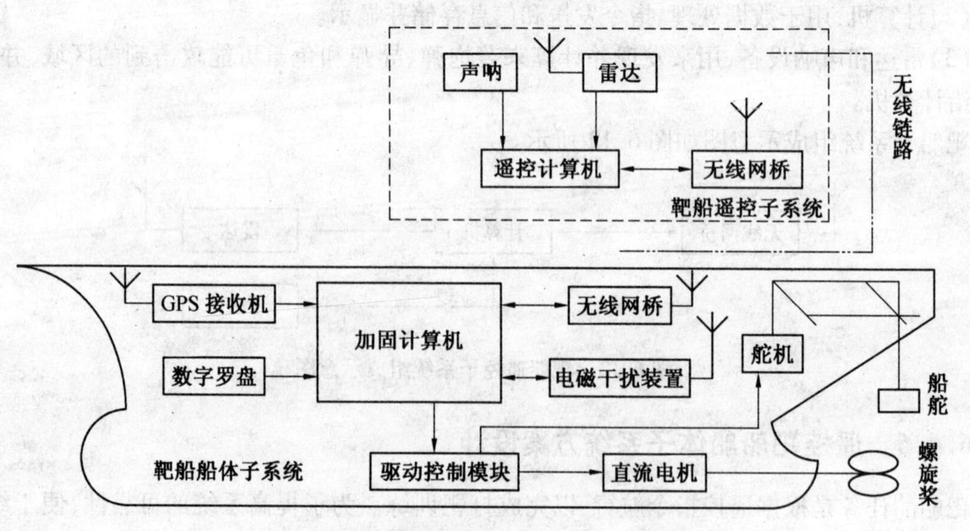

图6.14 遥控靶船运动控制系统结构图

机。

6.4.7 串口通信设置

串口通信硬件电路设计参见第4章图4.3。

使用串口通信，首先应将串口初始化。在本模块程序中，主要完成系统的波特率、奇偶校验位后并激活串口并进行，并设置串口的速度等。其具体的程序如下：

通过结构体函数进行基本的设置：

```
struct termio
{unsigned short c_iflag;/＊输入模式标志＊/
unsigned short c_oflag/＊输出模式标志＊/
unsigned short c_cflag/＊控制模式标志＊/
unsigned short c_lflag/＊本地模式标志＊/}
```

为了以后调试的方便，先将原来的串口配置进行保存：

```
if(tcgetattr(fd,&oldtio)! =0)
```

```
{perror("setupserial 1");
return -1;}
```

之后激活 CLOCAL 和 CREAD,CLOCAL 和 CREAD 分别用于本地连接和接受使能,因此,要通过掩码的方式激活:

```
newtio.c_cflag |=CLOCAL|CREAD;
```

上述配置之后,才能进行波特率的配置,因为波特率有专门的设置函数,因此,用户不能通过掩码操作,这里将波特率设置为 115200:

```
cfsetispeed(&newtio,B115200);
```

设置奇偶校验位需要用到结构体中的两个成员 termio.c_cflag 和 termio.c_iflag。首先要激活校验为使能标志 PARENB,还要激活 c_iflag 中的奇偶校验使能:

```
newtio.c_cflag&= ~PARENB;
```

设置停止位是通过 c_cflag 中的 CSTOPB 而实现的。若停止位为 1,则清除 CSTOPB,若停止位为 0,则激活 CSTOPB:

```
newtio.c_cflag &= ~CSTOPB;
```

在完成上述的配置后,还要激活刚才的配置并且使之生效:

```
if((tcsetattr(fd,TCSANOW,&newtio))! =0)
{perror("com set error");
return -1;}
```

6.4.8 GPS 定位数据解算

在本系统中我们运用高精度 GPS 定位解算软件,既能进行精密单点定位,又能进行基线解算,此过程主要包括以下几个步骤:

(1)卫星传送测试点(GPS 点)的坐标数据。

(2)GPS 通过 GPRS 把(GPS 点)坐标数据传送到控制台。

(3)控制台,根据电子地图的每个点的坐标数据结合 GPS 传送的坐标数据测算出其所在位置。

这里主要使用 Bernese 软件进行处理,主要针对大学、研究机构和高精度的国家测绘机构等用户,其界面更加友好,模块调理更为清晰。

1. Bernese GPS 软件的主要操作步骤

我们应用 Bernese 软件进行高精度 GPS 定位解算,Bernese GPS 软件利用精密星历进行数据处理时,通常可以进行数据文件的准备、解算过程的准备和基线处理。

(1)数据文件的准备。ATM 文件夹下载相关的电离层文件 ION,ORB 文件夹下载相关的极文件 ERP、码偏差文件 DCB 以及精密星历 SP3,ORX 文件夹存放原始数据 RINEX,STA 文件夹存放板块文件 PLD、站点信息 STA、IGS 参考坐标 CRD、IGS 参考速率 VEL 以及海潮文件 BLQ。

(2)解算过程的准备。Bernese 软件是高精度数据处理软件,因此,在解算过程中应考虑多种不良因素的影响,如电离层和对流层改正、海洋潮汐运动的影响以及钟差改正等卫星轨道误差对基线的影响,见表 6.1。

表 6.1　卫星轨道误差对基线的影响

相对精度(10^{-7})	*D*/m	*b*/km	*Dr*/mm
10	20	10	10
		100	100
		1000	1000
1	2	10	1
		100	10
		1000	100

(3)基线处理。GPS 定位主要是描述地面点的位置,其一般都是建立与某一个特定的空间基准和时间基准上的,工程上所用的是以若干地面点为基准得到的以地心为坐标原点并固定在地球表面的大地测量坐标系统,这对于地球动力学的研究来说精度是远远不及的。而 GPS 测量所采用的坐标系统是固定于地球的,即地心地固坐标系,因此,也选择了由国际地球旋转服务 ITRS 提供的国际地球参考框架 ITRF,到目前为止已经发展了 ITRF88,89,90,91,92,93,94,96,97,ITRF00 等坐标框架。对于大区域的高精度定位必须利用高精度的卫星轨道信息即精密星历。精密星历是国际 IGS 机构根据全球的各个 IGS 跟踪站的精密资料计算出来的卫星的精密位置,并且含有各颗卫星的钟差,可以通过国际互联网下载。当所有的数据都准备完毕,只要打开菜单,选中"Start BPE Process",然后一步一步地处理就会得到满意的结果。不过在运行 BPE 的过程中,计算机的 CPU 会出现占用 100 % 的现象,属于正常现象。如果手工要处理很多数据,那将是一件很麻烦的事情。BPE 省时省力,并且效率高。

2. 应用举例

对靶船区域的 9 个控制点进行了连续观测,选择了几个已知点进行解算,其中海上区域作为参考站。利用 PPP 精密单点定位得到的各点坐标中标准差[1.5 mm,2.1 mm],这完全满足 GPS A 级网的精度要求。基线解算结果见表 6.2。

表 6.2　基线解算结果

项目	*L*/km	*RMS*/m
XS-ZG	42790.3241	0.0017
BD-WX	78600.7067	0.0017
WZ-YY	37465.5982	0.0012
BJ-XS	1027763.1862	0.0008
CS-JJ	99211.4298	0.0014
CS-WL	86953.0640	0.0014
FD-WL	56894.8653	0.0015
FJ-WX	44007.0083	0.0015
JJ-KU	581796.2949	0.0013

Bernese 软件作为高精度 GPS 定位解算软件,既能进行精密单点定位,又能进行基线解

算,对于大观测量的数据解算来说,具有运算速度快、质量优的特点,有现实意义。该软件不仅能在 Windows 系统中操作,而且也适合于 Linux 和 MacOS 系统。

6.4.9　联邦卡尔曼滤波算法的实现

1. 滤波原理概述

联邦滤波器是一种信息融合技术,因此联邦滤波过程也就是一个信息处理过程。它是由众多子滤波器和一个主滤波器组成,是一种具有两阶段数据处理的分散化滤波方法。它的参考传感器一般是惯导系统,它的输出 X_k 一方面直接给主滤波器,另一方面它可以输出给各局部滤波器作为量测值,各个系统的输出只给相应的子滤波器。各子滤波器的局部估计值 X_i(公共状态)及其协方差矩阵 P_i 送入主滤波器和主滤波器的估计值一起进行融合,以得到全局最优估计。

联邦卡尔曼滤波器的信息融合原理是:系统总信息在几个分块滤波器中进行分配。将分配后的信息与局部传感器进行融合,完成局部传感器的信息更新,更新后的局部信息重新组合为新的总信息和。一般用惯性导航系统作为公共参考传感器,它参与了由该 n 个子系统和惯导构成的 n 个子滤波器的滤波,所以惯导的信息在这 n 个子滤波器之间进行分配,根据信息守恒原理,分配系数应满足:$\sum_{i=1}^{n}\beta_i = 1$,式中 β 为第 i 个子滤波器获得信息的分配系数。

2. INS/GPS 联邦卡尔曼滤波的算法

(1) 系统联邦卡尔曼滤波器的系统方程。

① 系统状态方程。

以东、北、天导航坐标系建立动力学方程:

$$\dot{\boldsymbol{X}}(t) = \boldsymbol{F}(t)\boldsymbol{X}(t) + \boldsymbol{G}(t)\boldsymbol{U}(t) \tag{6.19}$$

$$\begin{aligned}\boldsymbol{X}(t) = \ & [\delta V_X,\delta V_Y,\delta V_Z,\boldsymbol{\Phi}_X,\boldsymbol{\Phi}_Y,\boldsymbol{\Phi}_Z,\delta\varphi,\delta\lambda,\delta h_i,\\ & \varepsilon_{rx},\varepsilon_{ry},\varepsilon_{rz},\varepsilon_{bx},\varepsilon_{by},\varepsilon_{bz},\nabla_x,\nabla_y,\nabla_z,\delta_{tu},\delta_{tru}]^{\mathrm{T}}\end{aligned} \tag{6.20}$$

$\boldsymbol{X}(t)$ 为系统状态向量,共 20 维;$\delta V_X,\delta V_Y,\delta V_Z$ 为习惯性导航系统东、北、天方向的速度误差;$\boldsymbol{\Phi}_X,\boldsymbol{\Phi}_Y,\boldsymbol{\Phi}_Z$ 分别为平台的失准角误差;$\delta\varphi,\delta\lambda$ 分别为惯性导航系统的纬度、经度误差;δh_i 为惯性导航系统的高度误差;$\varepsilon_{rx},\varepsilon_{ry},\varepsilon_{rz}$ 分别为东、北、天方向陀螺的慢变漂移;$\varepsilon_{bx},\varepsilon_{by},\varepsilon_{bz}$ 分别为东、北、天方向陀螺的常值漂移;$\nabla_x,\nabla_y,\nabla_z$分别为东北天方向的加速度计偏置;$\delta_{tu},\delta_{tru}$ 分别为 GPS 接收机的伪距和伪距率误差。

$$\begin{aligned}\boldsymbol{U}(t) = [& W_{\nabla X},W_{\nabla Y},W_{\nabla Z},W_{gX},W_{gY},W_{gZ},W_{grX},W_{grY},W_{grZ},W_{tu},W_{tru},\\ & \delta\varphi,\delta\lambda,\delta h_i,\dot{\nu}_{\rho1},\dot{\nu}_{\rho2},\dot{\nu}_{\rho3},\dot{\nu}_{\rho4},\nu_{\rho1},\nu_{\rho2},\nu_{\rho3},\nu_{\rho4}]^{\mathrm{T}}\end{aligned} \tag{6.21}$$

其中,$W_{\nabla X},W_{\nabla Y},W_{\nabla Z}$ 分别为东、北、天方向速度计误差模型中的白噪声;W_{gX},W_{gY},W_{gZ} 分别为东、北、天方向陀螺误差模型中的白噪声;W_{grX},W_{grY},W_{grZ} 分别为东、北、天方向陀螺慢变漂移中的白噪声;W_{tu},W_{tru} 分别为 GPS 接收机伪距和伪距误差模型中的白噪声;$\nu_{\rho j},\nu_{\rho j}$ 分别为飞机和第 j 颗卫星伪距率的量测噪声($j=1,2,3,4$)。根据惯统误差方程,陀螺仪和加速度差特性以及 GPS 接收机误差特性,可以确定 $\boldsymbol{F}(t)$ 和 $\boldsymbol{G}(f)$。

② 系统观测方程。

由于 INS 和多天线 GPS 系统均可输出位置、速度和姿态信息,故可取它们输出信息相应的差值作为观测量。于是组合系统的观测方程为:

$$\boldsymbol{Z} = \boldsymbol{HX} + \boldsymbol{v}$$

其中，$\boldsymbol{Z} = [A_{\mathrm{I}} + A_{\mathrm{G}}, V_{\mathrm{I}} + V_{\mathrm{G}}, \rho_{\mathrm{I}} + \rho_{\mathrm{G}}]$，为观测量；$A_{\mathrm{I}}, V_{\mathrm{I}}, \rho_{\mathrm{I}}$ 分别为INS输出的姿态、速度和位置；$A_{\mathrm{G}}, V_{\mathrm{G}}, \rho_{\mathrm{G}}$ 分别为GPS输出的姿态、速度和位置；$\boldsymbol{\nu} = [\nu_A + \nu_V, \nu_\rho]^{\mathrm{T}}$ 为观测矩阵，其具体形式为：

$$\boldsymbol{H} = \mathrm{diag}[1,1,1,1,1,1,R_m,R_n\cos(L),1] \tag{6.22}$$

(2)GPS接收机对应的局部滤波器模型。

系统方程：

$$\dot{\boldsymbol{X}}_1(t) = \boldsymbol{AX}(t) + \boldsymbol{W}(T) \tag{6.23}$$

观测方程：

$$\boldsymbol{Z}_1 = \boldsymbol{H}_1\boldsymbol{X}_1 + \boldsymbol{V}_1 \tag{6.24}$$

将GPS接收机输出的位置信息 e, n 作为外部观测量，其中，$\boldsymbol{A}$ 为连续状态转移矩阵；$\boldsymbol{V}_1 = [\boldsymbol{\omega}_e, \boldsymbol{\omega}_n]^{\mathrm{T}}$ 为观测噪声向量；$\boldsymbol{\omega}_e$ 和 $\boldsymbol{\omega}_n$ 分别为$(0,q_e^2)$ 和$(0,q_n^2)$ 的高斯白噪声：

$$\boldsymbol{H}_1 = \begin{bmatrix} 1 & 0 & 0 & 0 & 0 & 0 & 0 & 0 & 0 & 0 \\ 0 & 1 & 0 & 0 & 0 & 0 & 0 & 0 & 0 & 0 \end{bmatrix}, \quad \boldsymbol{Z}_1 = [e,n]^{\mathrm{T}}$$

(3) 惯性导航系统对应的局部滤波器模型。

系统方程：

$$\dot{\boldsymbol{X}}_2(t) = \boldsymbol{AX}(t) + \boldsymbol{W}(t) \tag{6.25}$$

观测方程：

$$\boldsymbol{Z}_2 = \boldsymbol{H}_2\boldsymbol{X}_2 + \boldsymbol{V}_2 \tag{6.26}$$

其中，$\boldsymbol{V}_2$ 为观测噪声向量，$\boldsymbol{V}_2 = [\boldsymbol{\varepsilon}_1, \boldsymbol{\varepsilon}_2]^{\mathrm{T}}$；$\boldsymbol{\varepsilon}_1$ 和 $\boldsymbol{\varepsilon}_2$ 分别为陀螺漂移误差和加速度计的误差。

(4) 系统的联邦卡尔曼滤波模型。

① 对应GPS接收机的局部卡尔曼滤波的基本方程为：

$$\boldsymbol{X}_{1(k)} = \boldsymbol{X}_{1(k,k-1)} + \boldsymbol{K}_{1(k)}(\boldsymbol{Z}_{1(k)} - \boldsymbol{H}_{1(k)}\boldsymbol{\varphi}_{1(k,k-1)}\boldsymbol{X}_{1(k-1)})$$

$$\boldsymbol{X}_{1(k,k-1)} = \boldsymbol{\varphi}_{1(k,k-1)}\boldsymbol{X}_{1(k-1)} \tag{6.27}$$

$$\boldsymbol{K}_{1(k)} = \boldsymbol{P}_{1(k,k-1)}\boldsymbol{H}_{1(k)}^{\mathrm{T}}(\boldsymbol{H}_{1(k)}\boldsymbol{P}_{1(k,k-1)}\boldsymbol{H}_{1(k)}^{\mathrm{T}} + \boldsymbol{R}_{1(k)})^{-1} \tag{6.28}$$

$$\boldsymbol{P}_{1(k,k-1)} = \boldsymbol{\varphi}_{1(k,k-1)}\boldsymbol{P}_{1(k-1)})\boldsymbol{\varphi}_{1(k,k-1)}^{\mathrm{T}}\boldsymbol{H}_{1(k)}^{\mathrm{T}} + \boldsymbol{Q}_{1(k-1)}$$

$$\boldsymbol{P}_{1(k)} = (\boldsymbol{I} - \boldsymbol{K}_{1(k)}\boldsymbol{H}_{1(k)})\boldsymbol{P}_{1(k,k-1)} \tag{6.29}$$

式中，$\boldsymbol{\varphi}_{1(k,k-1)}$ 为离散化状态转移矩阵；$\boldsymbol{Q}_{1(k-1)}$ 为系统过程噪声协方差矩阵；$\boldsymbol{R}_{1(k)}$ 为系统离散化观测协方差矩阵；$\boldsymbol{I}$ 为单位矩阵；$\boldsymbol{K}_{1(k)}$ 为滤波增益矩阵。

② 对应惯导系统的局部卡尔曼滤波器的滤波方程为：

$$\boldsymbol{X}_{2(k)} = \boldsymbol{X}_{2(k,k-1)} + \boldsymbol{K}_{2(k)}(\boldsymbol{Z}_{2(k)} - \boldsymbol{H}_{2(k)}\boldsymbol{\varphi}_{2(k,k-1)}\boldsymbol{X}_{2(k-1)})$$

$$\boldsymbol{X}_{2(k,k-1)} = \boldsymbol{\varphi}_{2(k,k-1)}\boldsymbol{X}_{2(k-1)} \tag{6.30}$$

$$\boldsymbol{K}_{2(k)} = \boldsymbol{P}_{2(k,k-1)}\boldsymbol{H}_{2(k)}^{\mathrm{T}}(\boldsymbol{H}_{2(k)}\boldsymbol{P}_{2(k,k-1)}\boldsymbol{H}_{2(k)}^{\mathrm{T}} + \boldsymbol{R}_{2(k)})^{-1} \tag{6.31}$$

$$\boldsymbol{P}_{2(k,k-1)} = \boldsymbol{\varphi}_{2(k,k-1)}\boldsymbol{P}_{2(k-1)})\boldsymbol{\varphi}_{2(k,k-1)}^{\mathrm{T}}\boldsymbol{H}_{2(k)}^{\mathrm{T}} + \boldsymbol{Q}_{2(k-1)}$$

$$\boldsymbol{P}_{2(k)} = (\boldsymbol{I} - \boldsymbol{K}_{2(k)}\boldsymbol{H}_{2(k)})\boldsymbol{P}_{2(k,k-1)} \tag{6.32}$$

式中，$\boldsymbol{\varphi}_{2(k,k-1)}$ 为离散转移阵；$\boldsymbol{Q}_{2(k-1)}$ 为离散化系统协方差矩阵；$\boldsymbol{R}_{2(k)}$ 离散化观测协方差矩；$\boldsymbol{I}$为单位矩阵；$\boldsymbol{K}_{2(k)}$ 为滤波增益矩阵。

若令主系统不占有任何全局信息，仅对子系统估计进行综合运算．则设计性能最好。此时整体状态的最优综合为：

$$X_{(k,k-1)} = \beta_1 X_{1(k,k-1)} + \beta_2 X_{2(k,k-1)}, \quad \beta_1 + \beta_2 = 1 \tag{6.33}$$

$$P_{(k)}^{-1} = P_{1(k)}^{-1} + P_{2(k)}^{-1}, \quad Q_{(k)}^{-1} = Q_{1(k)}^{-1} + Q_{2(k)}^{-1} \tag{6.34}$$

式中，β_i 代表信息分配系数。

3. GPS 与 INS 联邦卡尔曼滤波仿真

(1)联邦卡尔曼滤波仿真系统。

GPS/SINS 组合导航系统的联邦卡尔曼滤波仿真包括5个部分：航迹仿真器、GPS 星座仿真、惯性导航系统、多天线 GPS 导航系统和联邦卡尔曼滤波器，其结构图如图6.16所示。

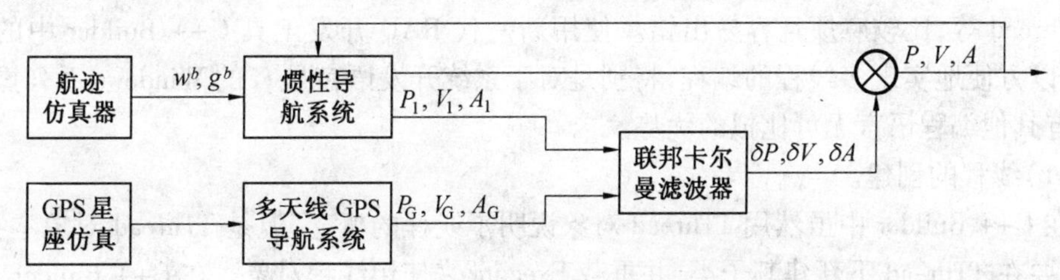

图6.16 INS/GPS 组合导航仿真系统结构图

(2)滤波结果比较。

滤波结果比较见表6.3。

表6.3 滤波结果比较

滤波方法	$\Delta\varphi$	$\Delta\lambda$	平面位置误差/m	所处理每个历元所用 CPU 时间/s
标准卡尔曼滤波方法	0.0012°	-0.0294°	0.659	0.43
本文所用滤波方法	0.0008°	-0.0234°	0.602	0.05

从表6.3可以看出：联邦卡尔曼滤波器大大提高了定位精度，纬度误差在0.0008°以内，经度误差在0.0234°以内，而且联邦卡尔曼滤波器保证了滤波的快速性，显然联邦卡尔曼滤波器要优于一般卡尔曼滤波器。

6.4.10 多线程技术在靶船定位系统中的应用

为了保证靶船定位系统的实时性能，拟采用多线程技术，通过多任务并行处理的方式，提高系统的实时性。

Windows 操作系统既支持多进程，又支持多线程。一个进程就是应用程序的一个实例，一次执行过程也就是调入内存准备执行的程序，包括当前执行的应用程序的执行代码和程序执行相关的一些环境信息。每个进程拥有整台计算机的资源，无须知道其他进程在计算机中的信息。通常每个进程至少有一个线程在执行所属地址空间中的代码，该线程称为主线程。如果该主线程运行结束，系统将自动清除进程及其他地址空间。

线程是进程内部执行的路径，是操作系统分配 CPU 时间的基本实体，是程序运行的最小单位。每个进程都由主线程开始进行应用程序的执行。线程由一个堆栈、CPU 寄存器的状态和系统调用列表中的一个入口组成。每个进程可以包含一个以上的线程，这些线程可以同时独立地执行进程地址空间中的代码，共享进程中的所有资源。Windows 系统分配处理器时间的最小单位是线程,系统不停地在各个线程之间切换。在PC机中,同一时间只有一个线程在运行。通常系统为每个线程划分的时间片很小(ms级别),这样快速系统的实时性就有了保障。

要实现多线程编程,可建立辅助线程(Worker Thread)和用户界面线程(User Interface Thread)。辅助线程主要用来执行数控程序、坐标显示、动态仿真和数据预处理;用户界面线程用来处理用户的输入,响应用户产生的事件和消息。

1. 多线程的实现

在Windows操作系统中,多线程的实现需要调用一系列的API函数,如CreateThread,ResumeThread等,比较麻烦且容易出错。使用新一代RAD开发工具C++ Builder中的TThread类,可以方便地实现多线程的编程,特别是对于系统开发语言是C的Windows系列操作系统,它具有其他编程语言无可比拟的优势。

(1)线程的创建。

在C++ Builder中虽然用TThread对象说明了线程的概念,但是TThread对象本身并不完整,需要在TThread下新建其子类,并重载Execute来使用线程对象。在C++ Builder IDE环境下选择菜单“File”→“New”,在“New”栏中选中“Thread Object”,按“OK”,在弹出的对话框中输入TThread对象子类的名字“CoordinateDisplyThread”,自动创建一个CoordinateDisply的TThread子类。同时在编辑器中创建一个名为CoordinateDisplyThread单元。

(2)线程的实现。

在创建的代码中,Execute()函数就是要在线程中实现的任务的代码所在处。在原Unit1.cpp代码中包含了CoordinateDisplayThread.h文件。使用时,动态创建一个TCoordinateDisplay对象,具体执行的代码就是Execute()方法重载的代码。

由于在Execute()中添加的线程运行时所需要执行的函数调用了VCL组件,而VCL对象不具有线程安全性,它们的特性和方法只能在主线程中访问,所以用Synchronize()函数将坐标显示函数进行包装。而坐标显示函数需如下声明:

void_fastcall Function()

下面以坐标显示线程即CoordinateDisplayThread的实现步骤为例,说明线程实现的具体方法。其他线程的实现需根据具体情况,进行修正。在CoordinateDisplayThread.cpp文件中的CoordinateDisplayThread::Execute()函数里添加如下语句,实现*X*,*Y*,*Z*坐标显示函数调用的一致性。

2. 多线程的应用

在本系统中多采用基于多线程编程的CSerialPort类,其工作流程如下:首先设置好串口参数,再开启串口监测工作线程。串口监测工作线程监测到串口接收到的数据流、控制事件或其他串口事件后,就以消息方式通知主程序、激发消息处理函数进行数据处理,这是对接收数据而言的;发送数据可直接向串口发送。应用程序流程如下所示:

(1)建立程序。

建立一个基于单文档的MFC应用程序CSerial-PortTest,其他步骤保持缺省状态。

(2)添加类文件。

将CSerial-Port.h和CSerial-Port.cpp两个类文件复制到工程文件夹中,用“Project”→“Add to Project”→“Files”命令将上述两个文件加入工程,并在任何要调用这个类的模块加入#

include SerialPort. h 文件。在视类头文件中定义串口类的对象:CSerialPortm_Port。

(3)人工增加串口消息响应函数 OnCommunication。

首先在 CSerial-PortTestView. h 中添加串口字符接收消息 WM_COMM_RXCHAR 的响应函数声明,即

afx_msg LONG OnCommunication(WPARAM ch,LPARAM port)

然后在 CSerilPortTestView. cpp 文件中进行 WM_COMM_RXCHAR 消息映射:

OX_MESSAGE(WM_COMM_RXCHAR,OnCommunication)

接着在 CSerialPortTestViiew. cpp 中加入函数的实现,即:

LONG CSeriaPortTestView;OnCommunication(WPARAM ch,1,PARAM port)

(4)初始化串口并开启串口监视线程。

在视创建时初始化串口,首先利用 ClassWizard 生成 OnInitialUpdate()函数。

然后在 StartMonitoring()这个成员函数内部调用 AfxBeginThread 创建一个工作线程,它的函数申明如下:

```
BOOlCSerialPort::StartMonitoring()
{
  If (!( m_Thread=AfxBeginThread(CommThread, this)))
  Return FALSE;
  TRACE("Thread started\n");
  Return TRUE;
}
```

当主程序收到线程的写串口命令时,将缓存中的数据写到串口中。

(5)在 OnCommunication()函数中进行数据处理每当串口接收缓存区内有一个字符时,就产生一个 WMCOMMRXCHAR 消息,这时就可以在函数中进行相应数据处理,提取时间、经纬度、速度等定位的关键数据,然后将这些数据保存到数据库。

小　结

与前述不同,本章描述的遥控靶船运动控制系统在设计过程中应首先建立靶船运动数学模型和干扰力数学模型,即先明确问题的解决方案和思路,作为软硬件选型、明确系统功能需求以及数据处理流程的依据。该系统的设计重点是如何通过软硬件实现算法的控制过程,处理好算法控制流程的关键环节,因此,该系统以 Windows 为平台,以雷达和声呐设备等多途径信息源为基础,引入多线程的处理思想,以通信过程为牵引,以 GPS 信息采集及 Bernese GPS 软件为辅助工具,重点给出了 GPS 测量定位模块、远程监测模块、通信模块的硬件设计方案和多线程、卡尔曼滤波算法、无线通信及测速定位模块的软件实现方案。本章的内容将为开始从事课题研究、解决重要科学问题提供思路指导。

思 考 题

1. 简述 GPS 模块如何与 ARM 处理器通信。
2. 简述 GPS 定位数据解算过程。
3. 什么是联邦卡尔曼滤波?其原理是什么?

第7章 图像数字化采集系统设计

人类所获得的外界信息的7层以上是来自眼睛获取的图像。视觉图像是人类获取信息最主要的来源。将图像技术和计算机技术结合在一起,形成了数字图像处理分析技术。数字图像处理分析技术在不同领域的应用,产生了不同的应用学科。

船舶机舱中集中了船上大部分的设备装置的仪表,是船舶航运的关键部分,随着网络、通信技术以及电子制造工艺水平的快速发展,现代化船舶自动化程度越来越高,机舱的环境和自动监控水平也得到了大大的提高。机舱中的监测报警装置是其中最基本和最重要的设备,在一些不适合人工作的危险环境或人工视觉难以满足要求的场合,来利用数字图像处理技术及计算机视觉或机器视觉技术,可实现仪表图像的自动采集、分析、处理及识别,从而为系统的监控提供仪表示值信息。仪表盘面的图像处理与识别是非电子设备与现代电子设备的接口,与当前精密测量领域向自动化、网络化发展的新趋势相一致,具有广阔的发展前景和应用价值。

目前,在一些船舶机舱中存在着某些仪器仪表并没有提供与计算机进行数据通信的接口,为了提高安全性能和减少人为因素所造成的误判,也需要采用自动控制系统,实现信息的数字化及网络化。为了使系统能够很好地实现控制功能,首先需要对没有提供数据传送接口的数字仪器仪表显示数据进行识别,然后把识别的结果传送到目的设备,从而进一步实现自动控制功能。因此,通过摄像技术、图像处理技术、图像识别技术以及通信技术来研究仪器仪表读数识别有实用价值。

7.1 系统的需求分析

(1)图像数据处理功能。采集的图像转换位标准的数字信号输出,光学字符识别的程序在图像采集系统内完成,使之输出标准的数字信号,智能识别屏蔽背景的干扰。

(2)显示功能。能够显示仪表的ID号、仪表码盘示数(图像识别后的数据)。

(3)存储功能。采集的图像数据存储到系统的Flash中,对记录后的数据进行图像识别处理。

(4)通信功能。通过网络将读取数据进行发送。

由于系统功能较为简单明,可以省去对功能性需求细化的分析,直接进行系统概要设计。

7.2 系统概要设计

uClinux是一个源码开放的操作系统,它是专为无MMU的微控制器开发的嵌入式Linux操作系统。它与Linux主要的区别在于内存管理机制和进程调度管理机制。同时为了适应嵌入式应用的需求,它采用了romfs文件系统,并对Linux上的C语言库glibc作了简化。这种没有 MMU 的处理器在嵌入式领域中应用得相当普遍,本系统中使用的 S3C44B0X 属于没有 MMU 的 ARM7 内核微处理器。

由于 uClinux 内核的二进制代码和源代码都经过了重新编写,紧缩和裁剪了基本的代码,这就使得 uClinux 的内核同标准的 Linux 内核相比非常之小,但是它仍保持了 Linux 操作系统的主要的优点,如稳定性、实时性、强大的网络功能和出色的文件系统支持等。uClinux 包含 Linux 常用的 API、小于 512 KB 的内核和相关的工具,操作系统所有的代码量较小。

uClinux 有一个完整的 TCP/IP 协议栈,同时对其他许多的网络协议都提供支持。这些网络协议都在 uClinux 上得到了很好的实现。对嵌入式系统而言,uClinux 可以又称作是一个优秀网络操作系统。

uClinux 所支持的文件系统有多种,其中包括了最常用的 NFS, ext2, romfs, MS-DOS 及 FAT16/32 等。

uClinux 构架图如图 7.1 所示。

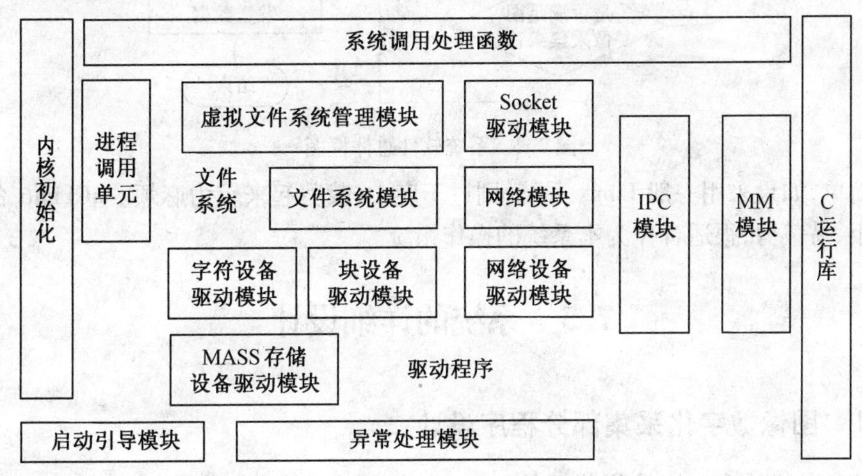

图 7.1 uClinux 构架

正是由于 uClinux 的这些特点,所以本系统选择 uClinux 来作为操作系统。

在本系统初始化后通过数字图像传感器采集仪表码盘号码的图像,具体的工作过程是系统线上电将固化在外部程序存储器中的处理程序下载到 ARM 处理器内部高速随机存储器中,进而系统完成各种初始化操作以后数字图像传感器按照处理器控制 I^2C 总线模式工作,这需要设置控制信号处理器接口工作方式的相应的寄存器实现,系统采用查询数字图像传感器的行场同步信号及像素时钟的方式将数字图像保存到 Flash 中,然后在以 ARM44B0x 处理器的嵌入式系统中进行图像处理识别,最终将仪表码盘号码在 LCD 上直观地显示出仪表的号码,并将号码数据通过串口发送到上位机。系统软件总体流程图如图 7.2 所示。

7.2.1 硬件平台的选择

由于本系统属于小型嵌入式产品,要求体积小、低功耗、低成本,因此选择 ARM7 S3C44B0X 作为处理器。

7.2.2 软件平台的选择

考虑到本系统要求低成本,快捷开发,并且不需要 GUI。而 S3C44B0X 不支持 MMU,并且

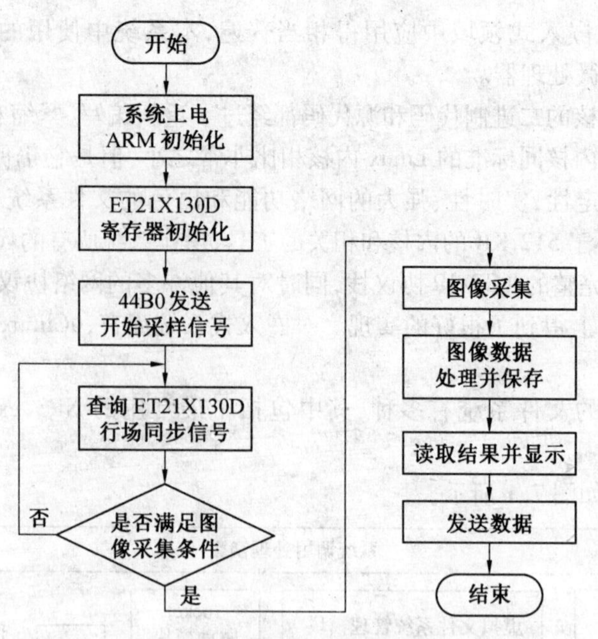

图 7.2　系统软件总体框图

系统较为简单,如果采用一般 Linux 系统,则过于庞大,裁剪起来较为麻烦。uCLinux 的特点是内核体积小、易裁剪,很适合作为本系统的操作系统。

7.3　系统的详细设计

7.3.1　图像数字化采集部分程序设计

本章的软件模块在嵌入式操作系统 uClinux 中实现。其主要作用在于控制硬件设备,完成预定的图像采集、识别、显示、传输功能。按控制时序方向依次为 I^2C 驱动程序、图像数据采集程序、图像显示程序和传输程序 4 部分组成。系统控制流程图如 7.3 所示。

当将要采集图像数据时,嵌入式系统通过 I^2C 驱动程序设置内部寄存器的值,配置合适的图像格式。当一帧图像采集完成后,S3C44B0X 读取图像数据到 SDRAM 中,并进行图像处理,最后发送数据到上位机。

7.3.2　LCD 显示部分程序设计与实现

S3C44B0X 处理器中具有内置的 LCD 控制器,LCD 控制器的功能是显示驱动信号,进而驱动 LCD。用户需要通过读写一系列的寄存器,完成配置和显示驱动。在驱动 LCD 设计的过程中首要的是配置 LCD 控制器,而在配置 LCD 控制器中最重要的一步则是帧缓冲区(Frame Buffer)的指定。用户所要显示的内容都是从缓冲区中读出,从而显示到屏幕上的。帧缓冲区的大小由屏幕的分辨率和显示色彩数决定。驱动帧缓冲区是整个驱动开发过程的重点。

帧缓冲区是 Linux 内核当中的一种驱动程序接口,这种接口将显示设备抽象为帧缓冲区设备区。帧缓冲区为图像硬件设备提供一种抽象化处理,它代表一些视频硬件设备,允许应用软件通过定义明确的界面来访问图像硬件设备,这样软件无须了解任何涉及硬件底层驱动的

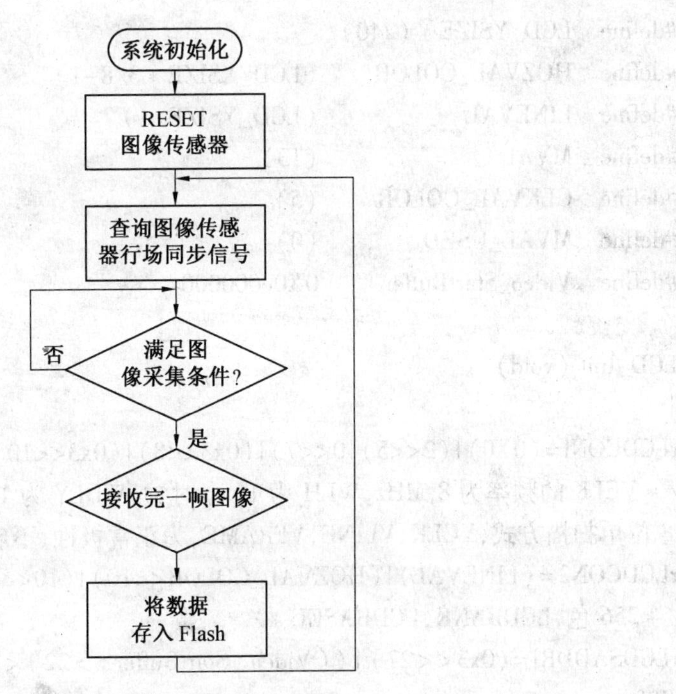

图7.3 图像采集程序流程图

东西(如硬件寄存器),它允许上层应用程序在图形模式下直接对显示缓冲区进行读写和I/O控制等操作,通过专门的设备节点可对该设备进行访问。用户可以将它看成是显示内存的一个映象,将其映射到进程地址空间之后,就可以进行读写操作,而读写操作可以反映到LCD。

编写LCD设备驱动文件的file_operations结构如下:

```
static struct file_operations LCD_fops
{
    ioctl:        LCDIoctl,          /*设备文件其他操作*/
    open:         OpenLCD,           /*打开设备文件*/
    release:      CloseLCD,          /*关闭设备文件*/
}
```

S3C44B0X内部LCD控制器包括REGBANK,LCDDMA,VIDPRCS和TIMEGEN。REGBANK有18个可编程寄存器,用于配置LCD控制器。LCDDMA为专用DMA,可以自动地将显示数据从帧内存传送到LCD驱动器中。通过专用DMA,可以实现在不需要CPU介入的情况下显示数据。VIDPRCS从LCDDMA接收数据,将相应格式的数据通过TIMEGEN(包含可编程逻辑),以支持常见的LCD驱动器所需要的不同接口时间和速率的要求。TIMEGEN部分产生VFRAME,VLINE,VCLK和VM等信号。

LCD控制器有18个可编程寄存器,通过它们可以配置LCD显示模块的尺寸、显示模式、接口数据宽度等。

下面是LCD的初始化函数:

```
#define  SCR_XSIZE  (320)
#define  SCR_YSIZE  (240)
#define  LCD_XSIZE  (320)
```

```
#define  LCD_YSIZE  (240)
#define  HOZVAL_COLOR      (LCD_XSIZE * 3/8-1)        /* 确定水平尺寸 */
#define  LINEVAL           (LCD_YSIZE-1)              /* 确定垂直尺寸 */
#define  MVAL              (13)
#define  CLKVAL_COLOR      (5)                        /* 确定 VCLK 的频率 */
#define  MVAL_USED         (0)
#define  Video_StartBuffer     0X0c000000             /* 确定 LCD 帧缓冲区开始地址 */
LCD_Init (void)
{
rLCDCONl=(0X0)|(2<<5)|0<<7)|(0x3<<8)|(0x3<<10)|4<<12);
/* VCLK 的频率为 8 MHz,WLH 为 16 个时钟,WDLY 为 16 个时钟,MMODE=0,显示模式为 8 位单扫描方式,VCLK,VLINE,VFRAME,为正常极性,不启动 LCD。 */
rLCDCON2=(LINEVAL)|(HOZVAL_COLOR<<10)|(10<<21);
/* 256 色,LCDBANK,LCDBASEU */
rLCDSADDRl=(0x3<<27)|((Video_StartBuffer>>22)<<21)|Video_StartBuffe>>1)&0Xlfffff;
/* 彩色模式,LCDBANK,LCDBASUE 定位显示缓冲区 */
rLCDSADDR2=(((Video_StartBuffer+(SCR_XSIZE * LCD_YSIZE))>>1))(MVAL<<21)|&0Xlfffff);    //LCDBASEL,MMODE=0,MVAL=13
rLCDSADDR3=(LCD_XSIZE/2)|(((SCR_XSIZE-LCD_XSIZE)/2)<<9);
rREDLUT=0xfdb96420;                          /* 使用 8 种红色 */
rGREENLUT=0xfdb96420;                        /* 使用 8 种绿色 */
rBLUELUT=0xfb40;                             /* 使用 4 种蓝色 */
rDITHMODE=0x0;
rDPl_2=0xa5a5;                               /* 抖动模式占空比值 */
rDP4_7=0xba5da65;                            /* 抖动模式占空比值 */
rDP3_5=0xa5a5f;                              /* 抖动模式占空比值 */
rDP2_3=0xd6b;                                /* 抖动模式占空比值 */
rDP5_7=0xeb7b5ed;                            /* 抖动模式占空比值 */
rDP3_4=0x7dbe;                               /* 抖动模式占空比值 */
rDP4_5=0x7ebdf;                              /* 抖动模式占空比值 */
rDP6_7=0x7fdfbfe;                            /* 抖动模式占空比值 */
rDITHMODE=0x12210;                           /* 抖动模式寄存器 */
/* 打开 LCD 控制器,8 位单扫描,WDLY=8clk,WLH=8clk */
    rLCDCONl=(1)|(2<<5)|(MVAL_USED<<7)|(0x3<<8)|(0x3<<10)|(CLKVAL_COLOR<<12);
}
```

把 LCD 驱动程序编写完成以后,按照介绍的驱动程序的添加步骤,把编好的驱动程序添加到内核中去编译通过后，驱动程序就安装完毕。LCD显示部分流程图如图7.4所示。

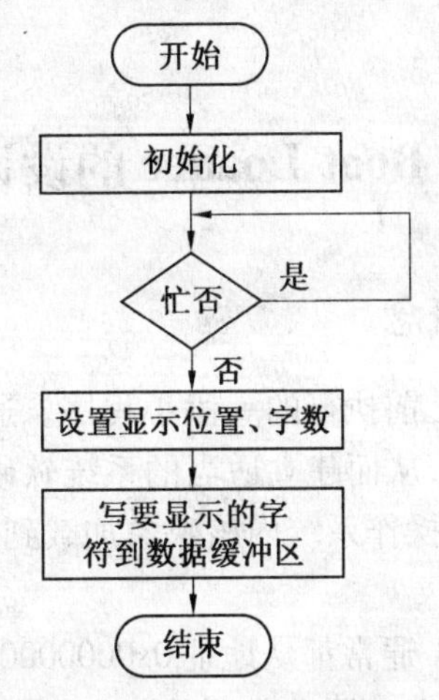

图7.4 LCD显示部分流程图

7.4 硬件体系结构设计

图像数据的基本结构主要由ARM处理器及其外围电路、CMOS图像传感器电路等几部分组成。

ARM处理器采用S3C44B0X嵌入式处理器作为CPU，主要用于完成CMOS数字图像传感器采集的图像数据的存储和调用处理、图像数据的记录、远端控制及数据通信的实现。它的主要功能模块包括CPU模块、CMOS传感器模块、存储模块、电源模块、时钟模块、调试模块、数据输出模块等部分。

S3C44B0X是三星公司生产的一款高性价比ARM7TMDI芯片，其集成了众多片内外围电路，如8 K字节的Cache/SRAM，主频高达66 MHz；外部存储器控制器，支持FP/EDO/SDRAM；LCD控制器，支持256色STN液晶，带专用DMA；4通道DMA，带有外部请求引脚；两同道异步串口，带有16字节FIFO，支持IrDA1.0；IIC，IIS总线控制器；5个PWM定时器，1个内部定时器和看门狗定时器；71个通用IO口；电源控制，各种节电模式；8通道ADC；实时时钟；内部PLL时钟。

硬件系统如下：

(1)镜头和光源部分。

①光学镜头。1/3镜头。

②外加光源。如果光线太暗会影响采集到水表号码图像的效果，因此系统选用白色高亮LED作为采集的外加光源。

(2)图像传感器部分。这部分的主要功能是采集图像，并对获取的图像进行抗混叠滤波、放大、A/D转换，行列起始位置选择以及图像截取等预处理，从而得到满足系统要求的数字图像数据，并为系统提供同步信号等。

(3)微控制器部分。此部分主要是利用微控制器来实现对仪表表字轮号码图像数据进行识别处理。同时根据系统图像处理的要求，对ARM的外存储空间进行合理的分配。

(4)显示部分。直观地显示出仪表 ID 号、仪表码盘上的号码(经过图像识别处理后的数据)。

7.5 Boot Loader 的设计

7.5.1 Boot Loader 程序概念

Boot Loader 是在操作系统运行之前执行的一段小程序。通过这段小程序,我们可以初始化硬件设备、建立内存空间的映射表,从而建立适当的系统软硬件环境,为最终调用操作系统内核做好准备。最终,Boot Loader 把操作系统内核映象加载到 RAM 中,并将系统控制权传递给它。

当系统加电或复位后,S3C44B0X 通常都从地址 0x00000000 取它的第一条指令,此时嵌入式系统通过 Flash 被映射到这个地址上。因此在系统加电后,CPU 将首先执行 Boot Loader 程序。

图 7.5 就是一个同时装有 Boot Loader、内核的启动参数、内核映象和根文件系统映象的固态存储设备的典型空间分配结构图。

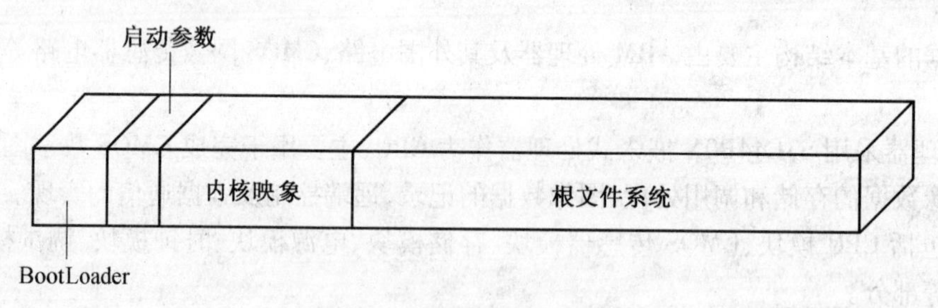

图 7.5　固态存储设备的典型空间分配结构图

通常多阶段的 Boot Loader 能提供更为复杂的功能以及更好的移植性。从 Flash 设备上启动的 Boot Loader 大多数都是两阶段的启动过程,即启动过程可以分为 stage1 和 stage2 两部分。

7.5.2 U-Boot 及其移植

U-Boot 最早是由 DENX 软件工程中心以 ppcboot 工程和 armboot 工程为基础创建。目前已经能够支持 PowerPC,ARM,X86,MIPS 体系结构的上百种开发板,已经成为功能最多、灵活性最强并且开发最积极的开放源码 Boot Loader。

与大多数 Boot Loader 一样,U-Boot 大致也可分两个阶段。第一阶段依赖于 CPU 体系结构,由汇编语言实现,这部分代码主要包括 cpu/arm 920t 目录下的 start. S 文件;第二阶段用 C 语言实现,主要包括 lib_arm 目录下 board. c 文件中的函数 start_armboot,以及 common 目录下 main. c 文件中的 main_loop 函数。图 7.6 展示了本次移植的系统引导程序 U-Boot 的整个工作流程。

因为本次移植到硬件平台使用的 S3C2410 嵌入式微处理器是基于 ARM920T 核的,所以 U-Boot的第一阶段代码位于 cpu/arm920t/start. S 文件中,可用汇编语言完成。

(1)定义入口。由于一个可执行的 Image 必须有一个入口点,并且只能有一个全局入口,

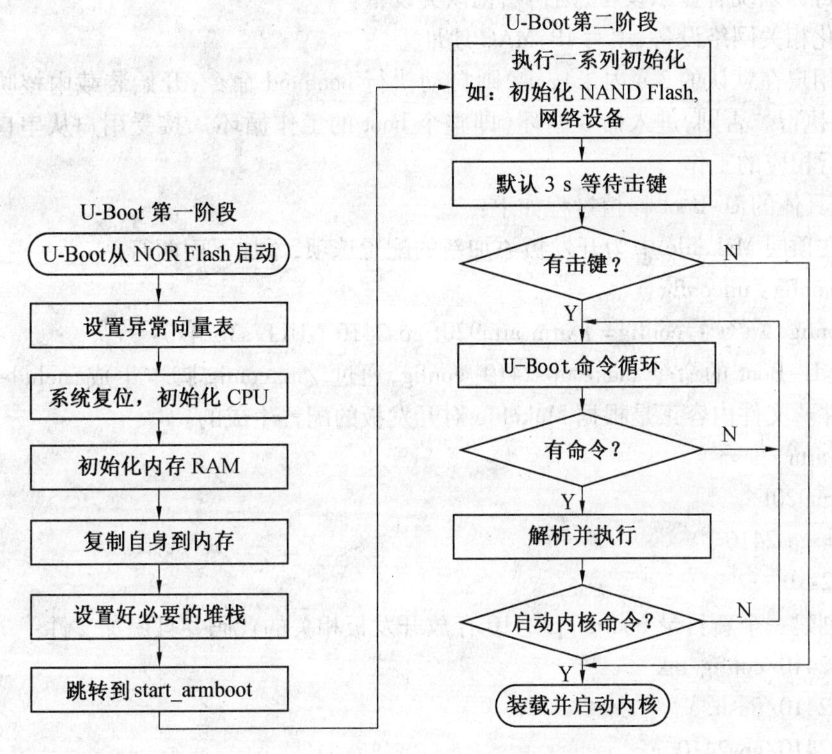

图7.6　U-Boot的工作流程

通常这个入口放在ROM/Flash地址0x00000000处，因此，必须通知编译器以使其知道这个入口，该工作可通过修改连接器脚本U-Boot. lds来完成。

(2)设置异常向量表。包括设置未定义指令异常、软件中断异常、内存操作异常、数据异常、中断异常及快速中断异常等。

(3)系统复位。设置CPU为SVC模式，关闭看门狗，屏蔽所有中断，设置CPU时钟频率及中断控制寄存器。

(4)初始化内存控制器(board/myboard/lowleveljnit. S)。

(5)将ROM/Flash中的程序自身复制到RAM中。

(6)初始化堆栈。

(7)跳转到RAM中继续执行，该工作可使用指令ldr pc来完成。

在U-Boot中，通过下面两行代码实现了两个阶段的工作交接：

```
ldr pc,_start_armboot
_start_armboot:. word start_armboot
```

第二阶段的C代码是从lib_arm/board. c中的start_armboot函数开始的，这也是ARM体系结构中整个启动代码中C语言的主函数，该函数首先调用一系列的初始化函数完成系统的初始化，主要完成的工作如下：

(1)初始化Flash设备。

(2)初始化系统内存分配函数。

(3)如果目标系统拥有NAND设备，则初始化NAND设备。

(4)如果目标系统有显示设备,则初始化该类设备。

(5)初始化相关网络设备,填写 IP,MAC 地址等。

(6)如果用户在默认的 3 s 内未按键,则自动执行 bootcmd 命令,开始装载内核映象并跳转到内核入口执行。否则,进入命令循环(即整个 boot 的工作循环),接受用户从串口输入的命令,然后进行相应的工作。

本系统中具体的 U-Boot 移植过程如下:

第一步,在顶层 Makefile 中为开发板添加新的配置选项,添加下面两行:

```
gps2410_config: unconfig
@./mkconfig $(@:_config=) arm arm920t gps2410 NULL s3c24x0
```

执行配置 U-Boot 的命令 make gps2410_config,通过./mkconfig 脚本生成 include/config.mk 的配置文件。文件内容正是根据 Makefile 对开发板的配置生成的。

```
ARCH = arm
CPU = arm920t
BOARD = gps2410
SOC=s3c24x0
```

第二步,创建一个新目录 board/gps2410 存放开发板相关的代码并且添加文件:

```
board/gps2410/config.mk
board/gps2410/flash.c
board/gps2410/gps2410.c
board/gps2410/Makefile
board/gps2410/memsetup.S
board/gps2410/u-boot.lds
```

第三步,为开发板添加新的配置文件。可以先复制参考开发板的配置文件,再修改:

```
$ cp include/configs/smdk2410.h   include/configs/gps2410.h
```

第四步,配置开发板:

```
$ make gps2410_config
```

第五步,编译 U-Boot。

执行 make 命令,编译成功后可以得到 U-Boot 的映象。

第六步,添加驱动或者功能选项。

在 include/config/gps2410.h 文件中对外围设备如以太网控制寄存器基地址作适当修改;在源程序 board/gps2410/flash.c 中修改 Flash 的扇区大小、块大小、块数和芯片大小等参数。

第七步,调试 U-Boot 源代码。

7.5.3 U-Boot 在 S3C44B0X 开发板的下载与使用 U-Boot 的下载

首先按照图 7.7 连接好系统,打开 PC 的超级终端(或者使用 SecureCRT)。按图 7.8 配置好超级终端,波特率 115200,8 位数据,1 位停止位,无奇偶校验,无数据流量控制。系统上电后,开发板中 Flash 如果已烧录了 U-Boot,超级终端显示如图 7.9 所示。

使用 FlashPgm 工具下载 U-Boot。使用 FlashPgm 编程 Flash 的时候注意使用 JTAG 板的 Wiggler 接口连到目标板上。打开“Configuration”菜单下的“communications”,可以设置 Flash-

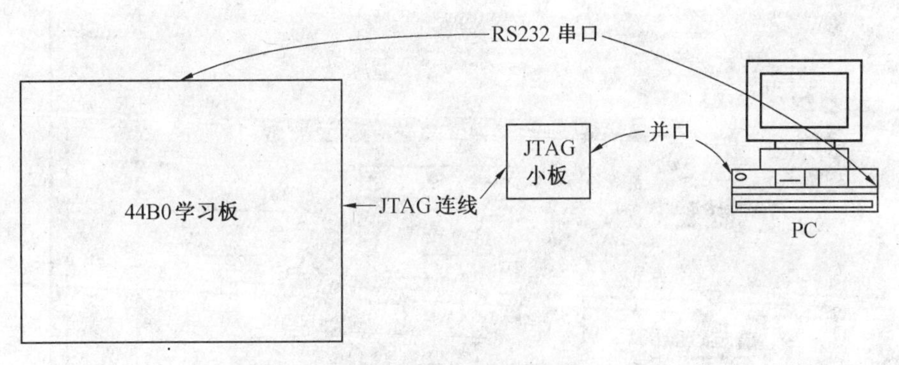

图 7.7　系统连接图

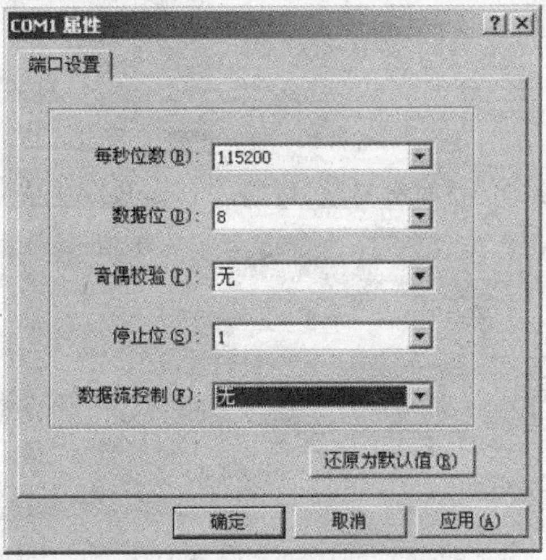

图 7.8　超级终端配置

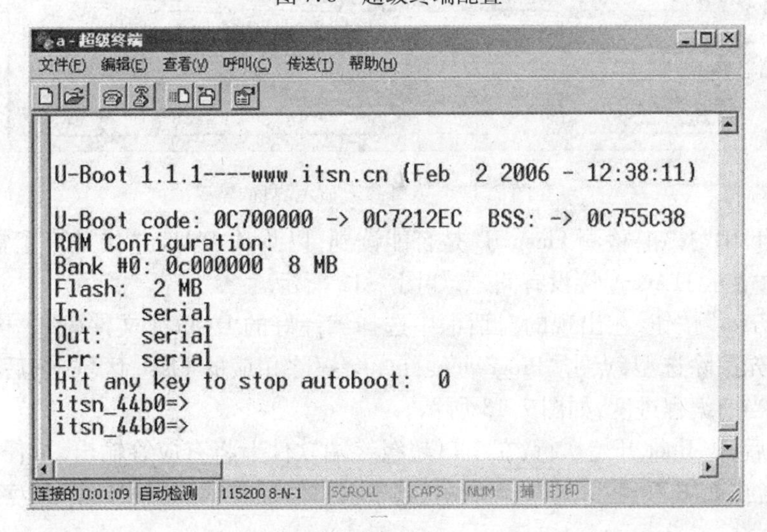

图 7.9　超级终端显示

Pgm 的连接方式，选择“Wiggler parallel”方式，同时保证 JTAG 板的 J5 线到 Wiggler 接口状态，如图 7.10 所示。

点击菜单“File”→“Open”，选择“44B0X. ocd”文件（44B0X. ocd 是硬件系统的配置文件，

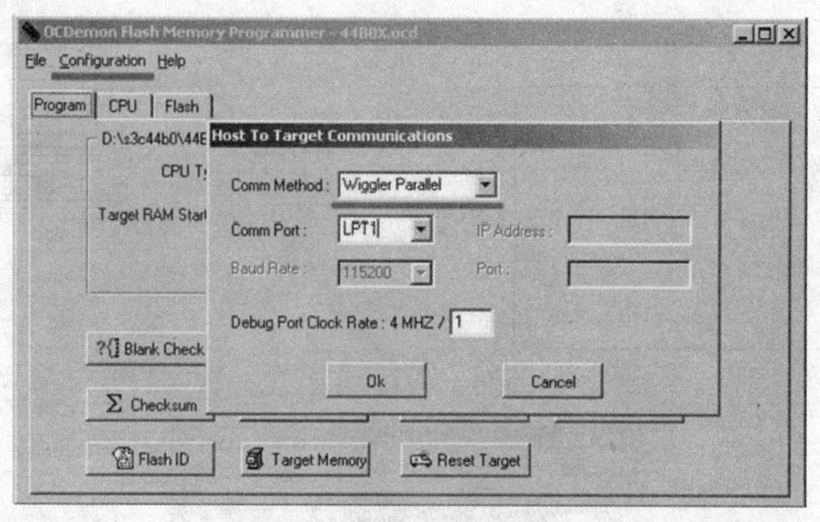

图7.10　连接设置

设置了CPU,Flash,Flash接口的位宽等参数,可通过FlashPgm生成),如图7.11所示。

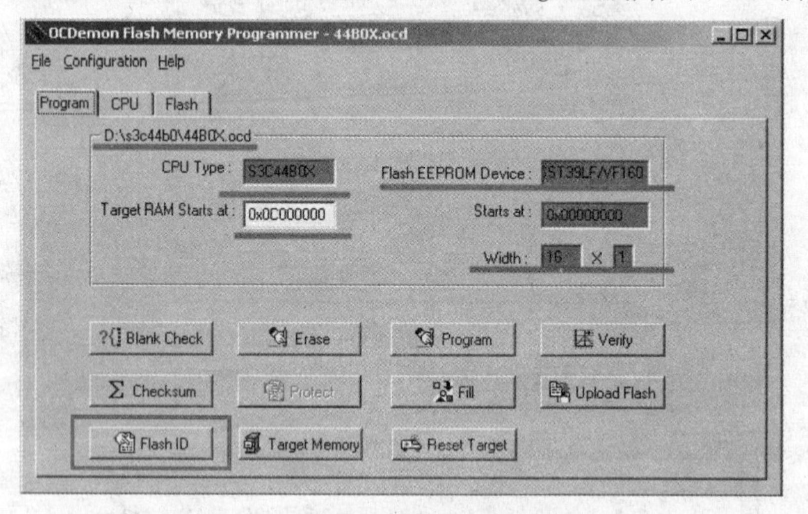

图7.11　接口参数显示界面

点击“Flash ID”按钮,检测Flash ID是否能读到,以测试JTAG连接是否正常。如果能够正常读取出来,表示JTAG连接没有问题,如图7.12所示。

点击“Program”按钮,在出现的对话框中选择编译好的U-Boot文件(ELF格式的),然后选择在编程前先擦除选型,点击“Program”,首先会擦除相应的Flash区域,然后编程和校验。进度条会显示当前编程进度,如图7.13所示。

系统上电后,U-Boot开始执行,在串口超级终端软件上将有应答输出,按任意键进入U-Boot命令提示符,如图7.14和图7.15所示,其中输出信息提示SDRAM是8M字节,Flash是2M字节。

执行help指令,将显示U-Boot支持的命令,常用指令见表7.1。

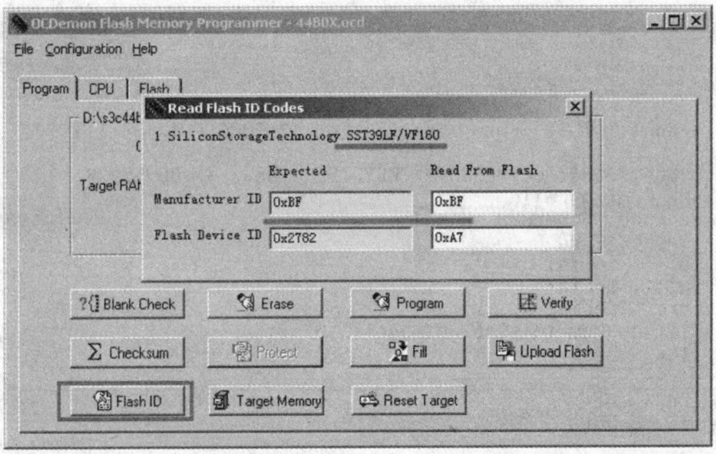

OCDemon Flash Memory Programmer - 44B0X.ocd
File　Configuration　Help
Program　CPU　Flash
D:\s3c44b
Target RAM
Read Flash ID Codes
1 SiliconStorageTechnology SST39LF/VF160
Expected　Read From Flash
Manufacturer ID　0xBF　0xBF
Flash Device ID　0x2782　0xA7
Blank Check　Erase　Program　Verify
Checksum　Protect　Fill　Upload Flash
Flash ID　Target Memory　Reset Target

图 7.12　测试 JATG 连接界面

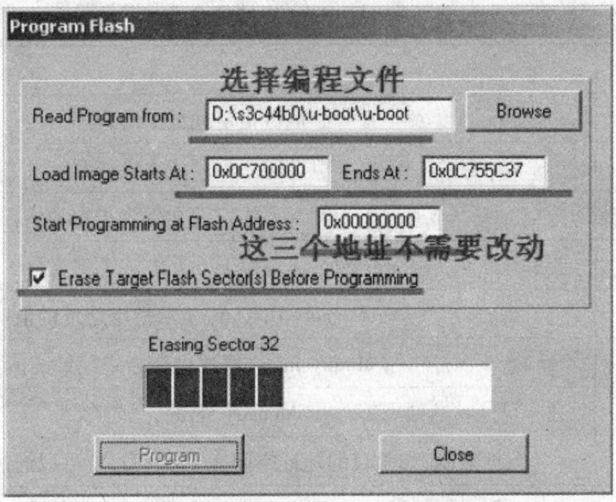

Program Flash
选择编程文件
Read Program from :　D:\s3c44b0\u-boot\u-boot　Browse
Load Image Starts At :　0x0C700000　Ends At :　0x0C755C37
Start Programming at Flash Address :　0x00000000
这三个地址不需要改动
Erase Target Flash Sector(s) Before Programming
Erasing Sector 32
Program　Close

图 7.13　编程进度显示界面

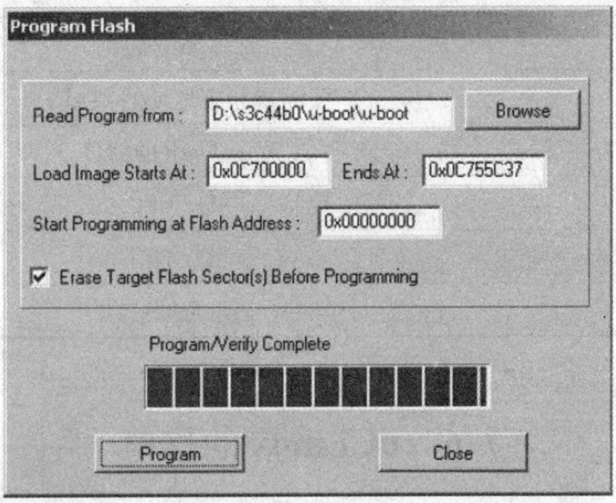

Program Flash
Read Program from :　D:\s3c44b0\u-boot\u-boot　Browse
Load Image Starts At :　0x0C700000　Ends At :　0x0C755C37
Start Programming at Flash Address :　0x00000000
Erase Target Flash Sector(s) Before Programming
Program/Verify Complete
Program　Close

图 7.14　U-Boot 的使用

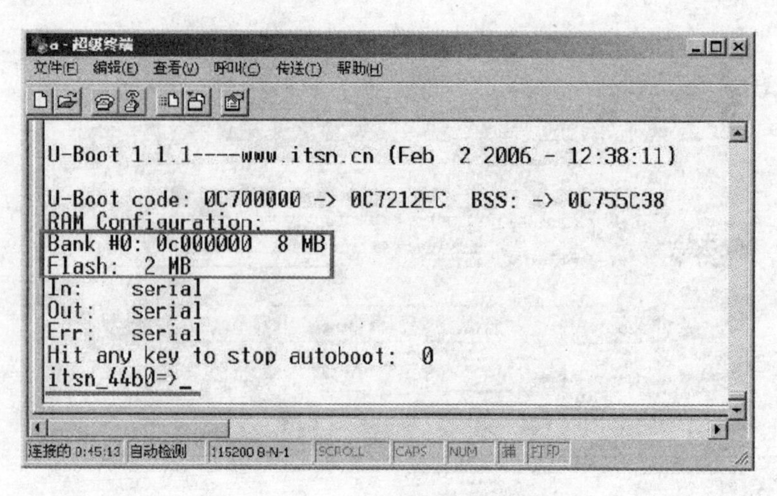

图 7.15 U-Boot 界面

表 7.1 U-Boot 支持的命令

命　令	功　能
go	执行指定地址上的程序
bootm	引导应用程序或者操作系统
tftp	通过以太网调入指定的文件到指定的内存地址
loadb	通过串口以 kermit 方式下载文件
md	Memory Display,显示指定地址的值
mm	Modifyemory,修改内存指定地址的值
mw	Memory Write,写内存
cp	数据复制,如果目的地址空间在 Flash 中,就可以通过 cp 来写 Flash
printenv	显示环境变量,如 IP 地址等
setenv	设置环境变量
saveenv	保存环境变量
erase	擦除指定地址的 Flash
flinfo	显示 Flash 的信息
reset	复位 CPU
version	显示版本信息
? /help	显示帮助信息

7.6 uCLinux 的移植

将 uCLinux 移植到 ARM 硬件平台上大致分成 4 个步骤:首先是准备工作,包括下载源码、建立交叉编译环境等;然后是配置和编译内核,必要时还要对源码进行一定的修改;另外还需要制作 RAMdisk 来挂载根文件系统；最后是下载、调试内核并在 RAMdisk 中添加自己的应用程序。

7.6.1　uCLinux 设备驱动程序介绍

相对于应用程序是一个进程而言，驱动程序则是一系列内核函数，它向内核添加了一些函数，如 Open( )，Release( )，Read( )，Write( )等。这些函数由内核在适当的时候来调用。设备驱动程序是操作系统内核和机器硬件之间的接口。设备驱动程序为应用程序屏蔽了硬件的细节，这样从应用程序看来，硬件设备只是一个设备文件，应用程序可以像操作普通文件一样对硬件设备进行操作。设备驱动程序主要完成以下的功能：①对设备进行初始化；②在内核和设备之间进行数据的传递；③使设备进行投入和运行的工作；④对设备出错的情况进行处理。

Linux 主要有两种类型的设备驱动程序：字符型和块型。字符型驱动程序是直接读取而不需要缓冲区，输入输出接口的请求直接被送到字符型设备上。而块型驱动程序在输入输出时数据是成块从内核缓冲区里来进行传输的。Linux 设备由一个主设备号和一个次设备号标识。主设备号唯一标识了设备类型，即设备驱动程序类型，它是块设备表或字符设备表中相应表项的索引。次设备号仅由设备驱动程序解释，一般用于标识在若干可能的硬件设备中，I/O 请求所涉及的那个设备。

在通常情况下，应用程序通过内核接口访问驱动程序，这是驱动程序的主要使用方式。因此，驱动程序需要与应用程序交换数据。Linux 把存储器分为“内核空间”和“用户空间”，操作系统内核和驱动程序在内核空间中运行，而用户程序在用户空间中运行，用户程序不能访问内核空间，操作系统内核和驱动程序也不能使用指针等常规方法与用户空间传输数据。因此，Linux C uClinux 2.4.x 提供了众多函数和宏用于内核空间与用户之间拷贝数据。

通常对设备驱动程序的使用有两种方式可供选择：第一种方式是将设备驱动程序作为可加载的模块动态加载到内核。用户可在使用到它们的时候通过命令 insmod 装入模块，而在不使用时通过命令 rmmod 卸载，从而释放占用的内存，以达到有效利用系统资源的目的；第二种方式是将设备驱动程序作为内核代码的一部分编译到内核中去，以内核模式运行，用户可随时对它进行调用而无须安装。

通常嵌入式系统是针对具体的应用，而且内存空间资源比较紧张，所以在编译内核时，一般不选择模块功能。

7.6.2　uCLinux 内核的加载方式

uClinux 的内核有两种可选的运行方式。

(1)Flash 运行方式。把内核的可执行映象烧写到 Flash 上，系统启动的时候从 Flash 的某个地址开始逐句执行。这种方法实际上是很多嵌入式系统采用的方法。

(2)内存加载方式。把内核的压缩文件存放在 Flash 上，系统启动时读取压缩文件在内存中解压，然后开始执行。这种方式比较复杂，但是运行速度更快一些(Ram 的存取速度比 Flash 要高)。这也是标准 Linux 系统采用的启动方式。本系统采用的是内核加载的方式。

7.6.3　添加应用程序到 uCLinux

要在目标板上运行应用程序，可以将编译好的应用软件添加到 Linux 的文件系统中。这样,将 Linux 镜像文件下载到目标板上,当目标板将 Linux 镜像解压后,即可在文件系统中找到应用程序。如果需要在 Linux 的镜像文件中添加用户的应用程序,则可以在编译形成文件系统后,即 make romfs 后,将编译好的应用程序添加到 romfs 中去,即添加到 romfs 的 bin 目录中,然后再重复以上编译过程。

7.6.4 uCLinux 交叉编译环境的建立

建立交叉编译环境,首先要在宿主机上安装 Linux 操作系统,我们安装的是 RedHat Linux 9.0。交叉编译就是在一个平台上生成可以在另一个平台上执行的代码平台,它包括两个概念:同一个体系结构可以运行不同的操作系统;同一个操作系统可以在不同的体系结构上运行。由于在 ARM 硬件上无法安装所需的编译器,只好借助于宿主机,在宿主机上对即将运行在目标机上的应用程序进行编译,生成可在目标机上运行的代码格式。

标准的 Linux 内核源码可以在 ftp://ftp. kernel. org 上下载,这里使用 2. 4. x 版本的内核。把 uCLinux 内核源码包解压后得到 uCLinux-dist 目录,里面有进行 uCLinux 开发的所有源代码。

在进行嵌入式系统开发时,还需要交叉编译工具,它运行在某一种处理器上,却可以编译出另一种处理器上执行的指令,它由一套用于编译、汇编、链接内核及应用程序的组件组成,通过编译可以使 uClinux 内核和应用程序在目标设备上运行。编译工具使用 arm-elf-tools-20030314. sh,执行安装命令 sh ./arm-elf-tools-20030314. sh 在开发主机上建立交叉编译环境。新生成的交叉编译器工具链在目录/usr/local/bin 下,包括 arm-elf-as,arm-elf-objcopy,arm-elf-gdb,Elf2flt,arm-elf-gcc,arm-elf-objdump,arm-elf-gasp,genromfs,arm-elf-g++,arm-elf-nm,arm-elf-size,arm-elf-ld,arm-elf-strip,arm-elf-addr2line,arm-elf-c++,arm-elf-ar。

arm-elf-gcc 是最重要的开发工具,它将源文件编译成目标文件,然后由 arm-elf-ld 链接成可以运行的二进制文件,其他的为辅助工具。objdump 可以反编译二进制文件;as 为汇编编译器;genromfs 为制作 ROMDISK 的工具;gdb 为调试器等;elf2flt 是一个转换工具,将编译生成的 elf 格式可执行文件转换成 uClinux 支持的 flat 文件格式。

7.6.5 uCLinux 内核的配置与编译

完成上述工作后,接下来就是对内核进行配置。下面是 uClinux 内核的配置过程:将 uClinux 的压缩包拷贝到 Linux 主机上,在 Linux 环境下打开终端,进入到 uClinux-dist 目录下,例如:

```
cd /home/sun/uClinux-dist
make menuconfig
```

进入 uClinux 配置环境,如图 7. 16 所示。

选中“Vendor/Product Selection”,按“Enter”键,进入产品与芯片选择界面,选择 Samsung 公司的 44B0 ARM 处理器。

返回主界面,选择“Kernel”→“Library”→“Defaults Selection”后,按 Enter 键,进入图 7. 17 所示的界面。

其中有两个选项:Customize Kernel Settings 和 Customize Vendor/User Settings,这两项是定制内核设置和定制用户选项设置。选中此两项,如果有其他配置可全部选中。然后选中“Ex-

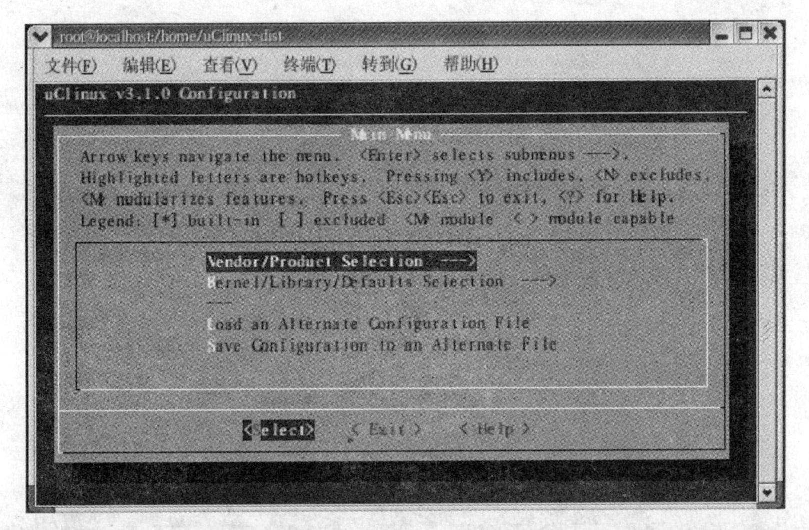

图7.16　uClinux内核配置

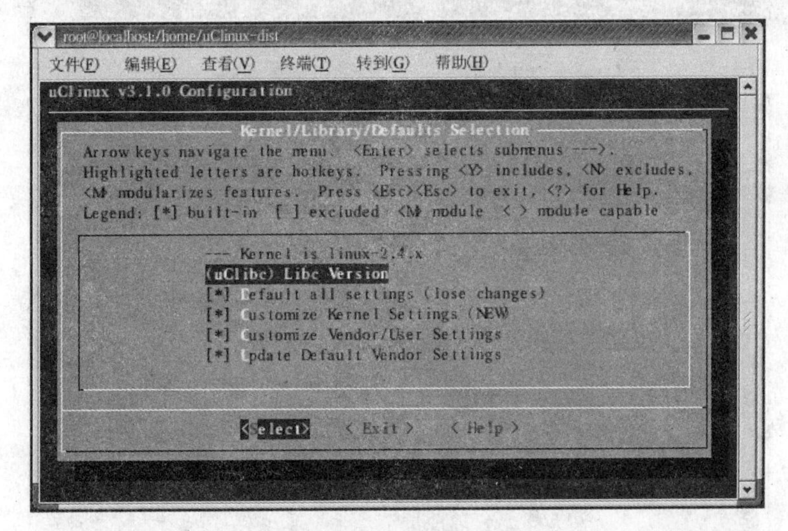

图7.17　uClinux内核配置

it"按回车键退出，连续两次Exit后出现保存画面，选择"Yes"。

出现如图7.18所示的画面后，对uClinux内核进行配置。

(1)General Setup的配置。

Networking Options，该项主要是关于一些网络协议的选项，如图7.19所示，进入后选中其中的两项：Packet socket和TCP/IP networking，其中Packet socket为包协议支持，有些应用程序使用Packet socket协议可直接同网络设备通信，而不通过内核的其他中介协议。

(2)Networking device Support的配置，如图7.20所示。

如图7.21所示，选中"Networking device Support"，进入后选择"Network device support"选项；选中"Ethernet(10 or 100 mbit)"选项中的"Other ISA cards"，在下拉项中选择"NE2000/NE1000 support"，最后退出保存设置。

通过上述步骤完成了内核配置，接下来是配置用户选项。

按所需进行配置，配置结束后，退出并保存。

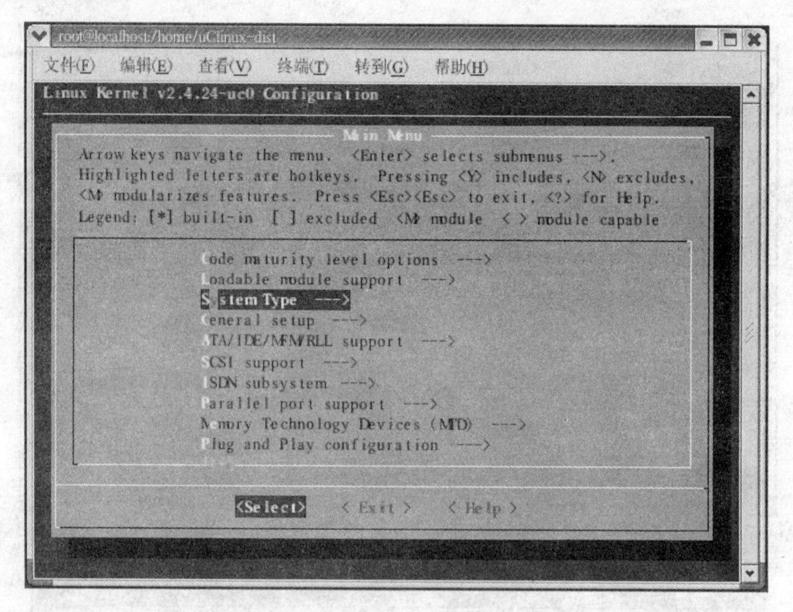

图 7.18 uClinux 内核配置

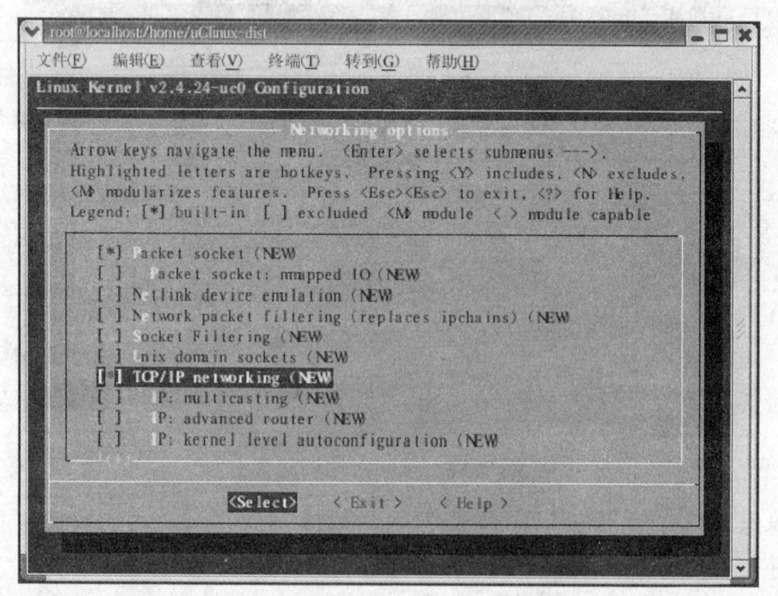

图 7.19 uClinux 内核配置

配置完成后便可以进行编译了,按图 7.22 所示步骤进行编译:

make dep:建立依赖关系。

make clean:清除构造内核时生成的所有目标文件、模块文件和临时文件。

make lib only:编译库文件。

make user only:编译用户应用程序文件。

make romfs:生成 romfs 文件系统。

make image:生成内核映象。

当编译成功后,会在 uClinux-dist/image 目录下产生 3 个文件:image. ram, image. rom 和 romfs. img,即可以使用的二进制文件。image. ram 是压缩的内核映象,其启动过程是在内存中

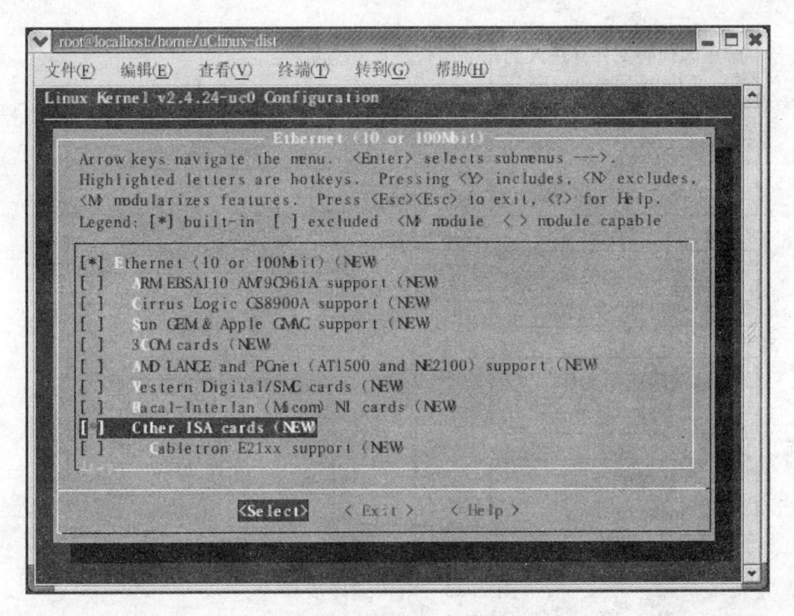

图 7.20　uClinux 内核配置

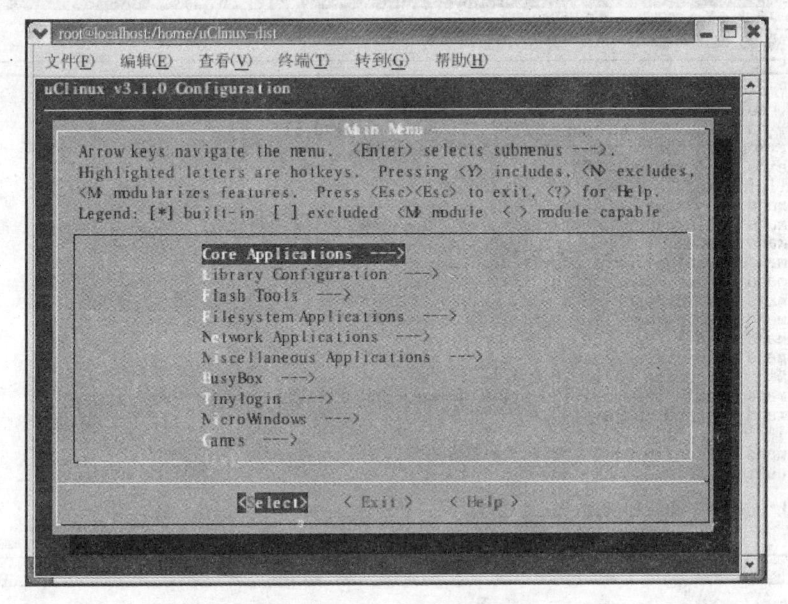

图 7.21　uClinux 内核配置

解压，释放后在内存中执行所需的内存空间比较大，但可在 SDRAM 中运行。编译成功后，先在 SDRAM 中运行 image.ram，进行整个操作系统的性能测试，当 uClinux 功能满足要求后，将 image.rom 下载或烧录到 Flash 中。

图 7.23 为 uClinux 编译成功后通过超级终端输出的信息。

7.6.6　uClinux 下载

在 U-boot 命令提示符下输入“loadb 0xC500000”命令(0xC500000 是 SDRAM 中下载文件存放的地址)，U-boot 将等待用户传送文件。然后启用超级终端的文件发送，单击“传送”→“发送文件”，出现发送文件对话框如图 7.24 所示。选择好发送协议为 Kermit 协议，选择发送

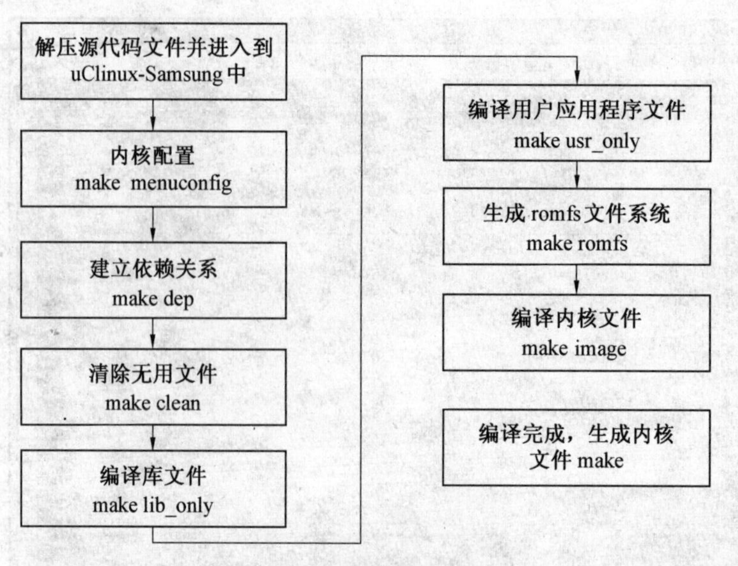

图 7.22　内核编译步骤

```
Sun - 超级终端
文件(F) 编辑(E) 查看(V) 呼叫(C) 传送(T) 帮助(H)

IP Protocols: ICMP, UDP, TCP
IP: routing cache hash table of 512 buckets, 4Kbytes
TCP: Hash tables configured (established 512 bind 512)
VFS: Mounted root (romfs filesystem) readonly.
Freeing init memory: 40K
Shell invoked to run file: /etc/rc
Command: hostname TCE44B0
Command: /bin/expand /etc/ramfs.img /dev/ram0
Command: mount -t proc proc /proc
Command: mount -t ext2 /dev/ram0 /var
Command: mkdir /var/config
Command: mkdir /var/tmp
Command: mkdir /var/log
Command: mkdir /var/run
Command: mkdir /var/lock
Command: ifconfig lo 127.0.0.1
Command: route add -net 127.0.0.0 netmask 255.255.255.0 lo
Command: dhcpcd -p -a eth0 &
[11]
Command: ifconfig eth0 192.168.0.128
Execution Finished, Exiting

Sash command shell (version 1.1.1)
/>

已连接 0:09:01  自动检测  115200 8-N-1  SCROLL  CAPS  NUM  捕  打印
```

图 7.23　uClinux 启动画面

到文件，然后点击“发送”。这时候出现发送进度对话框如图 7.25 所示。

文件发送完后，uClinux 的压缩二进制文件就存放在地址 0xC500000 上了，如图 7.26 所示。

如果我们要测试新编译的 uClinux 运行情况，可以直接输入 bootm 命令，这样 U-boot 就会在当前放置下载的程序的地方（这里是 0xC500000）解压缩代码到指定地址，然后跳转到这个地址开始运行程序。

接下来通过 cp 命令将数据从 0xC500000 写入到 Flash 中的 0x50000 开始的地方。在复制数据之前，先将 Flash 对应的区域删除。拷贝数据的长度是按照双字来操作的。所以我们需要将“字节长度/4+1”来得到最终要输入的长度参数(16 进制)，如图 7.27 所示。

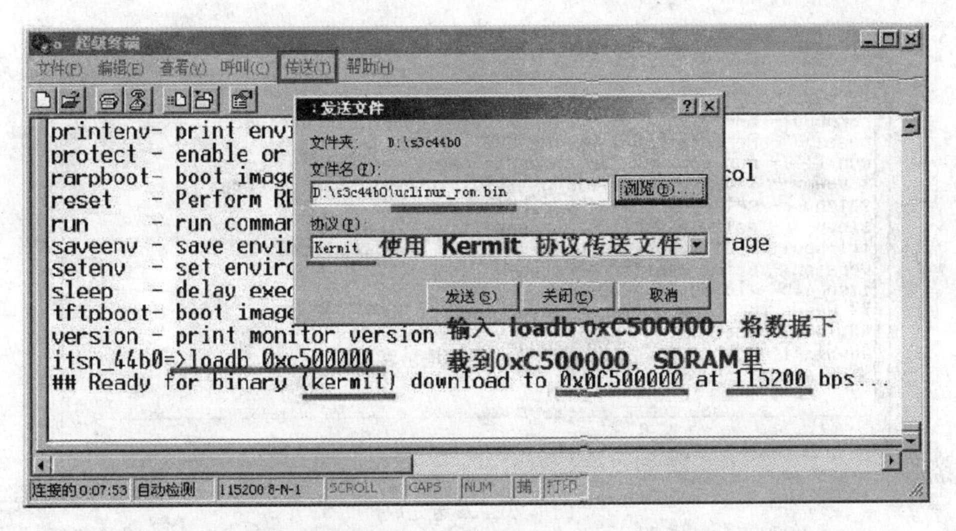

图7.24　发送文件对话框界面

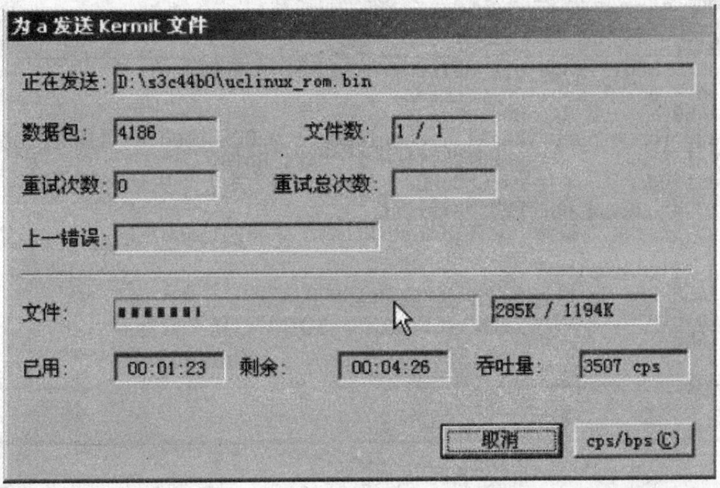

图7.25　发送进度对话框界面

数据写入到Flash空间的0x50000后，我们可以重启我们的系统，就可以看到这个启动过程了。U-Boot启动后，3秒钟内如果超级终端没有任何输入，就会自动从Flash 0x50000(0x50000这个地址是U-Boot程序编程固定的，可以根据需要修改)地址上将压缩的uClinux解压缩到0xc008000上，然后跳转到这个地址上，开始uClinux的启动。

1. 网口下载

网口下载是通过tftp协议的，在下载前先确认一下U-Boot的环境变量配置是否正确，在u-boot的命令提示符下输入printenv显示环境变量，如图7.28所示。

其主要的环境参数包括：

Bootcmd：启动命令，也就是u-boot启动后如果在指定时间内没有按下任何键后执行的指令。

Bootdelay：指定自动启动的等待时间，单位为秒。

Badurate：串口波特率。

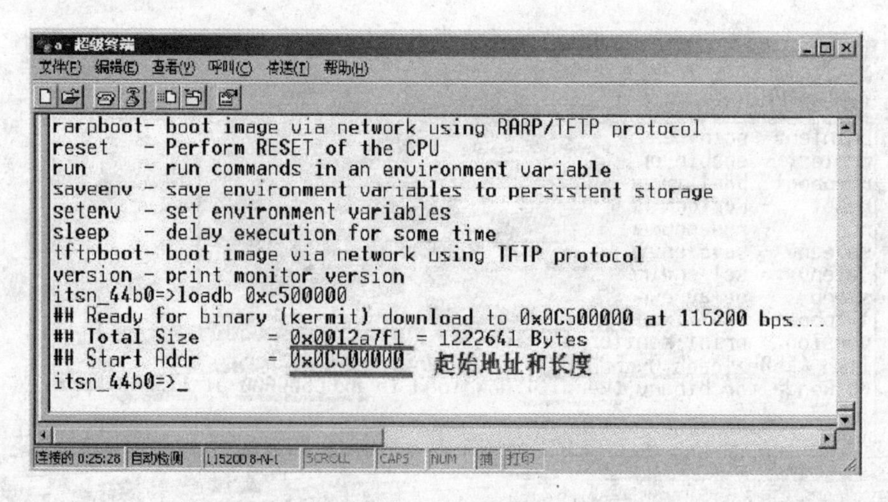

图 7.26　发送完成

图 7.27　超级终端显示界面

Etheaddr:以太网芯片的 MAC 地址。

Stdin:制定标准输入设备。

Stdout:指定标准输出设备。

Stderr:指定标准错误输出设备。

Bootfile:通过 tftp 从服务器上获取的文件名。

Ipaddr:本机的 IP 地址。

Serverip:运行 tftp 服务器程序的 PC 机 IP 地址。

我们在使用 tftp 下载时要关心的参数是 bootfile,ipaddr, serverip。

需要保证服务器的 IP 与目标板的 IP 在同一网段内。

先将 PC 机的 tftp 服务器软件启动,在这里我们使用的 tftp 服务器软件是 TFTPD32,启动后设置下载文件的服务器路径,此路径包含了我们需要下载的文件,然后在 u-boot 命令提示符下载输入“tftp 0xC500000”命令,下载就开始了。下载进度显示界面如图 7.29 所示。

下载完后界面如图 7.30 所示。

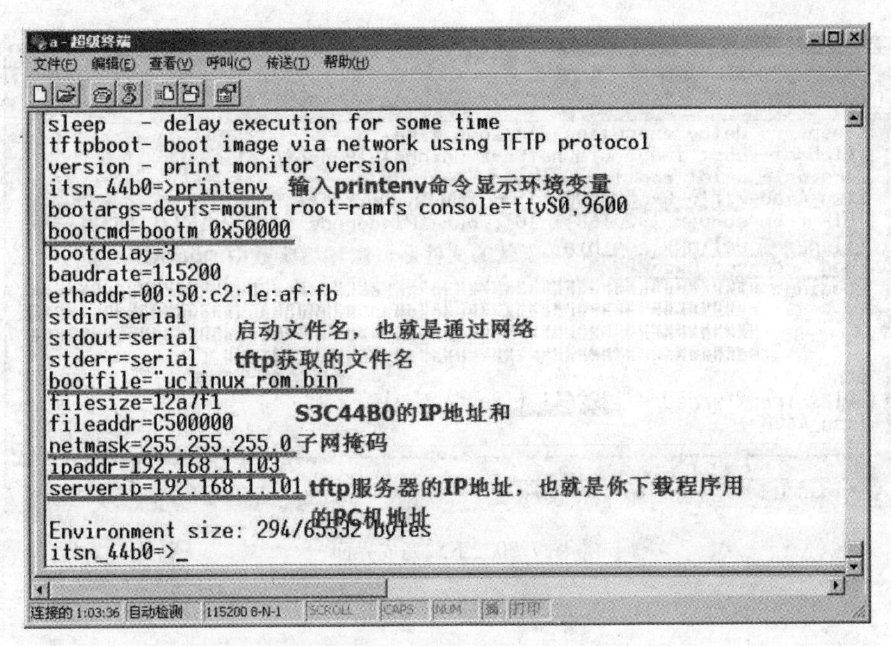

图7.28　网口下载界面

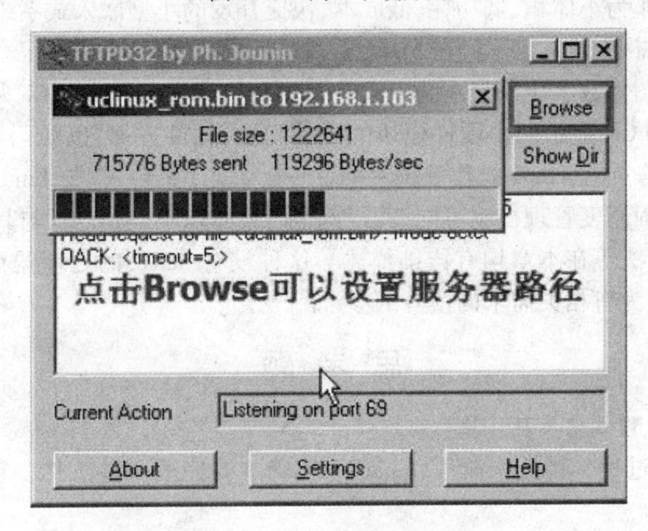

图7.29　下载进度显示界面

后续的操作如同串口下载一样，我们可以通过 bootm 直接解压缩代码执行，也可以先将 Flash 擦除，然后通过 cp 命令将压缩代码写入 Flash，这样每次 U-Boot 都能够在启动时自动解压并运行这个程序。

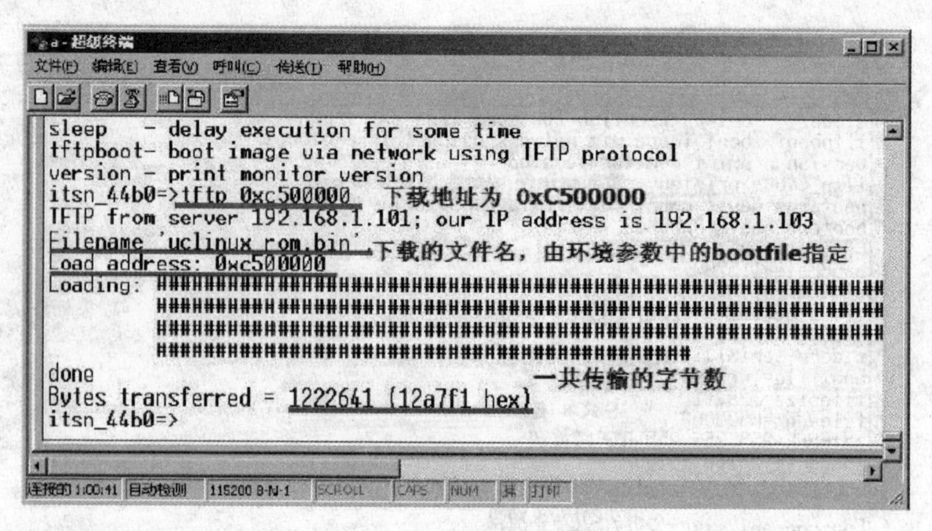

图 7.30 下载完成界面

小 结

本章内容可以作为小体积、低功耗、低成本、快捷开发的小型嵌入式系统的范例，该类系统最大的特点是既不需要 GUI，也不存在 MMU。

本章所设计的图像数字化采集系统以没有 MMU 的 ARM7 S3C44B0X 为核心处理器，重点探讨了图像采集和 LCD 显示两个硬件模块的设计问题；软件方面，以源码开放、专为无 MMU 的微控制器开发的嵌入式 Linux 操作系统--uClinux 为软件平台，它与 Linux 的主要区别在于内存管理机制和进程调度管理机制不同，其特点是内核体积小、易裁剪，与其有关的内核配置、移植、编译和运行方法等在本章均有详细描述。这种没有 MMU 的处理器在嵌入式领域中应用相当普遍，可以作为有相关需求的读者的参考。

思 考 题

1. 简述 U-Boot 的概念及其作用。

2. U-Boot 启动过程分哪几个阶段？start. s 代码主要完成哪些工作？它是如何从汇编跳转到 C 代码执行？

3. 如何将 U-Boot 下载到 ARM 的嵌入式系统中运行？

4. 什么是 ucLinux？与 Linux 系统的区别是什么？

参考文献

[1] 黄锡滋. 软件可靠性、安全性与质量保证[M]. 北京:电子工业出版社,2002.
[2] 陈松乔,任胜兵,王国军. 现代软件工程[M]. 北京:清华大学出版社,2004.
[3] 万建成,卢雷. 软件体系结构的原理、组成与应用[M]. 北京:科学出版社,2002.
[4] BUSCHMANN F,MEUNIER R. 面向模式的软件体系结构[M]. 贲可荣,等,译. 北京:机械工业出版社,2003.
[5] GAMMA E,HELM R. 设计模式:可复用面向对象软件的基础[M]. 李英军,等,译. 北京:机械工业出版社,2000.
[6] 张斌,高波. Linux 网络编程[M]. 北京:清华大学出版社,2000.
[7] 邹逢兴,张湘平. 计算机应用系统的故障诊断与可靠性技术基础[M]. 北京:高等教育出版社,1999.
[8] 孔祥营,柏桂枝. 嵌入式实时操作系统 Vxworks 及其开发环境 Tornado[M]. 北京:中国电力出版社,2002.
[9] RIVER W. VxWorks 网络程序员指南[M]. 王金刚,等,译. 北京:清华大学出版社,2003.
[10] 齐治昌,谭庆平,宁洪. 软件工程[M]. 北京:高等教育出版社,2001.
[11] 严蔚敏,吴伟民. 数据结构[M]. 北京:清华大学出版社,1997.
[12] PFLEEGER S L. 软件工程理论与实践[M]. 吴丹,等,译. 北京:清华大学出版社,2003.
[13] GOLDFEDDER B. 模式的乐趣[M]. 熊节,译. 北京:清华大学出版社,2003.
[14] CHAY D. 需求分析[M]. 孙学涛,等,译. 北京:清华大学出版社,2004.
[15] LAUESEN S. 软件需求[M]. 刘晓晖,译. 北京:电子工业出版社,2002.
[16] HUBETY D. 软件质量和软件测试[M]. 马博,等,译. 北京:清华大学出版社,2003.
[17] 冯冲,江贺,冯静芳. 软件体系结构理论与实践[M]. 北京:人民邮电出版社,2004.
[18] 韩宪柱. 数字音频技术及应用[M]. 北京:中国广播电视出版社,2003.
[19] 傅秋良,袁保宗. 纯软件实时实现 ADPCM 语音压缩算法[J]. 电信科学,1994(10):21-24.
[20] 蔡莲红,黄德智,蔡锐. 现代语音技术基础与应用[M]. 北京:清华大学出版社,2003.
[21] COMER D E. 计算机网络与因特网[M]. 徐良贤,等,译. 北京:机械工业出版社,2000.
[22] 刘乐善. 微型计算机接口技术及应用[M]. 武汉:华中科技大学出版社,2000.
[23] 杨志刚. LKJ2000 型列车运行监控记录装置[M]. 北京:中国铁道出版社,2003.
[24] 周立功. ARM 嵌入式系统基础教程[M]. 北京:北京航空航天大学出版社,2005.
[25] 周立功. ARM 嵌入式系统实验教程(二)[M]. 北京:北京航空航天大学出版社,2005.
[26] 周立功,陈明计,陈渝. ARM 嵌入式 Linux 系统构建与驱动开发范例[M]. 北京:北京航空航天大学出版社,2006.
[27] 胥静. 嵌入式系统设计与开发实例详解——基于 ARM 的应用[M]. 北京:北京航空航天大学出版社,2005.

[28] 李岩,荣盘祥.基于 S3C44B0X 嵌入式 uCLinux 系统原理及应用[M].北京:清华大学出版社,2005.
[29] 田泽.嵌入式系统开发与应用[M].北京:北京航空航天大学出版社,2005.
[30] YAGHMOUR K.构建嵌入式 Linux 系统[M].北京:中国电力出版社,2004.
[31] 孙纪坤,张小全.嵌入式 Linux 系统开发技术详解:基于 ARM[M].北京:人民邮电出版社,2006.
[32] 陈渝,李明,杨晔,等.源码开放的嵌入式系统软件分析与实践:基于 SkyEye 和 ARM 开发平台[M].北京:北京航空航天大学出版社,2004.
[33] 朗锐.数字图像处理学 Visual C++实现[M].北京:北京希望电子出版社,2002.
[34] 奥本海姆 A V,谢弗 R W.数字信号处理[M].董士嘉,等,译.北京:科学出版社,1986.
[35] 齐治昌,谭庆平,宁洪.软件工程[M].北京:高等教育出版社,2001.
[36] KRUGLINSKI D J. Visual C++ 技术内幕[M].潘爱明,等,译.北京:清华大学出版社,2003.
[37] RICHARDSON I E G.视频编解码器设计——开发图像与视频压缩系统[M].欧阳合,等,译.北京:国防科技大学出版社,2005.
[38] 李杰,蔡灿辉.Jm81a 在 TI DSP 上的移植及优化[J].福建电脑,2005(6):8-9.